渗流-蠕变-损伤耦合作用下
煤岩边坡稳定性

Coal Rock Slope Stability under the Action of
Seepage-Creep-Damage Coupling

王振伟 郝 喆 何 峰 著

科学出版社

北京

内 容 简 介

本书总结了作者近年来在复杂条件下煤岩边坡稳定性方面的研究成果,并结合国内外相关方面的研究成果,对渗流-蠕变-损伤耦合作用下煤岩边坡稳定性理论、试验、数值模拟展开具体工作。书中详细介绍了渗流-蠕变-损伤耦合问题研究的发展水平,阐明了露天矿深大边坡变形失稳演化过程,研制了渗流-蠕变-损伤耦合试验平台,完善了渗流-蠕变-损伤耦合理论,提出了渗流-蠕变-损伤耦合作用下煤岩边坡稳定控制技术方案。研究成果为控制矿山地质灾害的发生提供理论基础。

本书可供矿山、岩土、力学、地质等专业的科研、设计和施工人员,以及高等院校相关专业的教师、研究生和本科生等参考。

图书在版编目(CIP)数据

渗流-蠕变-损伤耦合作用下煤岩边坡稳定性＝Coal Rock Slope Stability under the Action of Seepage-Creep-Damage Coupling/王振伟,郝喆,何峰著.—北京:科学出版社,2017.1
ISBN 978-7-03-050579-8

Ⅰ.①渗… Ⅱ.①王… ②郝… ③何… Ⅲ.①煤矿开采-露天开采-边坡稳定性-研究 Ⅳ.①TD824.7

中国版本图书馆 CIP 数据核字(2016)第 271234 号

责任编辑:李 雪 / 责任校对:郭瑞芝
责任印制:张 伟 / 封面设计:无极书装

科 学 出 版 社 出版
北京东黄城根北街 16 号
邮政编码:100717
http://www.sciencep.com

北京建宏印刷有限公司 印刷
科学出版社发行 各地新华书店经销

*

2017 年 1 月第 一 版 开本:720×1000 1/16
2018 年 1 月第二次印刷 印张:16 3/4
字数:328 000
定价:98.00 元
(如有印装质量问题,我社负责调换)

前　　言

煤岩(土)边坡在渗流、蠕变、损伤等复杂因素耦合作用下的稳定性问题,已成为岩土及矿山领域的重大研究课题,其影响贯穿露天矿建设、生产乃至闭坑的整个过程。以往的研究多注重单一因素作用下煤岩边坡结构稳定性问题,而关于深大煤岩边坡受渗流-蠕变-损伤耦合作用下的变形演化规律研究尚处于起步阶段,相关的系统研究尚未见到。

本书是作者近年来在充水深大煤岩边坡渗流问题、蠕变问题和损伤问题方面的理论研究和工程实践成果的总结和提升,涉及煤岩边坡渗流-蠕变-损伤耦合作用的机理、试验、理论、数值模拟、非线性分析、稳定控制等方面内容,特别在理论研究、试验研究、非线性分析等方面进行了详细叙述。通过建立煤岩边坡在多因素作用下变形演化规律的耦合非线性系统模型,揭示地层结构的力学特性与时效特征,阐明露天矿深大边坡变形失稳演化过程,可为控制矿山地质灾害的发生提供理论基础。通过研究渗流-蠕变-损伤耦合作用下煤岩边坡的稳定性,探求其灾害孕育、潜伏、爆发、持续、衰减的演化过程和控制支配作用,建立复杂煤岩边坡灾害发生的机制和稳定控制原理与技术,有利于预测、预报、评价、治理等问题的进一步研究,对煤岩力学、边坡工程、露天开采学等学科的发展具有推动作用,从而实现露天矿的安全高效开采。

本书的撰写和出版得到了煤炭科学技术研究院有限公司安全分院、煤炭资源高效开采与洁净利用国家重点实验室(煤科总院)、煤科集团沈阳研究院有限公司、辽宁工程技术大学、辽宁大学的支持,并得到了国家自然科学基金项目(51274122,11202091,51404139)和煤炭联合基金重点项目(U1361211)的资助,在此深表谢意;对在研究工作中给予笔者指导和帮助的王来贵教授、王建国研究员、李世海研究员、宁德义研究员、齐庆新研究员、樊少武研究员、李宏艳研究员、张立林硕士、吕祥锋博士、王海洋高级工程师、宋志飞博士、于永江副教授、刘向峰教授、刘玉凤硕士、杨志勇副研究员、王俊博士、李伟博士表示感谢。

本书在写作过程中,参考了相关书籍和文献。由于资料来源广、头绪众多,可能难以一一予以注明和核查,请有关作者给予谅解,并致以诚挚的谢意。

由于作者水平所限,书中不足之处恳请广大读者批评指正。

作　者

2016 年 9 月

目　　录

第1章　绪　　论

1.1　基本概念

1.1.1　渗流

在岩土空隙或裂隙中地下水的渗透运动叫做渗流。渗透性是在压力梯度驱动下经过孔(裂)隙通道突出液体或气体的属性,描述岩石渗透性的力学指标称为渗透特性。对于稳态 Darcy 流,渗透特性只有一个,即渗透率(渗透系数);对于非稳态的 Darcy 流,渗透特性有两个,即渗透率与加速度系数;对于 Forcheimer 型非 Darcy 流动,渗透特性有三个,即渗透率、非 Darcy 流 β 因子与加速度系数。[1]

煤岩在水环境的作用下存在渗流与应力的耦合作用,物理力学特性会发生显著的变化,研究煤岩体渗透作用下的工程力学特征是岩土工程的热点之一[2]。渗流理论在水利、土建、给水排水、环境保护、地质、石油、化工等许多领域都有广泛的应用。在水利工程中,最常见的渗流问题有:土壤及透水地基上水工建筑物的渗漏及稳定,水井、集水廊道等集水建筑物的设计计算,水库及河渠边岸的侧渗等。

1.1.2　流变与蠕变

1. 流变

"流变"(rheology)一词来源于古希腊哲学家 Heractitus 所说的"παγταρεγ",意为万物皆流。流变学是探讨材料的时间效应,即与时间因素有关的变形、流动和破坏的规律。弹、塑性经典理论认为,物体的应力应变状态是恒定的,加载后立刻产生变形,与时间因素无关。但事实并非如此,比如大量试验结果已经证实,当荷载恒定时,岩石材料的变形随着时间而变化。这种应力应变状态随时间而变化的过程与现象,就是岩石的流变[3]。

岩石的流变表现为以下五种力学特性:蠕变、松弛、流动、弹性后效及长期强度。蠕变是指在恒定荷载作用下岩石应变随时间推移而逐渐增长的现象;应力松弛是指保持岩石应变量恒定,岩石内部应力随时间推移而逐渐减小的现象;弹性后效是岩石加载(卸载)经过一段时间后,岩石的应变才增加(或减小)到一定数值的现象;流动特性是岩石的应变速率随着应力逐渐增长的现象;长期强度则是在长期荷载作用下,岩石的强度随时间推移而逐渐减小的特性。在软岩和极软岩、节理裂隙发育或高地应力条件下,岩石的流变特性更为明显,已成为工程设计计算中须考虑的主要因素。

2. 蠕变

由于煤岩体内部存在微裂隙,其蠕变过程往往是一个内部组织结构不断发生变化、调整的非线性过程,必将带来能量的耗散,使耗散能密度不断增大,损伤逐渐积累,故蠕变过程是一个不可逆热力学过程[4]。

岩石蠕变现象由三个方面的因素决定:温度、应力和时间。当蠕变进入到了加速发展阶段即蠕变的第三阶段,发生蠕变破裂,其再与渗流耦合作用,均会使煤岩体失去承载能力并损坏,甚至发生严重事故。岩石的常规静载强度指标——屈服点及抗拉强度,无法表示岩石抵抗蠕变及蠕变破裂与渗流耦合的能力,通常用蠕变极限及长期强度表示岩石抗蠕变能力。岩石蠕变为不稳定蠕变,与该临界破坏概率相对应的应力值是岩石的长期强度,它约为岩石峰值强度的80%[5]。

1.1.3　蠕变-渗流

岩石材料的蠕变破裂与渗流耦合,大体上可分为穿晶型破裂和沿晶型破裂两种[6]。

(1) 在高应力及较低温度下蠕变时,最终发生穿晶型蠕变破裂与渗流耦合,破裂前有大量塑性变形,破裂后断面呈延性形态,因而叫蠕变延性破裂。

(2) 在低应力及较高温度下蠕变时,最终发生沿晶型蠕变破裂与渗流耦合,破裂前塑性变形很小,破裂后的伸长率甚低,缩颈很小或者没有,在晶体内常有大量细小裂纹,这种破裂也叫蠕变脆性破裂。

1.1.4　损伤与蠕变损伤

1. 损伤

损伤力学是近20年发展起来的一门新学科,它是材料变形与破坏理论的重要组成部分。在外载和环境的作用下,由于细观结构的缺陷引起材料或结构的劣化过程,称为损伤[7]。目前,损伤力学中通常使用的损伤变量是Rabotnov于1968年给出的,它表示由于损伤而丧失承载能力的面积与初始无损伤时的原面积之比$\left(D = 1 - \dfrac{\tilde{A}}{A}\right)$,在此基础上,后人进一步探讨了在不同的载荷状况下,不同类型、不同表现形式的损伤。

一般认为,损伤是材料在加载条件下其黏聚力呈渐进性减弱,进而导致其体积元劣化和破坏的现象,它不属于某种独立的物理性质,而是作为一种材料的劣化因素被结合到弹性、塑性和黏性等介质的力学性质中去一并考虑与分析的[8]。

岩石材料是一种自然地质体,其内部各种节理、裂隙和微缺陷的存在可以视为是一种初始损伤。损伤与岩石的破坏变形密不可分,按照岩石的变形机理,岩石损伤的主要类型有[9]:弹性损伤、弹塑性损伤、蠕变损伤、疲劳损伤、动力损伤、蠕变-疲劳损伤、卸载损伤、腐蚀损伤、核辐射损伤、碳化损伤、初始损伤等。

2. 蠕变损伤

蠕变损伤就是通过引入非定常蠕变参数,从另一角度表征岩体损伤演化过程。通过采用蠕变损伤力学方法来研究岩体的劣化力学行为,可借助引入内变量(损伤因子)的方法来表征岩体的力学性状劣化,而岩体的损伤演化实际反映的将是某些流变力学参数随时间的弱化。将岩体流变力学参数看作是非定常,将会更加直接而客观地反映岩体的非线性黏性时效特征。采用非定常的非线性流变模型代替传统定常线性流变模型,能更准确地预测工程岩体的时效非线性变形特征[10]。近年来,裂隙岩体蠕变损伤特征及机理已成为流变学研究的热点方向。

1.1.5　渗流-蠕变-损伤

渗流场的存在和改变是导致岩体工程失稳,甚至大规模地质灾害发生的重要原因之一。裂隙渗透压加剧了岩体裂隙的起裂、扩展、贯通,导致岩体渐进失稳破坏。在宏观上,这一过程也是渗流导致岩体强度劣化损伤的过程,另一方面岩体裂隙的损伤扩展,也导致裂隙岩体渗透特性变化,改变渗流场分布。岩体应力的损伤演化与渗流之间的耦合作用可称为岩体渗流-损伤的耦合。

若进一步考虑岩石蠕变特性对损伤演化过程的影响,研究渗流-应力耦合和蠕变过程联合作用下的煤岩体损伤演化机制,可在深层次上揭示煤岩体破坏机制,为解决实际工程问题提供全面的理论依据和参考思路,从而加深岩石渗流力学、流变力学和损伤力学等多学科研究内涵,实现多门相关力学的相互融合,给煤岩体的力学特性研究开辟一条新的思路。

煤岩渗流-蠕变损伤的耦合理论研究,在岩土工程、水利水电工程、采矿工程、隧道工程等领域都有广泛的应用前景。

1.1.6　煤岩边坡及其稳定性

所谓煤岩边坡,一般指煤矿露天开采所形成的煤岩质边坡,构成煤岩边坡坡体的岩土类型,包括煤和岩石。

影响煤岩边坡稳定性的因素可以分为两类[11]:

(1) 内因即煤岩体自身的因素,如煤岩体的结构、材料、组成、风化程度、煤岩体内软弱结构面的分布及力学特性等,这类因素制约着煤岩体产生变形和失稳的可能性。

(2) 外因即与煤岩体的贮存环境有关的因素,如地应力、地下水、地温、地震以及建筑物所施加的外载荷等,这类因素决定了煤岩体变形和稳定的程度。

只有从内因和外因两方面进行协调研究才能对问题有较深入的了解。但由于煤岩体的结构非常复杂,且力学特性又难以精确描述,煤岩体力学还有大量问题有待解决,很多情况下,经验准则还起着控制作用。深入开展煤岩体渗流-蠕变-损伤问题研究,对大型边坡的长期稳定性分析和设计是非常必要和迫切的。

随着中国露天采煤业的迅速发展,露天采煤战略西移,特别是蒙东地区一大批现代化露天矿山的建设,煤岩边坡在渗流场与应力场耦合作用下的蠕变效应和损伤演化规律,逐渐成为本领域的重大研究课题。

1.2　渗流-蠕变-损伤耦合研究概况

1.2.1　煤岩边坡稳定性研究的历史发展

随着我国露天采煤业六十余年的发展,相关研究也伴随着露天矿山建设的进程得到了长足的发展,在露天煤炭开采形成的煤岩边坡稳定控制和安全生产方面积累了大量经验,提出了相应理论方法,形成了比较完整的技术体系,形成了勘察、设计、施工、生产、科研等专门队伍,保障了我国的露天矿安全、高效开采,为国家的经济建设做出了重要贡献。

从国内外发展现状来看,煤岩体水力学模型研究已取得了一系列成果[12~13];而渗流场和损伤场的耦合问题研究则刚刚起步[14~15];渗流场、蠕变和损伤场的耦合问题研究则基本处于空白阶段。

国外一些矿业发达国家,如加拿大、澳大利亚、美国、苏联、捷克和斯洛伐克等,在优化露天矿山的开采、边坡治理、灾害防治及边坡稳定分析方面都进行了大量的研究。瑞典法(Fellenious)是边坡稳定分析领域出现得最早的一种方法,随着极限平衡法理论体系的不断完善,1955 年 Bishop 在瑞典法的基础上提出了一种简化方法——Bishop 法,伴随着计算机的出现与发展,又相继出现了陆军工程师团法、罗厄法、简化 Janbu 法、Morgenstern-price 法及 Spencer 法等[16]。加拿大科研人员还编写了大型专用软件 Geo-slope 程序。在动载荷作用下边坡安全的研究方面,也进行了大量研究。19 世纪 20 年代,Terzaghi 首次将拟静力法应用于地震边坡稳定性分析中[17];Marcuson 考虑大坝对地震动的特性影响,建议大坝的适宜拟静力因子应取最大加速度的 1/2~1/3[18];第三十届国际地质大会将地震诱发矿区灾害列为议题。我国的陈祖煜院士在边坡稳定计算方面也做出了突出贡献,他与

Morgenstern 教授对边坡稳定分析程序进行了改进[19]，应用到三峡高大边坡的稳定性分析中，取得了较大成就。

1. 我国露天开采的发展及展望

纵观世界经济发达国家煤炭工业的发展历史特点：露天采煤量占总采煤量的比重不断增加。开采条件好的国家露天开采比重均超过 50%，加拿大 88.0%、德国 78.3%、印度 73.8%、澳大利亚 70.0%、印尼 70.0%、美国 61.5%、俄罗斯 56.1%、南非 52.9%、波兰 33.3%、英国 23.6%、日本 11.6%。各国逐渐形成了各具特点的露天采煤工艺，其中具有代表性的有美国、澳大利亚、俄罗斯及印度。

我国露天煤矿主要是新中国成立后发展起来的。大致分为 3 个阶段[20]：

第一阶段是新中国成立后，20 世纪五、六十年代建设投产，已开采五十年以上，目前资源已经枯竭或接近枯竭的老露天煤矿，如阜新海州露天煤矿、抚顺西露天煤矿、平庄西露天煤矿、鹤岗岭北露天煤矿、灵泉露天煤矿、新疆哈密三道岭露天煤矿等，这些矿区主要分布在东北、内蒙古地区。随着资源的枯竭，这些曾经为新中国经济发展做出过重大贡献的老露天矿现已进入残采期，有的已经关闭。图 1-1 为现已闭坑的海州露天矿坑。

图 1-1 阜新海州露天矿

第二阶段是 20 世纪七、八十年代开始建设、并逐步投产的现代化大型露天煤矿，其中以五大露天煤矿为代表，包括内蒙古的元宝山、准格尔黑岱沟、伊敏河、霍林河、山西的安太堡。之后又建设投产了山西的平朔安家岭、内蒙古的宝日希勒、胜利等大型露天煤矿。在此期间，我国露天采矿格局随之发生了变化，积极兴建大型现代化露天煤矿,将我国露天采煤业推向了一个新的台阶。图 1-2 为安太堡露天矿坑。

图 1-2　平朔安太堡露天矿

第三阶段为正在建设或规划建设的以大型、特大型为主的露天煤矿。目前国内生产和在建的大型露天煤矿 30 多处,设计(核定)产能 360Mt/a。大型煤矿中,特大型(产能 10Mt/a 及以上)生产露天煤矿 15 处,总计生产能力达到 290Mt/a,其中产能 20Mt/a 及以上的露天煤矿 7 处,总计产能 188Mt/a,在建特大型露天煤矿 4 处,生产能力达到 59Mt/a。另外,国内还有正在开展前期工作的特大型露天煤矿 8 处,设计生产能力 100Mt/a 左右。如我国目前最大的露天煤矿——神华准格尔哈尔乌素露天矿,面积 67.17km^2,可采原煤储量为 17.3 亿 t,年产原煤 2000 万 t,设计服务年限 79 年,图 1-3 为哈尔乌素露天矿坑,图 1-4 为哈尔乌素露天矿黑岱沟排土场全貌。随着一批千万吨级的大型、特大型露天煤矿兴建,露天开采煤炭资源将占有越来越重要的战略地位。

露天开采具有资源利用充分、回采率高、贫化率低、适于用大型机械施工、建矿快、产量大、劳动生产率高、成本低、劳动条件好、生产安全等优点。缺点在于剥离排弃岩土形成大型排土场,占用较多农田;设备购置费用较高,故初期投资较大;受气候影响较大,对设备效率及劳动生产率有一定影响。

截至 2014 年,我国露天煤矿达 405 座。其中,大中型露天煤矿约 103 座(含规划),煤炭年产量近 6.5 亿 t,占全国煤炭产量的比重超过了 16%。露天煤矿主要集中在内蒙古、山西、新疆、黑龙江、云南等地,目前已形成五大露天煤炭生产基地(群),分别为:①准格尔-平朔亿吨露天煤炭生产基地;②胜利亿吨露天煤炭生产基

图 1-3　准格尔哈尔乌素露天矿

图 1-4　哈尔乌素露天矿黑岱沟排土场

地;③霍林河-白音华亿吨露天煤炭生产基地;④伊敏河-宝日希勒亿吨露天煤炭生产基地;⑤准东亿吨露天煤炭生产群,五大露天煤炭生产基地(群)处于国家煤炭能源"十三五"发展规划范围内。

　　因煤炭供给过剩,煤炭基地的发展将划分层次区别对待。国家煤炭能源"十三五"发展规划是发展东北、山西、鄂尔多斯、西南、新疆 5 大煤炭基地。优先开发蒙东、黄陇和陕北基地,巩固发展神东、宁东、山西基地,限制发展东部即冀中、鲁西、河南、两淮基地,优化发展新疆基地,建设 14 个亿 t 大型煤炭生产基地,兼并重组形成 10 亿 t 级和 10 个 5000 万 t 级特大型煤炭企业。

2. 露天深大煤岩边坡的稳定问题

综上所述,我国适合露天开发的大型矿区主要分布在晋、陕、蒙西区(中部区)、东北区(包括东北、蒙东)、西部区(包括云南、新疆等),如内蒙古自治区的锡林郭勒盟北郊的胜利煤田、西乌珠穆沁旗的白音华煤田、哲里木盟的霍林河煤田及呼伦贝尔煤田等。

这些矿区的地貌均为平缓的草原、缓坡状丘陵地形,有季节性河流与沼泽[21]。如霍林河 1 号、扎哈诺尔、伊敏河 1 号、胜利东 1 号、胜利东 2 号、胜利东 3 号、胜利西 1 号、胜利西 2 号、白音华 1 号、白音华 2 号、白音华 3 号、白音华 4 号等露天矿,这些矿区煤炭赋存在第四系砂砾土、第三系红黏土及泥质煤岩(土)中,煤层为多层组,埋深在 30~600m 之间,总厚度达 100~250m,露天矿的最终深度将达到 400~600m,这必将形成深大充水煤岩边坡。煤岩边坡存在整合或不整合的弱面,同时,矿区气候变化非常明显,四季变化、昼夜交替导致温度变化异常。由于第四系砂砾土、第三系红黏土及泥质煤岩形成的充水煤岩边坡系统强度低、渗透性差、充水量大,致使在露天矿远未达到设计深度和设计坡角的情况下发生大规模滑坡[22]。如白音华 2 号露天矿南帮 2010 年 9 月 10 日发生滑坡,滑坡体东西长约 1.5km,南北宽约 1.35km,高差约 172m,体积超过 8100 万 m³,按滑坡规模属于巨型厚层滑坡;2011 年 5 月 16 日,滑坡区再次发生滑坡("5·16"滑坡),滑坡体东西长约 1.597km,南北宽约 1.476km,高差约 205m,体积超过 9400 万 m³,属巨型厚层滑坡;在此期间与其相邻的 3 号露天矿和 1 号露天矿也发生了滑坡;2005 年"8·13"大雨引发抚顺西露天矿北帮 W1000~E1500 区段地表变形,严重威胁到北帮发电厂、石油一厂等大型企业及居民的生命财产安全,险情惊动了国务院等有关部门,钱正英等多名院士赶赴现场展开调查,分析灾情;呼伦贝尔东明露天煤矿南帮于 2009 年 9 月 10 日开始出现变形,2009 年 9 月 16 日下午 15 时发生滑坡,滑坡区范围西侧在 10 测线附近,东侧在 33 测线附近,上部在 598 平盘,下部位于 518 水平,滑坡区平面面积约为 0.12km²,滑坡体体积约为 290 万 m³,造成南帮全面瘫痪,如图 1-5 为东明露天矿滑坡后的矿坑南帮。

滑坡是露天矿山的主要灾害,滑坡造成长时间停工停产,生产成本增加,经济效益下降,并对国家的财产和工人生命安全构成严重威胁,因此,也得到了越来越多的重视。

煤岩(土)深大边坡在渗流、静力、蠕变、损伤等因素耦合作用下的变形、破坏与工程控制等问题是露天开采中遇到的新课题,并将在今后很长时间内影响我国露天采煤业的发展进程,其作用将贯穿该地区露天矿建设、生产乃至闭坑的整个过

图 1-5 东明露天矿滑坡后矿坑南帮

程。对这些问题的研究是边坡稳定性分析与灾害控制发展的必然要求,也是深大煤岩露天矿山安全、高效生产的必然要求。以往的研究多注重单一因素作用下煤岩边坡结构稳定性问题[23-26],而关于露天深大煤岩边坡受渗流-蠕变-损伤耦合作用下的变形演化规律研究尚处于起步阶段,相关研究的系统文献尚未见到。

本书适应露天深大煤岩边坡工程的客观需要,深入研究煤岩边坡在渗流、地应力、蠕变和损伤等耦合作用下的力学行为。建立深大充水边坡岩层结构在水、流变、损伤等复杂因素作用下变形演化规律的耦合非线性系统模型,揭示地层结构的力学特性与时效特征,阐明露天矿深大边坡变形失稳演化过程,为现场控制灾害的发生提供理论基础。考虑到充水露天煤岩边坡在渗流-蠕变-损伤因素耦合作用下岩层运动规律及灾害的孕育、潜伏、爆发、持续、衰减等演化过程和控制变量支配作用[27],研究灾害发生的机制与稳定控制原理与技术,有利于预测、预报、评价、治理等问题的进一步研究,对煤岩力学、边坡工程、露天开采学等学科的发展具有重要的推动作用,从而实现露天矿的经济、安全、高效生产目的。

1.2.2 煤岩边坡的渗流

受岩体结构的影响,岩体中的渗流与多孔介质(如土中)的渗流不同,多孔介质中的水流是通过土颗粒中间的孔隙流动,可认为是连续力学范围。这方面的研究开始得比较早,从 1856 年 Darcy 定律提出以来,人们对多孔介质中液体的流动规律(其中包括不均匀和各向异性介质中液体的流动规律)开展了多方面的研究工作,已经取得了比较满意的结果。对于裂隙介质中的流动研究是从 1951 年 Lomize 的研究工作开始的。由于煤岩体结构的复杂性,岩体中的渗流具有强烈的各向异性和不连续性,还同应力场密切相关,这些复杂因素使得裂隙中渗流的研究还远远落后于实践。

张金才[26]研究了裂隙煤岩体渗透系数随埋深及水压力的变化规律,得出渗透系数与埋深及水压力的关系式。另外,将裂隙煤岩体介质假设为互相平行的几组裂隙网络,提出了应力场与渗流的耦合模型,得出了裂隙煤岩体与三向应力的关系式,利用这些公式及有限元方法计算了受采矿影响后煤岩体的渗透性变化值,并且得到了试验结果的证实。我国的毛昶熙[28]根据电平衡原理提出的计算方法实质上同流量守恒法类似。温德娟等[29]对白音华3号露天矿矿坑充水因素进行研究,重点分析各含水层含水性及之间隔水层特征。结合大气降水及地下水的补、迳、排特征,得出了露天矿区水文地质类型和矿坑充水因素,为矿井安全生产奠定基础。尼古拉申[30]认为露天矿边帮受淹使其最大边界内的稳定性全面降低,是因为向露天矿一侧倾斜的许多长度大的暗藏裂隙内的水发生静液悬浮。董义革等[31]利用渗流有限元法模拟松散含水层对工作面充水影响,考虑了松散含水层的富水性、水头和采动影响对覆岩的破坏,为今后评价黏土层在水体下采煤中的阻隔水作用提供理论参考。张子平和李永录[32]对冯记沟煤矿水文地质条件和充水因素进行了分析,认为矿井直接充水水源是侏罗系层状裂隙孔隙水,间接充水水源是第四系孔隙水、老窿区积水和矿井排水。针对矿井充水水源和充水通道的发育状况,提出了几种防治水的方法建议。徐大宽[33]总结了坚硬裂隙岩层充水矿床水文地质分类及勘探方法。

从20世纪70年代初开始,国内外许多学者对煤岩体中的水流与岩体应力的相互作用开展了一系列研究,Louis[34]通过一系列的现场和室内试验得出了渗流特性随应力状态的变化规律,Barton等[35]的研究还涉及到了剪切变形对节理面渗流特性的影响。陈胜宏等[36]通过对节理面渗流性质的研究探讨揭示了应力与渗透系数的指数关系实际上是由于节理的变形本身所决定的。岩体水力学在应力-渗流耦合方面的基本内容包括:①水对岩石的软化作用;②岩体和水流的耦合本构关系;③岩体力学参数和水力参数的耦合关系等。其中力学参数和水力参数的耦合关系是将渗流力学和煤岩体力学联系在一起的纽带,是岩体水力学的关键问题。目前这门学科还不太完善,如渗流场的计算方法,岩体网络随机性的考虑,岩体水力学参数的测定,水流场和应力场的耦合关系,耦合作用的大小及影响因素,以及在实际工程中如何考虑其影响等诸多问题,都需要尽快地解决。

1.2.3　煤岩边坡的渗流-损伤耦合

充水煤岩边坡在渗流-损伤耦合因素作用下的变形失稳、灾害控制及监测监控等是近年来新出现的问题。煤岩体水力学的发展大致可以分为3个阶段[37]:①不考虑渗流场和应力场之间的相互作用;②考虑两场之间的耦合作用,但不考虑裂隙的损伤演化行为对煤岩体渗透性及力学特性的影响;③煤岩体渗流场与损伤场耦合问题的研究。以往研究表明:煤岩体在开挖卸荷作用下,原有裂隙产生进一步损伤、扩展、连通,其作用除降低煤岩体的整体强度,增大变形外,还有可能形成新的渗流裂隙网络,显著改变渗流场,从而改变煤岩体的压力场[13]。这种渗透与煤岩体损伤的作用是互为关联的,称之为煤岩体渗流场与损伤场之间的耦合效应。这种耦合效应对于岩土工程,高边坡及隧道工程而言,是造成失稳的重要因素。

水对煤岩强度影响及煤岩渗流-损伤耦合效应,国内外学者主要用来分析边坡稳定、煤岩巷道(隧道)支护问题,同济大学孙钧[38]院士曾提出相应的理论。朱珍德、郑少河等[13,39]等从不同角度建立了煤岩体渗流场与损伤场的有限元耦合模型,并将耦合模型应用于大型水利工程中;唐春安[40]研制的RFPA-FLow软件从细观力学的层次解释宏观工程煤岩体渗流-应力耦合作用下的破坏、失稳行为;徐涛等[41]基于细观力学的基本理论和方法,从煤岩细观微裂纹在荷载下的各种变化出发,通过数学方法推导出基于细观力学的脆性煤岩损伤本构模型和损伤-渗流本构模型,通过常规三轴试验和应力-变形下的渗透性试验结果对模型进行了验证,但对损伤-渗流耦合模型在大尺度实际工程中的应用问题没有做深入研究。赵延林[15]、曹平等采用断裂损伤力学理论研究渗流-应力共同作用下裂隙岩体的损伤变形和断裂破坏,从实验研究、理论分析和数值模拟多方面对裂隙岩体渗流-损伤之间的耦合机理进行了深入系统研究。王振伟等[42~43]开展了深大充水煤岩边坡渗流-损伤耦合规律的系统研究。

1.2.4 煤岩边坡的渗流-蠕变耦合

陈宗基等[44]在适当外界条件影响下,依据岩石类材料所具有的结构特征,研究了岩石的整个变形破坏过程,认为岩石的蠕变特征受它的微观运动统计规律控制。陈祖安和伍向阳[45]提出岩石微裂纹的扩展有两种控制因素:一是化学作用,即裂纹增长受化学作用控制,通常与水相关;另一种是耦合作用,即裂纹扩展是在固体扩容和流体渗透耦合作用下进行的。孙钧等[46]通过考虑渗流与蠕变的耦合作用,讨论了围岩的渗流膨胀和支护系统的流变机理;建议用黏弹塑性模型来模拟该条件下的流变特性,这种模型串联了伯格斯模型和宾哈姆模型。他们利用二维有限元进行了计算,得到了膨胀围压、渗流压力、洞环向变形和应力分布等结论。并根据已知的岩石和节理蠕变规律,对节理煤岩体的蠕变模型进行了推导。同时,还引入彼特互等定理,结合线性黏弹性断裂力学研究了在单轴压缩下,裂隙煤岩体的蠕变柔量以及体积蠕变柔量的表达式。并且讨论了静水应力下,裂隙煤岩体蠕变的长期稳定性问题。王来贵等[47]提出岩石蠕变失稳的概念,在建立改进西原蠕变模型的基础上进行了初步研究和应用。杨彩弘等[48]在岩土流变力学和渗流力学理论基础上,研究了湿度对软岩的蠕变规律和本构方程的影响,并据此推导出单相流体在多孔介质中流动所形成的蠕变变形-渗流耦合模型。陈占清等[49]认为在煤矿开采的影响下,其采动周围的岩层,差不多都处于峰后应力或者接近破碎状态。因此,它的渗透率相比开采扰动前往往出现数量级的增加,并且会由于采动应力场的变化而相应发生明显的变化。同时,其渗透特性和边界都具有时变性。何学秋等[50]通过试验研究了含瓦斯煤的流变力学性能,对其破坏的机理进行了宏微观两方面的研究。吴立新和王金庄[51]通过对煤岩进行流变试验,分析研究了作为具有复杂缺陷结构材料煤岩的流变性能,并指出相比于岩石材料,煤的流变系数相对较低。何峰[52]据等效连续介质模型和流变学的理论,建立煤岩体流变场与渗流场耦合作用下的流变模型,推导相应的直接耦合总体控制方程,给出煤岩体流变场与渗流场耦合作用下的有限元分析格式,并进行了有限元程序设计和开发,通过蠕变破裂模块,分别从受法向力作用下蠕变破裂和离层蠕变破裂分析其各设定监测点随时间演化应力变化规律、不同方向位移变化规律;通过蠕变-渗流耦合模块,分析其监测点水压、位移随时间的变化规律。

1.2.5　煤岩边坡的蠕变-损伤耦合

谢和平[53]引入损伤理论对岩石蠕变进行了非线性大变形有限元分析。Aubertin等[54]在以内变量表述的盐岩蠕变方程中,通过引入损伤因子,建立了一个新的流变模型。陈祖安和伍向阳[45]建立了一个较简单模型描述三轴应力状态下岩石的蠕变扩容机制,较好描述了岩石蠕变过程中其内部的微裂纹的起裂、扩展和汇合过程。陈智纯等[55]根据岩石蠕变试验结果,建立了一个岩石蠕变损伤方程,其中的蠕变模量能描述岩石蠕变过程中损伤的发展。凌建明[56]结合损伤力学与断裂理论,推导了近裂尖瞬态应力场表达式,提出了岩体蠕变裂纹起裂与扩展的损伤力学分析理论。郯公瑞和周维垣[57]通过分析二维空间中单一裂缝在外力场作用下的蠕变损伤细观机制,考虑裂缝尖端的传力特点和蠕变效应,得到了一维裂缝在损伤蠕变作用下的断裂扩展的一组半解析迭代公式。金丰年[58]在岩石力学实验的基础上,从损伤角度研究了岩石在拉压这两种不同作用下的变形破坏特点,并根据割线模量定义了损伤因子。Lux 和 Hou Z[59]在 Lubby2 流变模型基础上,引入连续介质损伤力学理论,并考虑盐岩的变位、变形硬化、延展性变形、损伤及损伤复原机制,建立了一个新的理论模型,并将其应用于放射性废料存储工程中。肖洪天等[60]建立了一个裂隙化岩体的损伤流变模型,并应用该模型分析了长江三峡永久船闸高边坡的稳定性。任建喜[61]利用自制的 CT 对岩石蠕变过程中的损伤发展过程从细观上进行了分析,并研究了岩石蠕变损伤演化过程中裂纹宽度、长度的变化规律,通过定义 CT 数减小速率的概念,分析了岩石发生蠕变损伤第三阶段的门槛值。杨春和和陈峰[62]在谢和平提出的岩石蠕变损伤力学模型的基础上,根据对盐岩蠕变试验结果的分析,得出了盐岩蠕变损伤的变化规律,进而建立了一种能反映盐岩蠕变全过程的蠕变损伤模型。徐卫亚等[63]在分析绿片岩三轴蠕变试验数据的基础上,对广义 Bingham 模型加以改进,在衰减和稳态蠕变阶段引入一个非线性函数,在加速蠕变阶段考虑损伤因子对应力的影响,建立了绿片岩的蠕变损伤本构关系。陈卫忠等[64]根据盐岩的三轴蠕变试验结果,建立了盐岩损伤演化规律以及三维情况下的蠕变损伤本构方程,并对该模型编制成相应的有限元程序,从而对盐岩蠕变及其蠕变损伤规律进行了数值模拟。李连崇等[65]利用岩石破裂过程分析系统,考虑时间因素对岩石损伤过程的影响,从而得到了考虑流变效应的岩石破裂过程数值模型,并利用该模型对恒定荷载作用下岩石的蠕变破坏过程进行了模拟。朱昌星等[66]通过对岩石时效损伤和损伤加速门槛值的讨论,在非线性黏弹塑性流变模型的基础上建立了岩石的非线性蠕变损伤模型;并利用锦屏水电站深埋长大引水隧洞板岩剪切流变试验结果对所建立的模型进行了验证。庞桂珍和宋飞[67]引入统计损伤理论,并考虑损伤应力阈值,建立了一个能反映非线性流变特性的岩石流变模型,并根据石膏角砾岩的蠕变试验结果对该模型进行了试验验证。任中俊等[68]在不可逆热力学理论的基础上,采用内变量描述岩石的不可逆变形历史,并引入四阶损伤张量,建立了盐岩的蠕变损伤本构模型,并得到了该模型在复杂应力条件下的蠕变方程;试验验证结果表明该模型能很好地描述盐岩的蠕变特点。张强勇[10]通过考虑岩体在流变过程中损伤对其力学性质的影响,在改进 Burgers 的基础上对模型参数进行了修正,从而建立了一个变参数的岩石蠕变损伤模型,并推导了该模型的三维差分表达式;采用 C++ 与 FISH 编程对有限差分软件 FLAC³ᴰ 进行二次开发,编制了相应的程序。佘成学[69]在西原模型的基础上,通过考虑岩石在发生蠕变破坏过程中劣化效应,引入时效损伤理论对黏弹塑性流变参数进行了修正,从而建立了一个非线性黏弹塑性蠕变模型,并将该模型编入有限元计算程序进行数值试验,结果表明所建模型可以很好地描述软岩和硬岩的蠕变破坏特点。袁靖周[70]开展了岩石蠕变全过程的损伤模拟方法研究,引入损伤理论对经典的 H-K 蠕变模型进行了改进,并提出了改进 H-K 蠕变模型的参数确定方法,并对其进行了实例验证。

1.2.6 煤岩边坡的渗流-蠕变-损伤耦合

充水煤岩(土)边坡在静力、温度变化、消融、渗水、动力等因素耦合作用下的变形、破坏与工程控制以及监测监控问题是露天开采中遇到的新问题,并将在今后很长时间内影响我国露天采煤业的发展进程,其影响将贯穿该地区露天矿建设、生产乃至闭坑的整个过程。充水煤岩体的裂隙渗透压加剧了煤岩体的起裂、扩展、贯通,导致煤岩体渐进失稳破坏,在宏观上,这一过程也是渗流导致煤岩体强度劣化损伤和围岩应力场变化的过程,另一方面煤岩体应力的改变和煤岩体的损伤扩展,导致煤岩体渗透特性变化,将改变渗流场分布[26],从而进一步加剧了露天深大煤岩(土)边坡的流变特征和损伤演化,产生更为严重的煤岩边坡稳定问题,是导致煤岩体工程失稳,甚至导致大规模煤矿地质灾害的重要原因。对于渗流-蠕变损伤耦合作用下的深大煤岩边坡稳定性问题研究,以往多注重单一因素或两种因素耦合作用下煤岩边坡结构稳定性问题,其耦合作用规律研究尚处于探索起步阶段,相关研究的系统文献尚未见到。

1.2.7　渗流-蠕变-损伤耦合体系研究意义

露天开采面对的是复杂的地质体——煤岩体[71]。煤岩体是一种具有复杂结构的多相地质体,天然状态下存在着地应力、地下水、微破裂、弹黏塑性等物理力学特征。渗流-蠕变-损伤耦合分析的核心任务,就是要研究人类工程和自然相互作用下的由应力场、渗流场、细观损伤、长期蠕变等相互作用引起的岩体变形和破坏规律。

本书通过现场调查、试验研究、理论分析、数值模拟及现场监测等方法,查明煤岩地层结构及构造特征,揭示充水煤岩边坡在应力、渗透、蠕变、损伤等因素耦合作用下失稳机理,为保障露天煤矿山经济、高效、安全、环保生产提供技术支撑。

煤岩体本身具有非连续性、非均匀性、各向异性、非线性、随时间变化的流变性等复杂物理力学特征,水渗流则是导致煤岩边坡蠕变和损伤等物理力学性质演化的重要外因。在渗流、蠕变、损伤等复杂多因素的耦合作用下,易导致重大边坡工程事故的发生,造成伤亡和重大经济损失。

因此,开展煤岩边坡在渗流、蠕变、损伤等复杂因素耦合作用下的变形演化规律研究,是岩土及矿山领域的重大研究课题,可为现场控制灾害的发生提供理论基础,对煤岩力学、露天矿边坡稳定性理论、露天采矿学等学科发展具有重大推动作用,对保证深大煤岩边坡工程的长期稳定性具有重要理论意义和实用价值。

第 2 章　煤岩体渗流-蠕变-损伤耦合试验

煤岩力学研究的基础是试验,但对于渗流、蠕变、损伤相结合的复杂耦合力学问题而言,现有的试验设备及试验方法难以满足试验要求,相应的试验成果极少,这也阻碍了岩石渗流-蠕变-损伤耦合理论的进一步发展。经过长时间实践,笔者在现有试验设备与工艺的基础上,研制或改装了多套满足岩石渗流-蠕变-渗流耦合试验的装置系统,并总结出一套行之有效的试验方法。

蠕变作为岩石重要的力学特性之一,与工程的长期稳定与安全性紧密相关。蠕变试验是了解岩石在长期荷载作用下力学特性的主要手段,具有能够长期观察、可严格控制试验条件、重复次数多等特点。通过对蠕变试验结果的分析可以揭示岩石在不同受力状态下的力学特性,从而为岩石蠕变的理论分析以及数值模拟奠定基础。

工程实践中的很多岩石,比如坝基岩石、隧洞围岩等,不仅承受应力作用,还要受到渗流作用的影响,其蠕变特性与不考虑渗流相比,显然会有所差别。若再考虑到大多数岩石工程的使用年限长达几十年甚至上百年,长期渗流作用对岩石蠕变特性的影响是工程设计与施工中不可忽视的重要因素。

现有岩石蠕变试验成果,主要集中在岩石(或含水岩石)在单一应力场(单轴或三轴压缩为主)作用下的蠕变特性,涉及与渗流耦合等复杂应力条件下的蠕变试验成果十分罕见。造成这种现状的主要原因,应该是目前的试验设备与试验方法还不能满足这样复杂的试验要求。

露天矿开挖使岩体结构弱化,随着边坡不断加深加陡,边帮和底部岩层水平应力减小或消失,导致垂向应力与水平应力之差增加,使得边坡的稳定性减弱;同时露天矿的建设也改变了原有地表径流条件,引起地下水系结构的调整,水的作用使得原本就弱化了的边坡系统进一步弱化,特别是在渗流-蠕变-损伤的复合作用下,极易发生滑坡等灾害性事故。煤岩(土)体的初始损伤和损伤演化,都改变岩土体裂隙结构及其渗透特性。

本章开展的渗流-蠕变-损伤试验包括:①煤峰前蠕变-渗流耦合试验;②煤峰后蠕变-渗流耦合试验;③软质泥岩流变特性试验;④不同含水状态岩石试件的蠕变特性试验;⑤典型煤岩蠕变-渗流耦合试验;⑥黏性土充水损伤直剪实验;⑦饱和黏性土孔隙水压力消散试验;⑧煤岩体充水损伤试验。采用自行研制或改装的试验设备,针对不同类型的煤岩试样进行蠕变、渗流、损伤相互耦合的力学性质试验,据此分析机理、确定参数、拟合曲线,建立耦合方程,也为深入的理论研究和数值模拟提供基础数据。

2.1 煤蠕变-渗流耦合分析

　　煤是一种特殊的软岩,具有很强的流变特性,煤本身组成和内部结构复杂。煤体中的渗流实质上是裂隙渗流,由于渗流对煤体结构应力、变形和稳定产生影响,而煤体结构的应力和变形反过来又影响裂隙的开度和渗透系数等,这就形成了煤体渗流与煤体结构相互作用的耦合问题。在煤的开采中也会遇到同样的问题,在长时间的静载荷作用下,煤会逐渐变形并产生裂隙,使地下水渗出。在煤层开采中,煤体蠕变的问题和随之俱来的地下水渗透问题一直是近年来十分关注的一个重要问题。经过长期的蠕变,顶板下沉,使支撑煤柱在其压力之下逐渐变形而屈服,最终导致顶板由于失去支撑而垮塌冒落,并且会导致地下水流入从而导致很多工程安全问题的发生。据统计,90%的岩质边坡破坏与60%的矿井事故都与地下水有关,开展煤峰前峰后蠕变-渗流规律研究是煤矿安全开采的一项重要工作。

2.1.1 煤蠕变-渗流耦合试验系统

1. 煤蠕变-渗流耦合试验仪

　　本试验采用了自主研发的三轴蠕变-渗流耦合试验仪,见图2-1。该装置采用与缸体分离的滑动活塞来提供轴压,活塞与试件通过压头紧密扣在一起,通过缸体上的入水口灌水推动活塞施加轴压,活塞上有一入水口连通试件,另一头连接稳压罐与气阀,通过气压动稳压罐里的水来施加孔隙水压,水流通过试件渗出,从而测得渗流量。缸体中央有一入水口,可通过水来给试件施加围压。缸体前端有一孔,通过该孔伸出连接应变仪和应变片的导线,测量试件的变形。试验原理图见图2-2。

图 2-1　试验设备

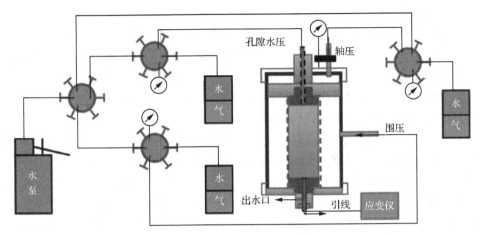

图 2-2 试验原理图

2. 煤蠕变-渗流耦合试验原理

1) 加载系统

采用手动水泵与稳压罐对试件进行人工加压以及稳压。可以通过关闭阀门来保持水压,通过压力表来观察水压大小从而为试件提供稳定的围压和轴压,提供轴压与围压之间有一个隔断,可以保证二者之间互不干扰,在稳压罐的作用下,压力可以保持长期的稳定,这些性能保证了结果的稳定和可靠。

加压时,通过压动水泵对试件施加压力,当压力表达到所需要的数值时,即停止加压,然后关闭阀门。需要注意的是,加压时,先将轴压和围压同时加到围压所需数值,之后关闭围压阀门,继续加轴压到所需数值,这样就可以保证在加载过程中试件不会因围压或轴压某项过大而产生破碎。

当试验过程中出现漏水或因试件变形导致压力降低事件时,稳压罐中的气体压力会根据需要将其平衡到试验所需的数值,稳压罐由一个封闭可移动的活塞构成,活塞上部为气体,下部空间与对应的围压或轴压连通,围压与轴压分别有一个稳压罐与其连通,当压力增大时,水压推动活塞挤压上部气体,直至气体与水压平衡时,活塞不再运动,压力也被还原至最初的数值,反之压力减小时亦然。这样就可以保证压力始终稳定在所需数值上。

水压加载系统及控制系统是由水泵、稳压罐、氮气罐、气压控制器、量筒构成。

水压的加载方式与轴压、围压的加载方式略有不同,轴压、围压为直接对试件进行加压,水压是将水先注入稳压水罐中,通过调节气压控制器对稳压水罐另一半空间注入氮气来间接对活塞另一端的水作用而达到施加渗流水压的目的。渗流出的水由量筒接入并测量渗流量。

2）密封系统

试件密封系统是试验的关键，一方面要保证密封系统在大荷载及高渗透水压作用下不发生破损导致渗漏，同时又不能影响应力加载和应变测量，这也是岩石蠕变-渗流试验中最大的难点。试件密封系统由岩石试件、不锈钢质地的进水头与出水头、密封胶组成，进出水头与试件接触面密布"回"字形凹槽，可使试件表面与水充分接触以保证其内部形成较均匀的渗流场。

为了保证试件的密封，在参考前人经验的基础上，最终决定用电工胶带和PVC胶布对试件与压头的连接处进行固定和密封，这样可保证渗流水压只作用于试件的上下两端，而不会漏入中部影响围压，之后在试件中部将应变片连接好后用哥俩好胶水固定在试件上，这样可以保证可能渗透进入的水不会对应变片造成影响。最后在试件外包裹热缩管，用热风机将其吹至紧贴试件，将试件与压头包裹至其中，这样就不会让围压影响到里面的试件，保证试验的精确性，不会出现其他的变量。

3）监测系统

监测系统由应变片、应变仪、千分表、电脑组成。应变片与120Ω的标准电阻组成全桥电路，连接到应变仪上，将测得的数据通过应变仪上传到计算机中显示并保存。

在粘贴应变片之前，首先应对拟用的应变片进行外观检查和阻值测量。外观检查包括检查基片是否破损，敏感栅是否有锈斑，引线是否有折断的危险。测量其电阻值，目的在于选出同一次试验所用的应变片，同批使用的应变片的电阻值相差一般在0.3Ω以内。

蠕变-渗流耦合试验在潮湿环境中进行，容易导致应变片失效或电路的短路，因此应变片的防水工作十分重要。试验中采用的防水材料是914黏接剂，这是一种环氧树脂涂料，配制简单、操作方便、防水效果良好，是目前电阻应变测量中广泛使用的防水材料。应变片的防水涂层分为防水底层和防水盖层两部分，防水底层涂抹在岩石试件表面，范围比应变片的粘贴区域稍大，可将配置好的少许914胶用刮刀涂在试件表面并用力刮抹，使其充分填充到试件表面的微小孔隙中去，通过对孔隙的封闭来达到防水的效果。防水底层的厚度应很小，约为0.1mm，若厚度过大则不能保证胶层与试件的变形一致，应变片不能测得试件的真实变形。

待防水底层自然固结后，可开始粘贴应变片，黏接剂仍使用914胶。先在粘贴位置标出应变片的中心线，在贴片处涂一层薄而均匀的胶液，面积比应变片略大。然后立即在应变片背面涂胶，使粘贴面充分湿润。待胶稍干而又未失去流动性前，将应变片贴在画好的中心线上，轻轻压平，用聚四氟乙烯薄膜覆盖并用食指沿一个方向滚压，赶出多余的胶液和气泡，使应变片紧密地贴在岩石试件上，黏接胶层的厚度也应在0.1mm左右。用同样的方法继续黏贴接线端子，用于引线的焊接与引出。914 胶可在常温下固化,大约需要 2h 左右。待应变片与接线端子粘贴牢固后,用电烙铁将应变片的引线与外接屏蔽线焊接在接线端子上形成通路。

确定应变片完好且电路畅通后,用聚四氟乙烯薄膜将应变片的敏感栅覆盖,这是为了防止应变片的上覆防水胶层与敏感栅粘连,在受力情况下胶层的变形影响应变片的测量。随后,用 914 胶覆盖应变片及接线端子作为防水盖层,厚度约为 2~3mm。

本次试验需要测量立方体试件 X(水平轴)、Y(垂直轴)两个个方向的变形,因此,在水平应力作用的两个平面按照"T"字形共布置 4 片应变片测量 X、Y 方向的变形。相对平面相同位置的应变片互为温度补偿片来消除试验进行过程中因为温度的变化引起的测量误差。应变测量电路采用适合小应变测量的全桥电路,由相对平面相同位置的 2 个应变片与 2 个 120Ω 的标准电阻组成,电路的连接见图 2-3。图中的 A、B、C、D 代表应变仪的相应端口。

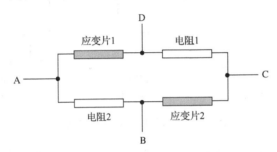

图 2-3　应变片电路连接示意图

3. 煤蠕变-渗流耦合试验仪的组装

首先,将试件装入流变仪内,盖好密封盖,确保出水口朝下保证渗流水可以顺利流出,之后用不锈钢箍箍紧,确保围压的水流不会渗出导致压力无法稳定。

之后,将通水细管按图示连接起来,按动水泵确保没有漏水之处,之后先打开围压与轴压阀门,将围压与轴压加到所需围压值,之后关闭围压阀门,将轴压加至所需值后关闭轴压阀门。

然后,连接气压控制器与水压稳压罐,打开水压稳压罐阀门,注满水后开始缓慢调节气压控制器,直至孔隙水压稳定在所需值时停止。

自主研发三轴蠕变-渗流试验系统,包括:加载系统,稳压系统、监测系统、密封系统;其中加载系统采用手动水泵进行人工加压;稳压系统采用稳压罐来保证试验过程中压力的稳定;监测系统采用千分表和电阻应变仪两种方式对试件的变形进行观测,采用密闭式量筒对渗流量进行测量;密封系统采用直径 80mm 的热缩管和密封圈对试件进行密封。

2.1.2　煤峰前蠕变-渗流耦合特征

1. 试件规格

将现场采集的岩石试件用切割机切成 100mm×50mm×50mm 的标准,然后用磨石机将突出部位磨平。

2. 加载方式

应力的加载方式有三种,分别为单级加载法、分级加载法、逐级分量加载法。见图 2-4。

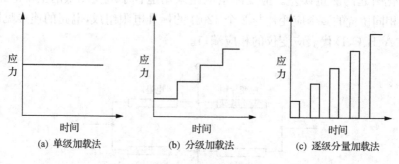

图 2-4　应力三种加载方式示意图

(1) 单级加载法:即在恒定应力作用下,对同一组岩石试样进行不同应力水平的蠕变试验,观测岩石试样蠕变变形与时间的关系;

(2) 分级加载法:即在施加某一应力后观测岩石的蠕变变形,一般在观测一定时期或者岩石蠕变基本上趋于稳定后,再施加下一级应力并观测其蠕变变形,以此类推,直至岩石试样破坏;

(3) 逐级分量循环加卸载法:即在分级加载法的基础上,当岩石试件在每一级应力作用下变形基本稳定后,进行卸载并观测其滞后弹性恢复,待无滞后恢复时,再施加下一级应力。

单级加载法主要用于测量在单一应力加载下的岩石蠕变情况,如果要达到测量不同应力的目的,就要用相同的试件在不同应力水平条件下去做多组试验,这样会用去很长的时间,在有限的时间内,不利于得出更多的结果;逐级分量加载法能够在一个试件上进行不同压力的试验,并且可以观测到其卸载后的滞后恢复情况,较为全面地体现了岩石蠕变前期和后期的变化,但其卸载后再加载难免会对试件造成无法修复的损伤;而分级加载法虽然无法观测到每一压力级下的滞后恢复效应,但能很大程度上减小岩石在试验中的损伤,还原更真实的蠕变情况,故本试验采用分级加载法对试件进行加载。

分 7 组进行试验,其中前四组测量煤体未经破坏前的蠕变-渗流情况,后三组测量煤体破坏后的蠕变-渗流情况及其峰后的松弛效应。

3. 试验步骤

(1) 测量试件尺寸,描述试件裂隙或层理情况;拍照;试件尺寸采用长约 50mm、宽约 50mm、高约 100mm,大致保持长宽与高的比为 1:2,见图 2-5。

图 2-5　试验用试样

(2) 欧姆表测应变片电阻值(保持每个应变片电阻值为 120Ω),贴电阻应变片(试件相对两侧用 502 胶贴轴向和横向应变片,一侧两片);用焊锡连线:内接线,横向应变片与横向应变片及轴向与轴向应变片分别用线连接;外接线:引出四条外接线分别与应变片另一条线相连;线连接处用胶水黏结(起到防水作用),见图 2-6。

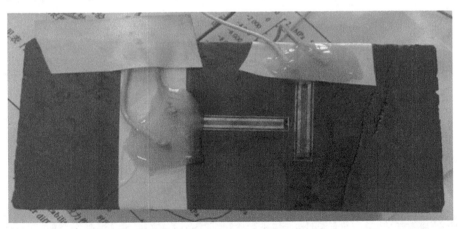

图 2-6　应变片安装示意图

（3）热塑管密封试件和压头，作用是：隔离围压与孔隙压水流。

（4）把试件装入三轴仪腔体内，并引出线（线与引出口严格密封）；引出线与应变仪连接；试件装入腔体。

（5）用 1 号试件做固定围压、水压，逐级加大轴压处理。具体做法为：①先施加水压力使水透过岩样，待渗水量稳定之后，即认为试件处于饱水状态，此时的渗透系数为试件的初始渗透系数；②提高围压至规定级别，待稳定后施加轴压，并开启应变仪记录试件变形，同时记录渗水量（变形和渗流量记录时间）；③根据应变发展情况，逐级加大轴向压力，直至试件进入加速蠕变阶段；④做完一组之后释放压力，增加围压和水压，进行下一组试验。

（6）用二、三、四号试件做全压试验直至破坏，记录破坏后试件的轴压、围压、渗流量、应变随时间的变化。

4. 煤峰前蠕变-渗流耦合分析

1）第一组试验：水压 0.5MPa，围压 1MPa，改变轴压 1.5～13MPa

按照上述试验方案进行试验，水压 0.5MPa，围压 1MPa，从 1.5MPa 开始逐级增大轴压，依次为：1.5MPa、3MPa、5MPa、7MPa、9MPa、11MPa、13MPa。

打开水压阀门之后，对试件施加 0.5MPa 的水压，等到有稳定的渗流水开始流出之后开始测量，测量 30min 后得出初始的渗流参数。

水压 0.5MPa，围压 1MPa 情况下的蠕变-渗流试验的综合成果曲线见图 2-7～图 2-8，试验的参数变化见表 2-1，图中分别表示了煤蠕变-渗流第一组试验的应变、蠕变阶段渗流量与时间的关系以及瞬时应变、初始渗流量与轴向应变的关系。

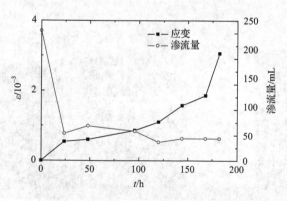

图 2-7　试验 1 应变、渗流量时程曲线

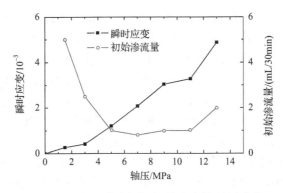

图 2-8　试验 1 瞬时应变、初始渗流量-轴压曲线

表 2-1　试验 1 综合成果(孔隙水压 0.5MPa,围压 1MPa)

轴压 /MPa	实际轴压表 读数/MPa	初始稳定 流/MPa	蠕变阶段 流量/mL	时间 /h	轴向变形			渗流量	
					时间/h	变形/mm	应变/10⁻³	时间/h	渗流量/mL
1.5	0.43	5	255	24	0	0.026	0.257	24	255
					13.5	0.08	0.792		255
					24	0.08	0.792		255
3	1	2.5	53	24	24.5	0.095	0.941	48	53
					35.5	0.1	0.99		53
					48	0.101	1		53
5	1.66	1	68	24	48.5	0.18	1.782	72	68
					51.5	0.191	1.891		68
					72	0.206	2.04		68
7	2.32	0.8	115	48	72.5	0.293	2.901	96	57
					90	0.302	2.99		57
					120	0.317	3.139		57
9	2.99	1	36	24	120.5	0.414	4.099	120	36
					127	0.42	4.158		36
					144	0.461	4.564		36
11	3.65	1	43	24	144.5	0.475	4.703	144	43
					150	0.503	4.98		43
					168	0.504	4.99		43
13	4.31	2	43	24	168.5	0.65	6.436	168	43
					171	0.675	6.683		43
					182	0.77	7.624		43

从应变-时间曲线可以看出,蠕变在 0~24h 处于蠕变速率较快的阶段,此阶段试件初受应力作用,在 1.5MPa 低应力的作用下,将试件内天然存在的裂缝和孔隙

压实压密,故产生了较大的应变;蠕变在 24～144h 处于蠕变速率在稳定的基础上逐渐加快的阶段,该阶段的轴向应变速率随着应力级别的增加而缓慢增加;蠕变在 144～168h 处于蠕变速率加速上升的阶段,此阶段试件在高应力作用下,裂纹逐渐扩展,产生较大程度的塑性应变,此阶段轴向应力为 13MPa,考虑到试验的继续进行,避免试件进一步破坏造成接下来试验结果的不准确,该组试验到此结束。

从渗流量-时间曲线可以看出,在轴压为 1.5MPa 的情况下,24h 内渗流量为 255mL,而当轴压增加至 3MPa 时,24h 渗流量降低至 53mL 这一点也印证了应变-时间曲线对于煤内部结构变化的描述:在初始应力的作用下,煤内部的裂隙快速闭合,导致渗流量急剧下降;之后随着轴压的增大,煤产生稳定而缓慢增加的蠕变,使煤内部的裂纹和孔隙缓慢闭合的越来越紧密,导致渗流量随着时间的推移,处于缓慢降低的趋势;在轴压达到 11MPa 时,在高应力级别的作用下,煤逐渐屈服于应力,产生新的裂纹,导致渗流量出现了小幅度的提升,由 24h 内 36mL 升至了 43mL;在轴压升至 13MPa 时,煤在应力作用下产生的新裂纹和轴压对煤裂纹的闭合作用程度相同,致使渗流量在更高应力级别的情况下保持稳定不变。

从瞬时应变-轴压曲线可以看出,煤试件每次逐级加载轴压时产生的瞬时应变随着应力级别的提高,呈逐渐增加的趋势。

从初始渗流量-轴压的曲线可以看出,煤试件的初始渗流量随着轴压的逐级加载,呈逐渐降低的趋势。

2) 第二组试验:水压 1MPa,围压 1.5MPa,改变轴压 2～15MPa

第二组试验,孔隙水压增至 1MPa,围压增加至 1.5MPa,轴压从 2MPa 开始,逐级增加,依次为 2MPa、3MPa、5MPa、7MPa、9MPa、11MPa、13MPa、15MPa。

该组试验将孔隙水压和围压分别提升了 0.5MPa,将初始轴压提升了 0.5MPa 以保证试验符合轴压＞围压＞孔隙水压的原则。

该组试验的应变、渗流量与时间的关系曲线图与瞬时应变、初始渗流量与时间的关系曲线图见图 2-9～图 2-10,试验的参数变化见表 2-2。

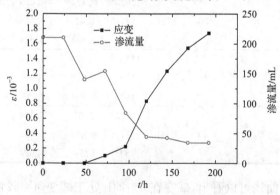

图 2-9　试验 2 应变、渗流量时程曲线

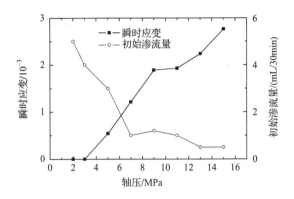

图 2-10　试验 2 瞬时应变、初始渗流量-轴压曲线

表 2-2　试验 2 综合成果(孔隙水压 1MPa, 围压 1.5MPa)

轴压 /MPa	实际轴压表 读数/MPa	初始稳定 流量/(mL/ 30min)	蠕变阶段 流量/mL	时间 /h	轴向变形			渗流量	
					时间/h	变形/mm	应变/10^{-3}	时间/h	渗流量/mL
2	0.56	5	210	24	0	0	0	24	210
					18	0	0		210
					24	0	0		210
3	1	4	140	24	24.5	0	0	48	140
					36	0	0		140
					48	0	0		140
5	1.66	3	154	24	48.5	0.054	0.535	72	154
					66	0.064	0.634		154
					72	0.064	0.634		154
7	2.32	1	84	24	72.5	0.131	1.297	96	84
					90	0.142	1.406		84
					96	0.143	1.416		84
9	2.99	1.2	44	24	96.5	0.199	1.97	120	44
					114	0.2	1.98		44
					120	0.26	2.574		44
11	3.65	1	42	24	120.5	0.264	2.614	144	42
					139	0.284	2.812		42
					144	0.304	3.01		42

续表

轴压/MPa	实际轴压表读数/MPa	初始稳定流量/(mL/30min)	蠕变阶段流量/mL	时间/h	轴向变形			渗流量	
					时间/h	变形/mm	应变/10^{-3}	时间/h	渗流量/mL
13	4.31	0.5	34	24	144.5	0.335	3.317	168	34
					162	0.349	3.455		34
					168	0.366	3.624		34
15	4.98	0.5	34	24	168.5	0.418	4.139	192	34
					186	0.438	4.337		34
					192	0.438	4.337		34

从应变-时间曲线可以看出,在轴压为 2MPa 和 3MPa 时,由于本组试验是在上组试验卸压之后重新加载进行的,上一组试验中,煤试件内存在的天然裂隙已被压密,故本组试验在低应力级别的作用下,煤没有产生蠕变;在应力级别提升至 3MPa 以上后,试件开始产生稳定的蠕变;在应力级别达到 7MPa 时,由于受到高应力的影响,试件开始出现塑性变形,故蠕变速率开始急剧上升,并在后面的 7~15MPa 期间,蠕变速率趋于稳定。

从渗流量-时间关系曲线可以看出,从整体上看,渗流量随着轴压的升高而降低。结合应变-时间曲线来看,当轴压处于 7MPa 之前,蠕变速率较低,此时 24h 内渗流量较大;而当应力增加至 7MPa 以后,试件的蠕变速率大幅度上升,此时渗流量保持在 40mL 左右的较低值,由此说明,在试件未破坏时,渗流量随应变的增大而减小。

从瞬时应变-轴压关系曲线可以看出,瞬时应变在轴压达到 3MPa 之前,也是没有变化的,结合上面的应变-时间曲线,可以得出结论,在上一组的试验中,煤试件产生了一定的塑性应变,而在卸压后重新开始试验时,轴压在未达到一定的应力级别之前,无论是具有时间效应的蠕变或是加载轴压时的瞬时应变,都不会发生变形;在轴压加载到 3MPa 之后,瞬时应变随着轴压的增加而产生线性的变化。

从初始渗流量-轴压曲线可以看出,轴压加载至 7MPa 之前,初始渗流量较大,依次为 5mL/30min、4mL/30min、3mL/30min;而当轴压加载至 7MPa 之后,渗流量降低至 0.5mL/30min 左右,结合前面分析过的曲线可以看出,7MPa 轴压为一个煤试件产生塑性应变的分界值,在煤试件产生塑性应变之后,试件的蠕变量大幅上升,试件的 24h 内渗流量和初始渗流量大幅降低。

3) 第三组试验:二组试验卸压,水压 0.5MPa,围压 0.5MPa,改变轴压2.5~13MPa

该组试验在第二组的基础上卸压后继续增加 0.5MPa 的孔隙水压和围压,初始轴压升至 2.5MPa,在此基础上逐级增大轴压,依次为:2.5MPa、5MPa、9MPa、

13MPa。

　　该组试验的应变、渗流量与时间的关系曲线图与瞬时应变、初始渗流量与时间的关系曲线图见图 2-11~图 2-12,试验的参数变化见表 2-3。

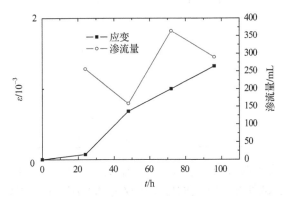

图 2-11　试验 3 应变、渗流量时程曲线

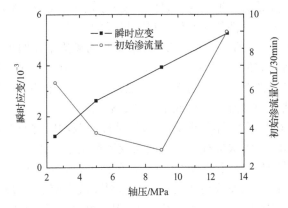

图 2-12　试验 3 瞬时应变、初始渗流量-轴压曲线

表 2-3　试验 3 综合成果(孔隙水压 1.5MPa,围压 2MPa)

轴压 /MPa	实际轴压表 读数/MPa	初始稳定 流量/(mL/ 30min)	蠕变阶段 流量/mL	时间 /h	轴向变形			渗流量	
					时间/h	变形/mm	应变/10⁻³	时间/h	渗流量/mL
					0	0.123	1.218		256
2.5	0.69	7	256	24	17	0.13	1.287	24	256
					24	0.13	1.287		256
					24.5	0.268	2.653		158
5	1.52	4	158	24	41	0.329	3.257	48	158
					48	0.329	3.257		158

轴压/MPa	实际轴压表读数/MPa	初始稳定流量/(mL/30min)	蠕变阶段流量/mL	时间/h	轴向变形			渗流量	
					时间/h	变形/mm	应变/10^{-3}	时间/h	渗流量/mL
9	2.84	3	364	24	48.5	0.46	4.554	72	364
					66	0.49	4.851		364
					72	0.492	4.871		364
13	4.17	10	290	24	72.5	0.629	6.228	96	290
					89	0.656	6.495		29
					96	0.661	6.545		290

从应变-时间关系曲线可以看出,煤的蠕变速率在 2.5MPa 轴压的作用时间内,蠕变速率较低,试件在 24h 内的应变仅仅为 0.0012,上一组试验已对此现象进行了描述:由于试件在前面的试验中已产生了较大的塑性变形,故导致在轴压未加载至 3MPa 时,试件无法产生较为明显的蠕变;在轴压加载至 5MPa 后试件的蠕变速率有了明显的提升,试件的应变保持稳定增长的趋势。

从渗流量-时间关系曲线可以看出,该组试验的渗流量在四个不同应力级别作用下,均处于较高的数值,分别为 256mL、158mL、360mL、290mL,这是由于在前面的 2 组试验中,煤试件在高应力的作用下,已产生了较多的裂纹,并且裂纹不断的扩展,导致该组试验的渗流量始终处于较高的数值。

从瞬时应变-轴压关系曲线可以看出,煤试件加载轴压时的瞬时应变与轴压的数值关系基本呈线性,每次加载所造成的煤变形量基本一致。

从初始渗流量-轴压关系曲线可以看出,在轴压为 2.5～9MPa 的阶段,初始渗流量由于轴压的升高,在加载初期煤试件内部裂隙被压密的程度增大,使初始渗流量随着轴压的升高而减小;在轴压加载至 13MPa 时,试件屈服于应力,试件的裂纹在瞬时应力的作用下增多,使试件的初始渗流量从 1mL/30min 升至 10mL/30min;结合渗流量-时间关系图,可以得出结论,在高应力加载的初期,试件内部裂隙被压密,而随着应力加载期间试件的蠕变,导致裂纹不断扩展,使试件的渗流速率不断增大,导致 24h 内渗流量达到较高的数值。

4) 第四组试验:三组试验卸压,水压 0.5MPa,围压 0.5MPa,改变轴压 3～19MPa

该组试验在第三组的基础上卸压后增加 0.5MPa 的孔隙水压和围压,初始轴压增加至 3MPa,之后逐级递增轴压,依次为:3MPa、5MPa、9MPa、13MPa、16MPa、19MPa。

该组试验的应变、渗流量与时间的关系曲线图与瞬时应变、初始渗流量与时间的关系曲线见图 2-13～图 2-14,试验的参数变化见表 2-4。

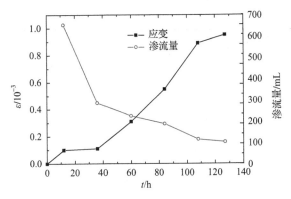

图 2-13　试验 4 应变、渗流量时程曲线

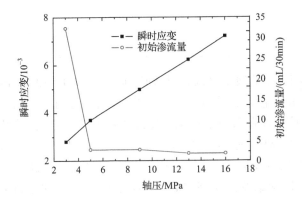

图 2-14　试验 4 瞬时应变、初始渗流量-轴压曲线

表 2-4　试验 4 综合成果(孔隙水压 2MPa,围压 2.5MPa)

轴压 /MPa	实际轴压表 读数/MPa	初始稳定 流量/(mL/ 30min)	蠕变阶段 流量/mL	时间 /h	轴向变形			渗流量	
					时间/h	变形/mm	应变/10⁻³	时间/h	渗流量/mL
3	0.82	36	700	12	0	0.28	2.772	12	700
					12	0.29	2.871		700
									700
5	1.48	3	305	24	12.5	0.371	3.673	36	305
					19	0.371	3.673		305
					36	0.372	3.683		305
9	2.81	3	240	24	36.5	0.5	4.95	60	240
					54	0.509	5.04		240
					60	0.521	5.158		240

续表

轴压/MPa	实际轴压表读数/MPa	初始稳定流量/(mL/30min)	蠕变阶段流量/mL	时间/h	轴向变形			渗流量	
					时间/h	变形/mm	应变/10^{-3}	时间/h	渗流量/mL
13	4.13	2	200	24	60.5	0.646	6.396	84	200
					78	0.665	6.584		200
					84	0.67	6.634		200
16	5.13	2	122	24	84.5	0.768	7.604	108	122
					102	0.8	7.921		122
					108	0.802	7.941		122
19	6.12	5	108	18	108.5	0.947	9.376	126	108
					127	0.953	9.436		108
									108

从应变-时间关系曲线中可以看出,轴压加载至 3MPa 和 5MPa 这两个应力级别时,试件几乎未产生变形,和前面几组一样,试件由于在前面几组的试验中产生了弹性形变,导致试件在未被加载至一定应力级别之前,无法产生较为明显的形变;当轴压加载至 9MPa 时,试件开始出现塑性形变,使蠕变速率基本保持稳定;在轴压加载至 19MPa 时,参照第一组试验,由于试件即将达到极限应力,导致试件在这段时间内处于减速蠕变的状态,如继续加载,时间随后便会进入加速蠕变的状态,最终导致破坏。也说明,在高围压的作用下,煤内部结构变得更加紧凑,使煤岩的屈服应力从第一组的 13MPa 提升至 20MPa 左右。

从渗流量-时间关系曲线可以看出,总体的渗流量依然处于较高的状态,这也是试件在前几组试验高应力级别的作用下裂纹不断增多的结果;在 12~36h 试件处于低应力作用下时,未产生较明显的蠕变,渗流量较大;在 36~108h,随着应力级别逐渐升高,试件的蠕变量越来越大,渗流量也变得越来越小;在 108~127h 试件处于破坏前的减速蠕变阶段时,24h 内蠕变量变小,渗流量的降低幅度也较上一阶段的小;总体上,从图像中可以看出,渗流量的变化与蠕变量和蠕变速率的变化完全吻合,即当蠕变量较低时,试件的渗流量较高,随着蠕变量增大,渗流量减小,而渗流量降低的幅度也与蠕变速率的互相对应,蠕变速率降低,渗流量的降低幅度也随之变小。

从瞬时应变-轴压关系曲线可以看出,瞬时应变依然是随着轴压的升高呈线性变化状态。

从初始渗流量-轴压关系曲线可以看出,在 3MPa 的低应力级别作用下,由于前几组试验累积的塑性变形及裂纹扩张、增多,已无法使试件内部的裂纹在初期完全闭合,故导致初始渗流量高达 36mL/30min;在轴压加载至 5MPa 后,在轴压加载的初期依然是可以使裂纹在短时间内闭合,从而使初始渗流量降至很低的状态。

5. 数据处理及成果分析

1) 四组试验的蠕变曲线对比

四组试验的蠕变曲线见图 2-15。

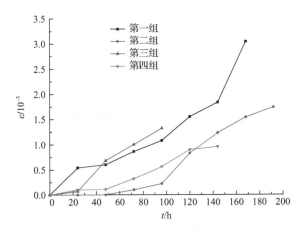

图 2-15　四组应变-时间对比图

图 2-15 中为第一、二、三、四组的蠕变曲线,每一组的围压分别为 1MPa、1.5MPa、2MPa、2.5MPa。从图中可以大致看出随着试验进行试件的变化,一二组随着围压的升高,蠕变速率明显下降,三四组试件随着试件的逐渐破坏,内部结构发生较大改变,裂隙增多,并且原生的微裂纹在轴压和渗透水压作用下不断扩大,导致围压的影响减弱,蠕变速率不减反增。而对于固定围压和孔隙水压的情况下,逐级递增轴压,由于三四组试验试件发生明显的破坏现象,以一二组为例,在第一组中,当轴压为 1.5MPa 时,24h 轴向变形为 0.054;而当轴压为 3MPa 时,试件处于减速蠕变阶段,24h 变形为 0.006MPa;当轴压增至 5MPa 时,24h 变形为 0.026MPa,试件进入稳定蠕变阶段;之后的 7MPa、9MPa、11MPa,24h 变形分别为 0.024MPa、0.047MPa、0.039MPa;而当轴压增至 13MPa 时,试件很快进入加速蠕变阶段,24h 变形为 0.12MPa,试件产生部分破坏。第二组试验是在第一组试验的基础上,增加围压,可以看出,同样在 168h 内,第一组的轴向变形为 0.77mm,而第二组为 0.366mm,有明显的下降,由数据可以看出两点:

(1)围压的增加使试件裂隙被压密,从而导致轴压对试件弹性形变的作用降低;

(2)在第一组试验的较高轴向应变作用下,试件所承受的应力已超过其最大屈服应力值,从而发生了一定的塑性形变。

2）四组试验渗流量与时间关系对比

四组试验渗流量与时间关系对比见图 2-16。

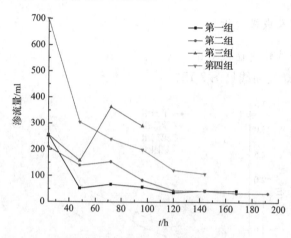

图 2-16　四组渗流量-时间对比图

图 2-16 中为第一、二、三、四组的渗流量曲线,四组分别对应孔隙压 0.5MPa、1MPa、1.5MPa、2MPa,围压 1MPa、1.5MPa、2MPa、2.5MPa,可以看出总体的趋势大致均为随着轴压的升高,使裂隙压实,导致渗流量不断降低,一、二组未被破坏时随着孔隙压的升高渗流量增大,到了第三组时,试件在加到一定轴压时明显被破坏,裂隙增多,导致渗流量有明显的大幅度升高,到了第四组,由于第三组试验使试件有了不可逆转的破坏,初始渗流量有一个较大幅度的升高,而随着破坏程度不断加大,裂隙逐渐压实,渗流量依然不断降低。

3）四组试验瞬时应变-轴压关系对比

四组试验瞬时应变-轴压关系对比见图 2-17。

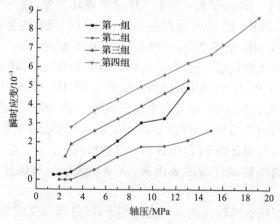

图 2-17　四组瞬时应变-轴压对比图

从图中可以看出,每一组的瞬时应变均在轴压加载到一定程度之前保持线性变化,前三组为 9MPa,第四组为 13MPa,之后在经过一段减速变形之后,开始以更高的变形速率加速变形,这说明在低围压的作用下,使该试件达到弹性变形极限的应力为 9MPa,而在高围压的作用下,该应力为 13MPa,之后试件进入屈服阶段,开始加速破坏;对比每一组试验瞬时应变在弹性阶段的变形速率可以看出,随着围压的升高,变形速率是逐渐降低的,即第一组变形速率最快,第四组最慢;而从弹性阶段之前的变形量可以看出,试件在到达 3MPa 之后才会产生稳定的变形;对比四组曲线的瞬时应变值可以看出,一、二组试件随着围压的升高,初始轴压下的瞬时应变值降低了,三、四组试件随着围压的升高,初始轴压下的瞬时应变值升高了。这说明,在试件未经加载的原始状态下或试件未受到一定程度破坏的前提下,随着围压的升高,试件轴向变形的能力降低;而在试件已加载过或受到一定程度破坏的情况下,随着围压的升高,试件初始的时刻的变形能力上升,即在煤的内部结构受到一定程度破坏后,试件在初始应力的作用下,更容易产生变形。

4) 煤峰前蠕变-渗流拟合方程

(1) 蠕变方程的拟合。由于前两组试验过程中,试件比较完好,未遭到较大程度破坏,故对前两组试验的蠕变曲线进行拟合,由图 2-18 可知,第一组煤蠕变-渗流试验的蠕变采用高斯拟合法对其进行拟合,拟合得第一组煤蠕变-渗流试验的蠕变方程为

$$\varepsilon = 0.04339 + [24324.89/(369.88 \times \sqrt{\pi/2})] \times e^{-2 \times [(t-614.3)/369.88]^2} \quad (2\text{-}1)$$

拟合曲线见图 2-18,可以看出,其相似度达到 96%,可以准确描述出蠕变方程。

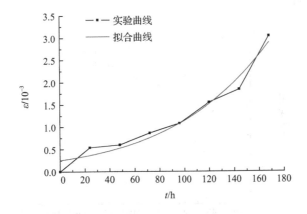

图 2-18　第一组试验蠕变拟合曲线

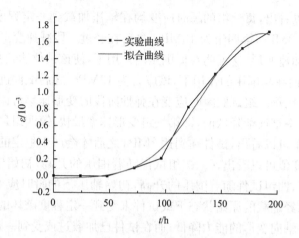

图 2-19　第二组试验蠕变拟合曲线

由图 2-19 可知,第二组试验的蠕变方程采用高斯拟合法较为合适,拟合曲线方程为:

$$\varepsilon = -0.3173 + [224.05/(102.07 \times \sqrt{\pi/2})] \times e^{-2 \times [(t-186.29)/102.07]^2} \quad (2\text{-}2)$$

拟合曲线图见图 2-19,相似度达到 99%,可以准确描述蠕变。

(2)渗流方程的拟合。对于第一组渗流方程,根据图 2-20 可知,呈指数降低,故采用基本的幂指数函数对该曲线进行拟合,拟合得第一组煤的渗流方程为

$$Q = 13690 \times t^{-1.27} \quad (2\text{-}3)$$

拟合曲线见图 2-20。

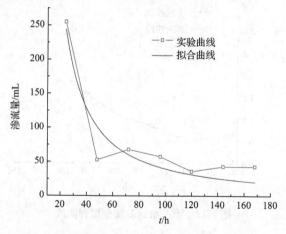

图 2-20　第一组试验渗流量拟合曲线

第二组渗流方程采取指数衰减的幂指数函数对其进行拟合,得渗流方程为

$$Q = 285.97 \times e^{-t/87.63} - 8.03 \tag{2-4}$$

拟合曲线见图 2-21。

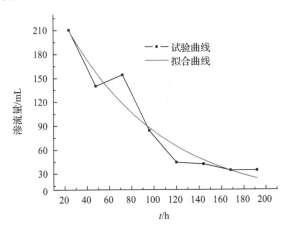

图 2-21 第二组试验渗流量拟合曲线

（3）峰前蠕变-渗流耦合方程。对于蠕变-渗流耦合试验而言,考虑到渗透水压 P 的作用,有效侧向应力变为 $(\sigma_x - p)$,则偏应力张量为

$$\boldsymbol{S}_{ij} = \frac{2\sigma_z - \sigma_x + p}{3} \tag{2-5}$$

由此可得到轴向应变 ε_z 的三维蠕变方程。

$\boldsymbol{S}_{ij} \leqslant \sigma_s$ 时,弹-黏弹性变形:

$$\varepsilon_z(t) = \frac{2\sigma_z - \sigma_x + p}{6G_0'} + \frac{2\sigma_z - \sigma_x + p}{6G_1'}\left[1 - \exp\left(-\frac{G_1'}{\eta_1}t\right)\right] \tag{2-6}$$

$\boldsymbol{S}_{ij} \geqslant \sigma_s$ 时,弹-黏塑性变形:

$$\varepsilon_z(t) = \frac{2\sigma_z - \sigma_x + p}{6G_0'} + \frac{2\sigma_z - \sigma_x + p}{6G_1'}\left[1 - \exp\left(-\frac{G_1'}{\eta_1}t\right)\right] + \frac{2\sigma_z - \sigma_z + p - \sigma_s}{6\eta_2'}t \tag{2-7}$$

其中, K'、G_0'、G_1'、η_1'、η_2' 表示可变化的蠕变参数,与应力 σ、时间 t、渗透水压 p 有关。

在蠕变方程式(2-1)、式(2-2)中,总应变 ε 按照应变的性质可分为瞬时应变 ε_0、黏弹性应变 ε_{ve} 与黏塑性应变 ε_{vp},见式(2-8):

$$\varepsilon = \varepsilon_0 + \varepsilon_{ve} + \varepsilon_{vp} \tag{2-8}$$

下面逐项对蠕变方程式(2-6)、式(2-7)进行分析。

蠕变方程中的第一项为瞬时变形引起的应变 ε_0：

$$\varepsilon_0 = \frac{2\sigma_z - \sigma_x + p}{6G_0'} \tag{2-9}$$

瞬时应变 ε_0 中既包含瞬时弹性应变,在应力较大后也包含瞬时塑性应变,因此瞬时变形模量 G_0' 不仅仅局限于弹性范畴,而是一个包含弹性与塑性的变形。由试验得到瞬时应变 ε_0,根据式(2-5)可求出瞬时变形模量 G_0'。

蠕变方程中的第二项为黏弹性应变 ε_{ve}：

$$\varepsilon_{ve} = \frac{2\sigma_z - \sigma_x + p}{6G_1'}\left[1 - \exp\left(-\frac{G_1'}{\eta_1}t\right)\right] \tag{2-10}$$

黏弹性应变 ε_{ve} 主要描述衰减蠕变,其中式(2-7)是当时间 t 趋于 ∞ 时 ε_{ve} 的极限值：

$$\lim_{t\to\infty}\varepsilon_{ve} = \frac{2\sigma_z - \sigma_x + p}{6G_1'} \tag{2-11}$$

式(2-8)则表示 t 时刻的黏弹性应变与极限应变的比值。随着时间 t 的增加,这一比值逐渐增大趋近于 1。为了表述方便,将其命名为黏弹性变形系数,以 n 表示,n 越大说明黏弹性应变越趋向稳定。

$$n = 1 - \mathrm{e}^{-\frac{G_1'}{\eta_1}t} \tag{2-12}$$

蠕变方程中的第三项为黏塑性应变 ε_{vp}：

$$\varepsilon_{vp} = \frac{2\sigma_z - \sigma_z + p - \sigma_s}{6\eta_2'}t \tag{2-13}$$

黏塑性应变只有当偏应力 S_{ij} 超过长期强度 σ_s 时才会产生,ε_{vp} 贯穿于蠕变的全过程,等速及加速蠕变主要由 ε_{vp} 控制。

对四组煤样进行了峰前蠕变-渗流试验,通过试验结果,对煤的蠕变-渗流特性进行了探讨,得到的主要结论有：

(1)四组试验的试验结果可靠,证明了试验仪器和试验方法可靠得当,成功实现了煤体的蠕变-渗流耦合。

(2)围压增加使试件裂隙被压密,从而导致轴压对试件弹性形变的作用降低。

(3)在第一组试验的较高轴向应变作用下,试件所承受的应力已超过其最大屈服应力值,从而发生了一定的塑性形变。

（4）在固定水压和围压的情况下，轴向的瞬时变形随着轴压的增大而变得越来越明显，并且轴压越大，试件的蠕变速率也越来越大，在总变形中的比例也越来越大。

（5）总体上来说，在轴压和围压固定的情况下，随着水压增大，渗流量也不断增大，并且随着水压的增大，试件的蠕变量也增大。说明渗流对试件蠕变会产生一定的影响，并且蠕变导致的试件变形也会反过来影响渗流量。

（6）以蠕变-渗流耦合试验为基础，推导出考虑孔隙水压的三维蠕变-渗流方程，分析了该方程在偏应力张量大于等于和小于等于屈服应力时的蠕变方程变化，该方程从瞬时压力引起的应变、黏弹性应变和黏塑性应变三方面对岩石的轴向应变做出了描述。

2.1.3 煤峰后蠕变-渗流耦合规律

煤的峰后蠕变-渗流也是近几年来最新开展的一个研究课题，前人研究的目标主要放在煤未被破坏前的蠕变-渗流规律，而对煤峰后的蠕变-渗流规律涉及甚少。通过试验去探究煤峰后的蠕变-渗流特性，用实际的试验参数，去对比分析，可以揭示在煤体破坏之后的变形、渗流量的变化以及围压、轴压的峰后松弛效应规律，从而为关于此方面的理论研究以及数值模拟提供可靠的数值依据。

在工程实践当中，比如软岩巷道的开采，由于其易破碎，易变性的特性，就会经常遇到应力松弛所造成的开采、支护上的困难，故研究煤的峰后蠕变-渗流特性，对于解决煤矿开采中软岩巷道的开掘与支护，以及其他类型巷道的围岩稳固条件和围岩相互作用机理，都能提供一定的数据依据。

鉴于此，针对这个课题，设计煤峰后蠕变-渗流耦合试验，对煤峰后的蠕变-渗流特性进行探究。

1. 试验方案

试件规格采用 100mm×50mm×50mm 的标准，试验重点放在煤破坏过程中的蠕变-渗流耦合。试验采用三个煤试件，分为三组，通过对三组试件进行蠕变-渗流试验，探究在相同的加载条件下，煤破坏过程中各项参数的变化规律是否具有普遍性，试验步骤如下：

（1）为试件加载 1MPa 的孔隙水压、1.5MPa 的围压，2MPa 的初始轴压；

（2）以每级增加 2MPa 的方式分级加载轴压；

（3）当煤屈服于应力破坏之后，为了使各项参数的变化更为明显，将轴压加载至 20MPa；

（4）在各项变化趋于稳定后停止加载；

（5）记录煤全应力下的轴压、围压、渗流量、轴向应力的变化，并分别绘制它们随时间变化的曲线。

试验完毕之后,根据所得曲线,探究分析煤在破坏过程中的蠕变-渗流耦合规律并得出结论。

2. 煤峰后蠕变-渗流耦合分析

1) 第一组试验

该组试验采用上述的试验方案进行,试验所得各项参数随着时间变化的关系曲线见图 2-22~图 2-25,试验的综合成果见表 2-5。由于本组试验为本节所描述试验的第五项,故将其记为试验 5。

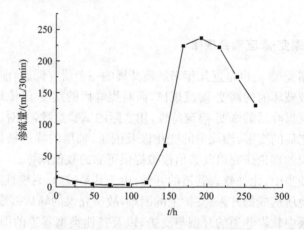

图 2-22　试验 5 的渗流量与时间关系曲线

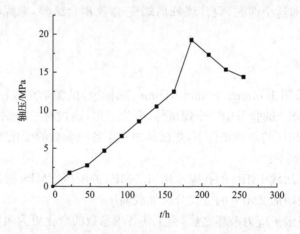

图 2-23　试验 5 的轴压与时间关系曲线

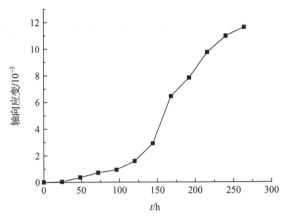

图 2-24　试验 5 的轴向变形与时间关系曲线

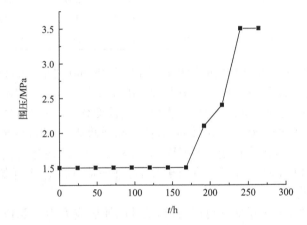

图 2-25　试验 5 的围压与时间关系曲线

表 2-5　试验 5 综合成果(孔隙水压为 1MPa 时)

围压 /MPa	轴压 /MPa	实际轴压表 读数/MPa	蠕变阶段 流量/mL	时间/h	轴向变形		
					时间/h	变形/mm	应变/10^{-3}
1.5	0	0	17	0	0	0	0
1.5	2	0.67	17	0	0.5	0.223	2.208
1.5	2	0.67	9	24	24	0.227	2.248
1.5	3	1	9	24	24.5	0.301	2.98
1.5	3	1	5	48	48	0.332	3.287
1.5	5	1.67	5	48	48.5	0.411	4.069
1.5	5	1.67	5	72	72	0.446	4.416
1.5	7	2.33	5	72	72.5	0.49	4.851

续表

围压 /MPa	轴压 /MPa	实际轴压表 读数/MPa	蠕变阶段 流量/mL	时间/h	轴向变形		
					时间/h	变形/mm	应变/10^{-3}
1.5	7	2.33	5	96	96	0.513	5.079
1.5	9	3	5	96	96.5	0.601	5.95
1.5	9	3	8	120	120	0.667	6.604
1.5	11	3.67	8	120	120.5	0.732	7.248
1.5	11	3.67	66	144	144	0.863	8.545
1.5	13	4.33	66	144	144.5	1.227	12.149
1.5	13	4.33	225	168	168	1.582	15.663
2.1	20	6.67	237	192	192	1.721	17.04
2.4	18	6	222	216	216	1.911	18.921
2.6	16	5.33	175	240	240	2.033	20.129
3.5	13	4.33	130	264	264	2.099	20.782

从轴向应变与时间的关系曲线可以看出,在 96min 之前,试件的轴向应变基本保持线性变化,此阶段为蠕变的弹性变形阶段;在 96min 到 168min 这段时间内,试件的轴向应变速率逐渐升高,不再保持线性变化,可以看出试件在 96min 时达到弹性极限开始产生塑性变化,同时试件内部开始破坏,塑性变形逐渐加剧导致试件内部的结构逐渐失去稳定,裂隙增多,最终在 168min 时达到其屈服极限而破坏;从 168min 开始,试件屈服于应力破坏后,轴向应变的速率开始变缓,最终在 264min 时趋于稳定。

从轴压与时间的关系曲线可以看出,试件的屈服应力为 13MPa,在 168min 试件破坏之后,轴压开始逐渐下降,可以显著地看出,在煤破坏之后,轴压有明显的松弛效应,这也是导致峰后轴向应变速率逐渐降低的原因。

从围压与时间的关系可以看出,在 168min 试件破坏之后,围压开始上升,最终达到 3.5MPa 时不再变化,结合上面分析的两个曲线,可以得出,试件累积的轴向应变,使试件发生了大幅度的体积蠕变,在试件未被破坏前,试件整体结构保持稳定,故体积蠕变未影响到围压;而当试件被破坏后,试件整体结构失稳,致使试件在横向上产生了大幅度的变形,从而导致围压的升高,而随着轴压的逐渐松弛,这种膨胀效应趋于平缓,最终对于围压的作用趋近于 0,围压保持稳定。

2) 第二、第三组试验

图 2-26～图 2-33 分别为煤峰后蠕变-渗流的第二、第三组试验,即总体的第六、第七组试验,试验的结果见表 2-6 和表 2-7。

从图中可以看出,这两组试验的结果曲线与第一组试验大致相仿,故放在一起讨论。

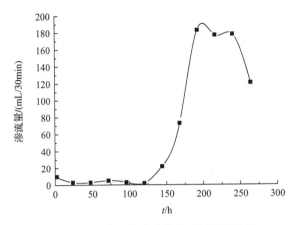

图 2-26　试验 6 的渗流量与时间关系曲线

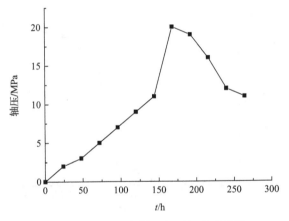

图 2-27　试验 6 的轴压与时间关系曲线

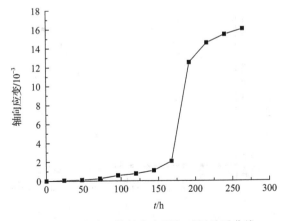

图 2-28　试验 6 的轴向变形与时间关系曲线

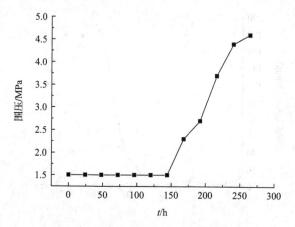

图 2-29　试验 6 的围压与时间关系曲线

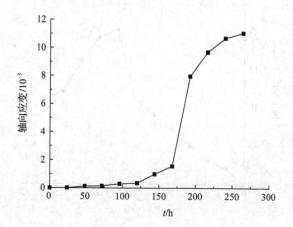

图 2-30　试验 7 的轴向变形与时间关系曲线

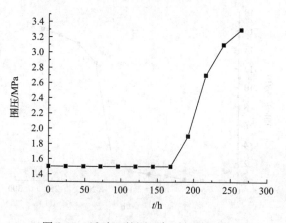

图 2-31　试验 7 的围压与时间关系曲线

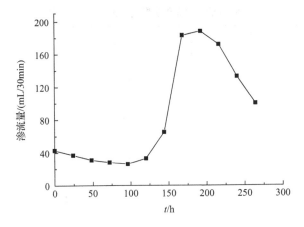

图 2-32　试验 7 的渗流量与时间关系曲线

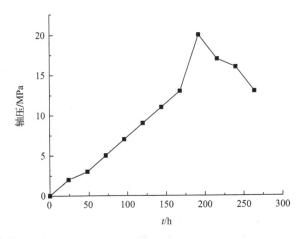

图 2-33　试验 7 的轴压与时间关系曲线

　　第二、第三组试验中,从轴压-时间关系图可以看出,试件分别在轴压加载至 11MPa、13MPa 时破坏,破坏时,渗流量分别从 2mL 和 33mL 急剧增加到了 22mL 和 65mL,破坏之后,轴压逐渐松弛,最终分别稳定在了 13MPa 和 15MPa;围压逐渐增加,最终分别稳定在了 4.6MPa 处和 3.3MPa 处;渗流量均逐渐降低;轴向应变速率均先大幅度增大,后逐渐减小并趋于平缓。

　　第二、第三组试验与第一组试验所采用的试验条件相同,它们的结论也证实了第一组数据中所体现出的规律是真实可靠的。

表 2-6 试验 6 综合成果（孔隙水压为 1MPa）

围压 /MPa	轴压 /MPa	实际轴压表 读数/MPa	蠕变阶段 流量/mL	时间/h	轴向变形		
					时间/h	变形/mm	应变/10⁻³
1.5	0	0	10	0	0	0	0
1.5	2	0.67	10	0	0.5	0.076	0.752
1.5	2	0.67	3	24	24	0.083	0.822
1.5	3	1	3	24	24.5	0.122	1.208
1.5	3	1	3	48	48	0.127	1.257
1.5	5	1.67	3	48	48.5	0.155	1.535
1.5	5	1.67	5	72	72	0.167	1.653
1.5	7	2.33	5	72	72.5	0.201	1.99
1.5	7	2.33	3	96	96	0.233	2.307
1.5	9	3	3	96	96.5	0.285	2.822
1.5	9	3	2	120	120	0.303	3
1.5	11	3.67	2	120	120.5	0.366	3.624
1.5	11	3.67	22	144	144	0.399	3.95
2.3	20	6.67	22	144	144.5	0.454	4.495
2.7	19	6.33	73	168	168	0.542	5.366
3.7	16	5.33	183	192	192	1.588	15.723
4.4	12	4	177	216	216	1.793	17.752
4.6	11	3.67	178	240	240	1.88	18.614
4.6	11	3.67	121	264	264	1.949	19.297

表 2-7 试验 7 综合成果（孔隙水压为 1MPa）

围压 /MPa	轴压 /MPa	实际轴压表 读数/MPa	蠕变阶段 流量/mL	时间/h	轴向变形		
					时间/h	变形/mm	应变/10⁻³
1.5	0	0	43	0	0	0	0
1.5	2	0.67	43	0	0.5	0.117	1.158
1.5	2	0.67	37	24	24	0.118	1.168
1.5	3	1	37	24	24.5	0.171	1.693
1.5	3	1	31	48	48	0.182	1.802
1.5	5	1.67	31	48	48.5	0.212	2.099
1.5	5	1.67	28	72	72	0.215	2.129
1.5	7	2.33	28	72	72.5	0.253	2.505
1.5	7	2.33	26	96	96	0.268	2.653
1.5	9	3	26	96	96.5	0.347	3.436

第 2 章　煤岩体渗流-蠕变-损伤耦合试验　　· 45 ·

续表

围压/MPa	轴压/MPa	实际轴压表读数/MPa	蠕变阶段流量/mL	时间/h	轴向变形		
					时间/h	变形/mm	应变/10^{-3}
1.5	9	3	33	120	120	0.352	3.485
1.5	11	3.67	33	120	120.5	0.394	3.901
1.5	11	3.67	65	144	144	0.458	4.535
1.5	13	4.33	65	144	144.5	0.503	4.98
1.5	13	4.33	183	168	168	0.56	5.545
1.9	20	6.67	183	168	168.5	1.199	11.871
2.7	17	5.67	188	192	192	1.373	13.594
3.1	16	5.33	172	216	216	1.465	14.505
3.3	13	4.33	133	240	240	1.564	15.485
3.3	13	4.33	100	264	264	1.601	15.851

3. 数据处理及成果分析

破坏组的渗流量、围压、轴压、变形与时间关系曲线如图 2-34～图 2-37，每个图中三条曲线分别代表 5、6、7 号试件，从图中可以看出，5、6、7 号试件的屈服应力分别为 13MPa、11MPa、13MPa，当接近于破坏时，轴向变形会出现加速增长，渗流量会突然变大，例如，2 号试件从 33mL/30min 增加到 65mL/30min；3 号试件从 8mL 增加到 66mL；4 号从 2mL 增加到 22mL 再增加到 73mL。这是由于试件屈服于轴向压力而导致裂隙增多，而当试件破坏之后，分别将每组试验的轴压均加大到 20MPa，发现此时围压开始不断上升，渗流量和蠕变速率也急速增加，而接下来发现轴压和渗流量开始不断下降，直至最后轴压降低至破坏应力值时，轴压和渗流量

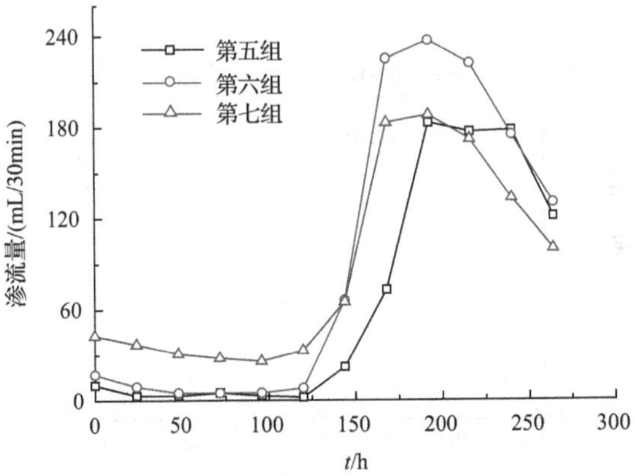

图 2-34　破坏组渗流量-时间曲线

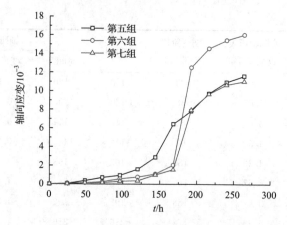

图 2-35　破坏组轴向变形-时间曲线

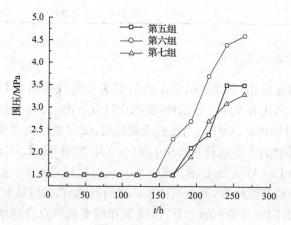

图 2-36　破坏组围压-时间曲线

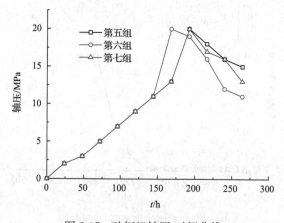

图 2-37　破坏组轴压-时间曲线

才保持稳定,不再下降,由此变化可以看出:煤体在破坏以后,随着轴压和水流对裂隙的作用使之不断扩张,会导致渗流量和轴向、横向应变速率的不断增大,从而导致围压和渗流量的升高,而随着时间的推移,轴向应力会逐渐松弛,松弛的速率为先快后慢,直至降低到接近破坏应力时停止,再次过程中,裂纹会被逐渐压缩而导致渗流量的降低,在松弛速率趋近于平缓时趋于稳定。

4. 方程拟合

1）轴向应变与时间关系方程的拟合

根据试验所得的曲线,可以看出应采取幂函数的方程对试件的蠕变过程进行拟合,并且分两部分对其进行描述。

试件被破坏之前,从曲线可以看出,轴向应变与时间呈指数增长关系,方程可设为

$$\varepsilon = a \times e^{\frac{t}{b}} + c \qquad (2\text{-}14)$$

式中,a、b、c 均为常数,ε 为轴向应变。

通过 Origin 程序对试验结果进行拟合,得出的各项常数参数见表 2-8,拟合曲线见图 2-38～图 2-43。

表 2-8　峰前蠕变方程拟合参数表

组别	a(e-4)	b	c(e-4)
第五组	0.3	32.32	1.3
第六组	0.8	52.36	0.6
第七组	0.3	41.85	0.2
平均值	14.32	28.29	0.63

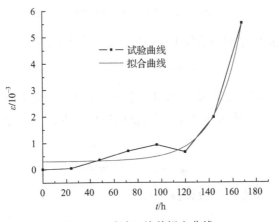

图 2-38　试验 5 峰前蠕变曲线

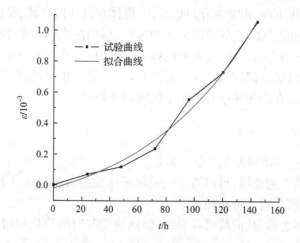

图 2-39　试验 6 峰前蠕变曲线

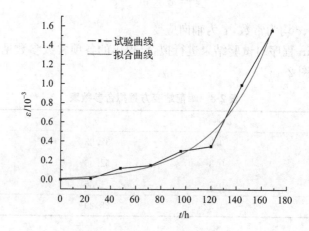

图 2-40　试验 7 峰前蠕变曲线

由于三组试验是在相同条件下进行的,故对其结果进行平均值处理,得方程:

$$\varepsilon = 0.000047 \times e^{t/42.18} + 0.00007 \qquad (2\text{-}15)$$

即为煤在 0.5MPa 孔隙水压、1MPa 围压下的峰前蠕变方程。

在试件被破坏后,从曲线可以看出,轴向应变与时间呈指数衰减关系,方程可设为

$$\varepsilon = a \times e^{-t/b} + c \qquad (2\text{-}16)$$

拟合得出的各项常数参数见表 2-9。

表 2-9 峰后蠕变方程拟合参数表

组别	a	b	c
第五组	−0.39707	43.22	0.01248
第六组	−1.23623	32.75	0.01144
第七组	−0.72754	37.15	0.01657
平均值	−0.78695	37.70667	0.013497

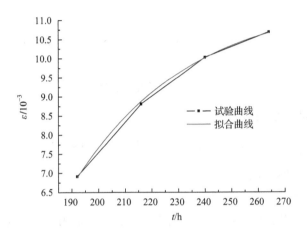

图 2-41 试验 5 峰后蠕变曲线

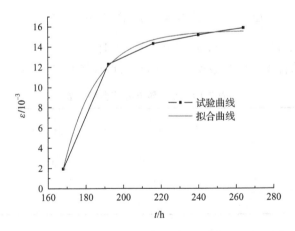

图 2-42 试验 6 峰后蠕变曲线

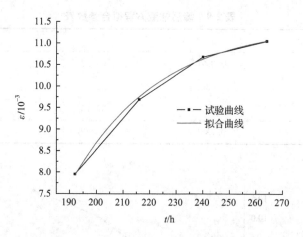

图 2-43 试验 7 峰后蠕变曲线

对其结果进行平均值处理,得方程:

$$\varepsilon = -0.7869 \times \mathrm{e}^{-t/37.7} + 0.013497 \qquad (2\text{-}17)$$

即为煤峰后的蠕变方程。

2）渗流量与时间关系方程的拟合

从图 2-34 可以看出,渗流量与时间的关系可以采用高斯拟合的方法进行拟合,拟合结果相似度可达 94%,根据高斯拟合算法,可将方程设为

$$Q = a + (d/(c \times \sqrt{\pi/2})) \times \mathrm{e}^{-2 \times ((t-b)/c)^2} \qquad (2\text{-}18)$$

其中,a、b、c、d 均为常数,Q 为渗流量,t 为时间。

拟合得出的各项常数参数见表 2-10,拟合曲线图见图 2-44～图 2-46。

表 2-10 渗流量方程拟合参数表

组别	a	b	c	d
第五组	2.55	205.34	86.91	27109.22
第六组	1.78	221.27	80.43	19867.47
第七组	30.23	201.72	79.82	16720.28
平均值	11.52	209.44	82.39	21232.32

对其做平均值处理后,可得渗流方程为

$$Q = 11.52 + \{21232.32/[82.39 \times \mathrm{sqrt}(\pi/2)]\} \times \exp\{-2 \times [(t-209.44)/82.39]^2\}$$

$$(2\text{-}19)$$

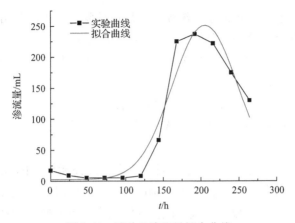

图 2-44　试验 5 渗流量拟合曲线

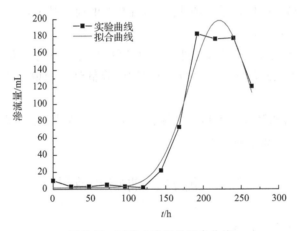

图 2-45　试验 6 渗流量拟合曲线

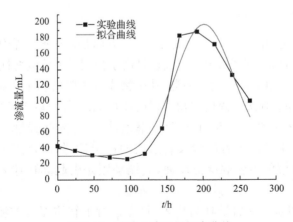

图 2-46　试验 7 渗流量拟合曲线

对5组煤样进行了峰后蠕变-渗流耦合规律试验。基于试验结果,对煤体破碎后的蠕变-渗流耦合特性进行分析,得出的主要结论有:

(1) 3组试验结果显示,试验仪器及试验方法可靠得当,可以作为分析煤峰后蠕变-渗流规律的依据。

(2) 煤体破碎后,由于岩石的松弛效应,轴压会不断减少,最后趋于稳定数值,而随着煤体的破裂,横向变形不断增大,导致围压会逐渐上升,最后随着轴压的稳定而趋于稳定数值。

(3) 煤体的渗流量会随着煤体屈服于应力极限而激增,并且随着岩石裂纹的扩张而不断增大,并且岩石在高应力级别的作用下,会经历一个裂纹扩张然后在压缩作用下再闭合的过程,故会出现渗流量在激增之后不断减小的现象。

(4) 煤体的蠕变和变形会在逐渐提升应力级别的过程中经历减速阶段、稳定阶段,并在试件趋于破坏时进入加速阶段,且蠕变的速率基本是随着应力级别的增大而增大,减小而减小。

(5) 煤体随着应变的增加,先进入较为平缓的压密区,之后进入线性增加的弹性变形区,随后进入破坏区,破坏之后应力逐渐降低到一定值后趋于平缓,最终稳定在一个值上面。

(6) 分别用幂指数和高斯拟合法拟合出了峰前峰后蠕变-渗流的方程,并对蠕变-渗流方程做出了推导和分析。

2.2　泥岩三轴蠕变特性

2.2.1　三轴蠕变试验方法

1. 试验目的

软岩工程问题的流变学研究非常重要,一方面是由于软岩岩体本身的结构和组成反映出明显的流变性质;另一方面也是由于长期受力使流变性质更为突出。

泥岩是软岩类型中最典型的一类,其矿物成分主要由黏土矿物(水云母、高岭石、蒙脱石等)组成,其次为碎屑矿物(石英、长石、云母等)、后生矿物(如绿帘石、绿泥石等)以及铁锰质和有机质,不同含水率条件下,煤岩体强度变化较大。软质泥岩弱层的强度常常决定着层状煤岩边坡的稳定性,如海州露天矿的炭质泥岩弱层即为引起滑坡的主要顺层滑动面,其蠕动则是引起北帮地表沉陷变形的主要原因。

因此,本节以炭质泥岩试样为代表,重点进行了软质泥岩的流变特性试验研究、泥岩强度指标随含水量的变化规律的统计分析和炭质泥岩弱层强度的反分析,得出炭质泥岩的长期强度指标;由于煤岩体随着时间和开挖深度的增加会有大幅的形变产生,且温度递增的影响不容忽略,所以有必要考虑温度影响时煤岩体蠕变特性。

2. 准备工作

岩样采自阜新海州露天矿钻孔泥岩岩心,深度在 300～400m。岩样呈灰白色,有层理。岩心钻取后,立即用蜡纸封存,保持了原岩所处环境的自然状态。

设备在原有三轴流变试验仪的基础上,购进了由上海佳敏电子有限公司制造的热电偶和配套的温度控制仪,加热功率为 2kW,最高温度可达 200℃,可自动控制温度。

仪器改装,原有流变仪为由中国水利水电部研制的,包含轴向加压、侧向加压、孔隙水压系统,此试验进行前对原有流变仪的密封缸进行改装,增设加热元件和温控元件,采取一定的密封措施;重新车制了密封缸内的试件垫块,并在垫块上加密封圈以隔绝加热液体与试件的直接接触;为减少不对中造成试件加工的误差,在钻头支架上安装自制的固定装置。

3. 测试原理

采取的炭质泥岩流变样进行固结快剪试验,然后按下式确定流变试验相对应的正压力 σ_i 剪切荷载等级梯度:

$$\tau_{\sigma i} = K \cdot \frac{\tau_i}{n} \qquad (2\text{-}20)$$

式中, $\tau_{\sigma i}$ 为对应 σ_i 的剪切等级应力,kPa; τ_i 为对应 σ_i 下的固结快剪强度,kPa; K 为岩土介质常数,一般取 $K=0.5\sim0.85$; n 为流变试验线性范围分级数 $n=4\sim5$。正应力 σ_i 分三级施加,每一级剪应力历时 168h,级数 $n=3$。

4. 试验步骤

试件加工,打开密封的原岩样品,固定在专用夹具上,采用水气两用钻对所取岩心进行试件套钻,再用锯石机按需要锯断磨平,试件外表面用砂纸打磨光滑,然后在水平检测台上检测修正,最终做成统一的直径 39.1mm,高 50mm 的圆柱试件,试件制成后立即编号,记录自然情况并密封保存。

试件安装,按编号和试验需要选取试件,在不同部位对直径和高度分别测试 3次,取平均值,并记录试验前试件情况。把试件装入热缩塑料管,在试件两端同时封装带有"O"形密封圈的垫块,为了减小试件两端与垫块的摩擦力,使端部应力分布均匀,在试件底部涂有润滑剂以保证其自由变形。用工业专用的电吹风加热热缩塑料管,使之与试件和垫块表面紧密贴合,对端部的结合部采用橡皮筋或者细铁丝约束,最后把装好的试件置于加载仪器的密封缸中。

　　试验前,先检查试件及加载系统对中性,无误后打开温度控制装置,加热密封缸内液体到指定温度,保持3h左右,以使试件内部也形成均匀的温度场,此后开始调零位移和力测试装置,并施加围压和轴压,自动或者手动加载均可。各量程的测量精度可保持在1%的误差范围内,满足试验要求。试验中,荷载通过校准的精密弹簧压力环测得,位移通过分别置于不同部位的两块千分表测得。试验设备、试样及原理见图2-47。

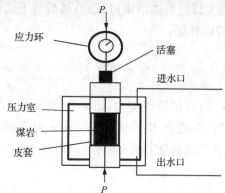

图 2-47　试验设备、试样及原理图

2.2.2　泥岩蠕变效应分析

1. 泥岩流动变形试验研究

　　得到不同法向压力下,泥岩的变形成果见表2-11。应变-时间曲线见图2-48,应力-时间曲线见图2-49。

表 2-11 泥岩流动变形试验

t/min	σ/kPa		
	37.46	56.19	74.92
0	0	0	0
11	8.09	10.11	20.2
42	14.16	16.18	32.34
123	16.18	19.34	40.43
242	18.2	22.71	42.45
372	18.2	22.71	44.27

t/min	σ/kPa		
	56.19	74.92	94.55
0	0	0	0
19	8.09	10.11	16.18
50	14.4	15.5	24.27
130	18.71	19.55	29.61
305	20.46	21.57	34.55

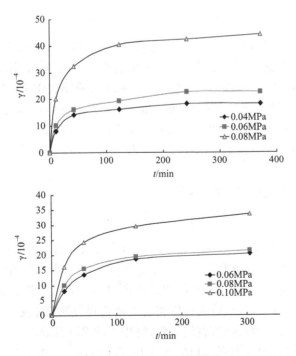

图 2-48 典型应变-时间曲线

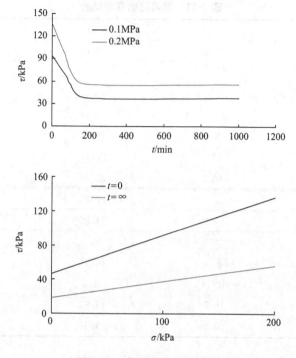

图 2-49　典型应力-时间曲线

　　一般情况下,当载荷达到岩石瞬时强度(通常指岩石单轴抗压强度)时,岩石发生破坏。在岩石承受载荷低于其瞬时强度的情况下,如持续作用较长时间,由于流变作用,岩石也可能发生破坏。因此岩石的强度是随外载作用的时间的延长而降低,通常把作用时间 $t \to \infty$ 的强度(最低值)称之为岩石的长期强度。

　　从试验数据得出的等时曲线可以看出炭质泥岩的屈服极限随着正应力的增大而增大。因屈服极限与长期强度存在一一对应关系,其长期强度也将随正应力的增大而增大。

　　长期强度由库仑定律可得出,即

$$\sigma_f = c + \sigma_\infty \tan\phi \tag{2-21}$$

式中,σ_f 为长期抗剪强度;c 为内聚力;σ_∞ 为剪切面上的正应力;ϕ 为内摩擦角。

　　类似的试验证明,在这种情况下,剪应力与正应力的关系曲线将是另一种形式,在压力值不大时,它是一条曲线,以后逐渐过渡为直线。图形的曲线段一般不长,它的曲率可以忽略,这意味着可以将直线延长到与纵轴相交。于是反映具有摩擦力和黏聚力的岩石剪切强度直线方程,将用式(2-21)表示。

　　结果,炭质泥岩的长期强度指标 $c = 18.73\text{kPa}$,$\phi = 10.61°$。

2. 考虑温度因素的流变试验

根据基本物性参数试验结果确定出破坏载荷,大致为 3～5MPa,控制温度在 25℃、50℃、75℃,然后以应力差分出 5 档施加轴压和围压(0.2MPa),通过电子显示表盘再结合千分表观测轴向变形。每次加载几分钟后开始记录,直至轴向位移大致不变为止,再进行下一阶段加载。

单独取温度 25℃,压力差分别为 1MPa、2MPa、3MPa、4MPa、5MPa 时的数据,得到的时间变形关系图如图 2-50。(其他温度和压力差下的曲线趋势大致相同)

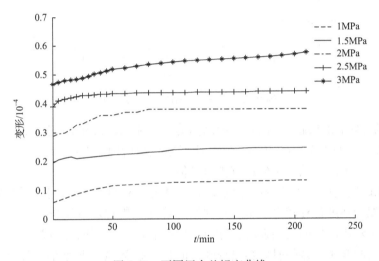

图 2-50　不同压力差蠕变曲线

可以看出在同一温度下,不同的压力差导致的变形不同,在突然改变压力差的时候会出现瞬时的弹性形变,然后形变的增加会随时间逐渐减慢,最终趋于稳定,本次试验由于试验仪器限制,不能维持过长的加载时间,但是可以预见,随着压力差的增加,最终的形变增加会导致试件破坏。

考虑不同温度时蠕变变形如图 2-51,可以看出:

(1)在三种不同温度下,试件的时间-变形曲线大致相同,虽然在不同温度和轴向应力作用下,但加载的竖直线段基本都在一条直线,说明它们趋于稳定的时间是基本一致的。

(2)在同一压力差下随着温度的增加变形量增加;高温度下的曲线斜率大于同载荷下的低温斜率,说明温度升高导致变形速率也相应增大。

本试验所做试验数目有限,以上结论还有待进一步验证其普遍性;由于钻取试件的岩样采自煤矿,代表当地的局部煤岩体性质,从试验的结果分析,由此种岩石构成的煤岩体随着时间和开挖深度的增加会有大幅的形变产生,对煤矿生产会产

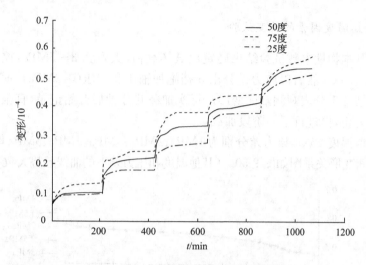

图 2-51　不同温度情况下蠕变曲线

生不利的影响；由于煤矿深部开采中高温的概念和地球物理学中概念不同，大致为地球物理学中的中温 50～100℃范围，所以本试验所用的 25～75℃有一定的代表性，对煤矿井下环境的安全生产有借鉴价值。

　　应用改装后的三轴流变试验仪，增设加热元件和温控元件；对炭质泥岩流变特性研究、泥岩强度指标随含水量变化规律的统计分析和炭质泥岩弱层强度进行反分析，得出炭质泥岩的长期强度；考虑在同一温度下，不同的压力差导致的变形不同，在突然改变压力差的时候会出现瞬时的弹性形变，然后形变的增加会随时间逐渐减慢，最终趋于稳定，由于试验仪器限制，不能维持过长的加载时间，但可预见，随着压力差的增加，最终的形变增加会导致试件破坏；考虑不同温度时，试件的时间-变形曲线大致相同，在同一压力差下随着温度的增加变形量增加；高温度下的曲线斜率大于同载荷下的低温斜率，说明温度升高导致变形速率也相应增大。

2.3　水对软岩蠕变影响

2.3.1　软岩蠕变测试过程

1. 测试目的

　　含水状态对软岩的长期稳定性有重要影响。炭质页岩属强度低、易风化、易崩解、水理性明显的膨胀型软岩，炭质页岩边坡极易受水环境影响，其稳定性下降较快。基于此，本节以炭质页岩为代表，开展不同含水率对软岩试件蠕变特性影响的试验研究。

2. 试验条件

试验采用自制静载油压三轴试验机,如图 2-52。试验原理为,加载框中砝码的重量通过双杠杆放大后作用在试件轴向。通过一个手动泵向密封缸内注油,从而在油压缸内的圆柱形试件周围产生围压。油压缸如图 2-52,试验设备的一些参数见表 2-12。试件采用标准的直径为 5cm 的圆柱形试件,并放入乳胶套内(隔离试件与油),用弹性橡皮筋密封后放入油压缸内(如图 2-53),通过手动油压泵加围压。

海州立井的开采深度大,地应力高,蠕变变形较为明显,特采用此地典型的炭质页岩作为岩样进行三轴蠕变试验(如图 2-52)。该岩样强度高,遇水后含水率、及各项力学参数变化不大,测试岩石的基本力学参数见表 2-13。

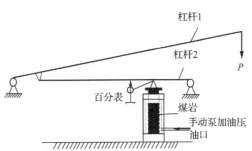

(a) 静载油压试验机　　　　　　　　　(b) 蠕变试验原理图

图 2-52　试验设备及原理图

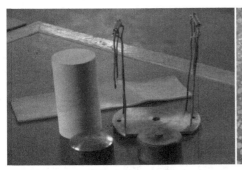

(a) 组装前试件、乳胶套和垫块　　　　　(b) 三轴油压缸及试件

图 2-53　试验试件图

表 2-12　试验仪器及加载的一些参数

试件截面积 /cm²	杠杆 1 臂比 /(长/短)	杠杆 2 臂比 /(长/短)	加载框质量 /kg	围压 /MPa	轴压 /MPa
18.28	8.75	2.05	27.0	5	35

表 2-13　岩石的基本力学参数

状态	含水率/%	C/MPa	φ/(°)	$E/10^3$MPa	μ	抗压强度/MPa
自然	0.74	3	36.9	1.50~1.87 1.75	0.11~0.09 0.15	25.4~28.47 27.09
中间	3.76	1.4	34.7	1.31~1.71 1.48	0.28~0.30 0.29	15.4~17.7 16.30
饱和	6.29	0.8	28.3	1.00~1.30 1.13	0.21~0.35 0.30	10.1~15.13 14.30

3. 测试方案

先将两个岩样放入烘干机内在 105℃高温下烘 24h,拿出称其质量,然后将一个试件放在水中浸泡 120h 后,称质量,算出含水率,作为饱和试件;将另一个岩样放到水中浸泡 48 h,拿出称出质量,算出含水率,作为不饱和试件。考虑到蠕变时间较长,为防止试样在试验过程中水分流失,采用放入乳胶套中的假三轴蠕变试验。

在蠕变试验中,对于分别处于天然含水状态、饱和含水状态、不饱和含水状态的三个试件进行试验。在试验过程中轴向应力保持 $\sigma_1 = 35$MPa,围压保持 $\sigma_2 = \sigma_3 = 5$MPa 不变,通过百分表观测轴向变形,直至轴向位移恒定不变或破坏为止,然后更换试件。

2.3.2　软岩蠕变形态分析

试验测得的数据记录分别如表 2-14～表 2-16 所示。

表 2-14　天然含水状态下蠕变试验原始数据

时间/h	轴向变形/mm	时间/h	轴向变形/mm	时间/h	轴向变形/mm
0	0.2000	38	0.2270	106	0.2299
4	0.2064	48	0.2283	120	0.2300
8	0.2114	52	0.2287	130	0.2300
12	0.2154	56	0.2290	144	0.2300
24	0.2228	72	0.2296	154	0.2300
28	0.2244	82	0.2297	168	0.2300
32	0.2256	96	0.2298		

表 2-15　饱和含水状态下蠕变试验原始数据

时间/h	轴向变形/mm	时间/h	轴向变形/mm	时间/h	轴向变形/mm
0	0.2315	36	0.5219	106	0.5703
4	0.2962	48	0.5443	120	0.5707
8	0.3494	52	0.5512	130	0.5711
12	0.3874	56	0.5541	140	0.5712
24	0.4792	72	0.5623	146	0.5722
28	0.4939	82	0.5670	154	0.5722
32	0.5092	96	0.5697	168	0.5722

表 2-16　不饱和含水状态下蠕变试验原始数据

时间/h	轴向变形/mm	时间/h	轴向变形/mm	时间/h	轴向变形/mm
0	0.2403	38	0.3233	106	0.3351
4	0.2635	48	0.3285	120	0.3353
8	0.2771	52	0.3293	130	0.3354
12	0.2886	56	0.3310	140	0.3354
24	0.3092	72	0.3334	148	0.3354
28	0.3153	82	0.3341	154	0.3354
32	0.3183	96	0.3348	168	0.3354

根据蠕变应变 ε_{creep} 公式：

$$\varepsilon_{creep} = \frac{轴向变形}{试件高度} \qquad (2\text{-}22)$$

可得到三轴蠕变试验蠕变应变数据,见表 2-17～表 2-19。

表 2-17　天然含水状态下蠕变变形

时间/h	轴向蠕变/mm	时间/h	轴向蠕变/mm	时间/h	轴向蠕变/mm
0	2.0100	38	2.2814	106	2.3106
4	2.0744	48	2.2945	120	2.3116
8	2.1246	52	2.2985	130	2.3116
12	2.1648	56	2.3015	144	2.3116
24	2.2392	72	2.3075	154	2.3116
28	2.2553	82	2.3085	168	2.3116
32	2.2673	96	2.3095		

表 2-18 饱和含水状态下蠕变变形

时间/h	轴向蠕变/mm	时间/h	轴向蠕变/mm	时间/h	轴向蠕变/mm
0	2.3266	36	5.3246	106	5.7339
4	3.0029	48	5.5044	120	5.7339
8	4.5526	52	5.5453	130	5.7399
12	3.9971	56	5.5921	140	5.7397
24	4.8333	72	5.6827	146	5.7442
28	5.0088	82	5.7032	154	5.7442
32	5.1608	96	5.7222	168	5.7442

表 2-19 不饱和含水状态下蠕变变形

时间/h	轴向蠕变/mm	时间/h	轴向蠕变/mm	时间/h	轴向蠕变/mm
0	2.4151	38	4.2492	106	4.3678
4	2.6482	48	4.3015	120	4.3698
8	2.7849	52	4.3095	130	4.3709
12	2.9005	56	4.3266	140	4.3709
24	3.1075	72	4.3508	148	4.3709
28	3.1688	82	4.3578	154	4.3709
32	3.1990	96	4.3648	168	4.3709

图 2-54 为根据试验数据绘制的不同含水状态岩样的蠕变曲线。

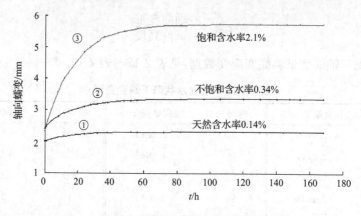

图 2-54 不同含水率蠕变曲线

加载瞬间,岩石发生瞬时弹性变形,随后随着时间的增长发生蠕变变形,蠕变变形的速率随着时间的增长逐渐降低,当达到一定时间后,蠕变变形不再增长,岩石的变形趋于一个稳定值,达到了稳定蠕变阶段。

从图 2-54 中可以看出拟合达到了很高的精度,所得参数可以用来说明不同含水率下岩石的蠕变性态的变化。含水率越大,瞬时弹性变形斜率越大,蠕变变形量越大。

2.3.3　蠕变模型及其参数确定

根据蠕变试验数据整理与分析结果,得到岩样的蠕变变形量最终能达到一个稳定值,而且,其随时间而发生的应变占总应变的比例较大,蠕变曲线开始时存在一定的瞬时变形,然后剪切应变以指数递减的速率增长,最后应变速率逐渐趋于稳定,其蠕变规律符合弹性黏弹性黏塑性模型[72](又称西原正夫体,1961)。

如图 2-55 所示,西原蠕变模型由一个开尔文体和一个宾汉姆体串联组成。考虑到软岩在蠕变过程中含水率及有效应力的变化,因此图中的弹性元件是刚度随含水率及有效应力变化的变刚度弹性元件,黏滞阻尼器是黏滞系数随含水率及有效应力变化的阻尼器。

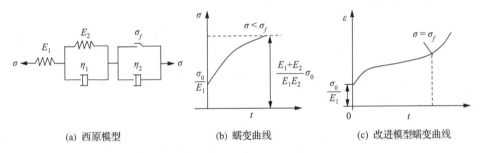

(a) 西原模型　　　　(b) 蠕变曲线　　　　(c) 改进模型蠕变曲线

图 2-55　西原蠕变模型及其蠕变曲线

在一维应力状态下,模型的流变本构方程:

$$\frac{\eta_1}{E_2}\dot{\varepsilon} + \varepsilon = \frac{\eta_1}{E_1 E_2}\dot{\sigma} + \frac{E_1 + E_2}{E_1 E_2}\sigma \qquad \sigma < \sigma_f$$

$$\frac{\eta_1}{E_2}\ddot{\varepsilon} + \dot{\varepsilon} = \frac{\eta_1}{E_1 E_2}\ddot{\sigma} + \frac{1}{E_2}\left(1 + \frac{E_2}{E_1} + \frac{\eta_1}{\eta_2}\right)\dot{\sigma} + \frac{1}{\eta_2}\sigma - \frac{\sigma_f}{\eta_2} \quad \sigma \geqslant \sigma_f$$

$$(2\text{-}23)$$

恒应力作用下的蠕变方程:

$$\frac{\eta_1}{E_2}\dot{\varepsilon} + \varepsilon - \frac{E_1 + E_2}{E_1 E_2}\sigma_0 = 0 \quad \sigma < \sigma_f$$

$$\frac{\eta_1}{E_2}\ddot{\varepsilon} + \dot{\varepsilon} - \frac{1}{\eta_2}(\sigma_0 - \sigma_f) = 0 \quad \sigma \geqslant \sigma_f$$

$$(2\text{-}24)$$

其中,E_1、E_2、η_1 和 η_2 分别为西原模型黏弹性常量,其物理意义和作用分别为控制延迟弹性的数量、弹性剪切摸量、决定延迟弹性的速率和黏滞流动的速率,一般均为大于零的常数。

因此,所测煤岩的蠕变特性采用典型西原蠕变模型进行描述。根据岩石在不同应力作用下的蠕变全过程曲线,运用文献[73]的方法可以采用下列步骤确定岩石的蠕变参数为拟合典型西原蠕变模型的五个黏弹性常量,假定在恒定应力作用各常量与时间无关,则当时间 t 无穷大时应变速率为常数,蠕变曲线为一直线(蠕变曲线的第二阶段渐进线)。

(1) σ_f 岩石的长期强度(kPa),通过试验确定范围作为长期强度的波动范围,如泥岩长期强度范围为

$$\sigma_f = 4.67 - 9.33 \tag{2-25}$$

(2) 根据图 2-54 中曲线①对应的 σ_{10},ε_{10} 求得 E_1,$E_1 = \sigma_{10}/\varepsilon_{10}$;

(3) 根据图 2-54 中曲线②对应的应力 σ_{20}、极限应变 ε_{2x}、减速蠕变阶段任意时刻 t 与相应的应变 ε_{2t} 利用以下公式求得 E_2 和 η_1:

$$E_2 = \frac{\sigma_0}{\varepsilon_{2x} - \sigma_{20}/E_1}, \eta_1 = \frac{-E_2 t}{\ln[1.0 - (\varepsilon_{2t} - \sigma_{20}/E_1)E_2/\sigma_{20}]} \tag{2-26}$$

(4) 根据图 2-54 中曲线③对应的应力 σ_{30} 及加速蠕变阶段任意时刻 t 与相应的应变 ε_{3t},利用下式求得 η_2:

$$\eta_2 = \frac{(\sigma_{30} - \sigma_f)t}{\varepsilon_{3t} - \sigma_{30}/E_1 - \sigma_{30}[1.0 - \exp(-E_2 t/\eta_1)]/E_2} \tag{2-27}$$

表 2-20 是求得的不同含水率下煤岩蠕变模型参数值。

表 2-20　不同含水状态下岩石的模型参数

含水率/%											
$E_2/10^3\,\text{MPa}$			$E_1/10^3\,\text{MPa}$			$\eta_1/(10^5\,\text{MPa}\cdot\text{h})$			$\eta_2/(10^3\,\text{MPa}\cdot\text{h})$		
0.14	0.34	2.1	0.14	0.34	2.1	0.14	0.34	2.1	0.14	0.34	2.1
1.09	0.41	0.15	3.85	1.45	0.10	16.54	6.10	3.08	23.79	17.83	16.79

岩样刚加载的瞬时要发生瞬时弹性变形,产生瞬时弹性应变,岩石抵抗瞬时弹性变形的能力的大小由瞬时弹性模量 E_1 来反映。

表 2-20 表明含水量的增加使煤岩流变模型的各个参数都有减小的趋势,如瞬时弹性模量 E_1,含水率在 2.1% 的瞬时弹性模量比饱和含水量 0.34% 的小,瞬时应变稍大见图 2-54。这是由于不同的含水率使得孔隙中空气和水的比例不同,随着含水率的增加,孔隙中水的比例越来越大。考虑含水率煤岩的变形与煤岩骨架的性能、煤岩中孔隙的压缩及孔隙水的流动有关,对于瞬时变形,由于孔隙水来不

及四处扩散,而且水的压缩系数远远低于空气,因此虽然随着含水量的增加煤岩骨架的弹性模量随含水量的增加而降低,岩样本身的宏观弹性模量在含水率不大时,会随着含水率的增加而降低,当含水率达到一定程度后,随着含水率的增加又有一定量的回弹。另外,由于非软弱岩石骨架的弹性模量随含水率的增加而降低的幅度并不是很大,所以随着含水率的增加,岩石的瞬时弹性模量也不会发生大幅的下降。试验结果可以证明含水率是影响岩石蠕变性状的重要因素。

2.4　煤岩蠕变-渗流耦合规律

2.4.1　蠕变-渗流耦合试验条件

在岩石瞬态渗透法试验基础上,考虑围压、加卸载、时间效应等因素,进行煤岩蠕变-渗流耦合试验,分析煤岩体渗透率与蠕变变形规律。

应用改进的日本九州大学油水渗流率试验仪;取海州露天矿煤岩试样,两种样式:平行于层理和垂直于层理,分别进行编号 CH-1~CH-14。如图 2-56。

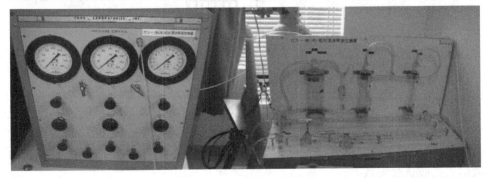

图 2-56　试验设备及试件

岩石渗透性试验方法为瞬态渗透法,即给试件施加一定的轴压、围压和孔隙压力后固定试件上端的孔隙压力,降低试件下端的孔隙压力,在试件两端造成一定的压差,测定压差随时间的变化过程,计算出试样在该应力状态下的渗透率。

　　整个试验过程围压从 1~5.7MPa 施加,孔隙流体压力 0.42MPa,煤岩心容器下游末端阀门打开,并设定孔隙压力小于围压。根据试验设计先施加一定的轴压、围压和孔压(始终保持上游水压小于围压,否则会使热缩塑料等密封失效而使试验失败),然后降低试样下端的水压值(开始时上游下游压力相等),在试件两端形成渗透压差 ΔP(设备最大压差小于 2MPa,渗透试验一般取压差 1.5MPa),以引起水流通过试件渗流。

　　渗透试验原理见图 2-57。采用 Darcy 稳定流方法测试煤样的渗透率,即根据流体通过煤样的流量和煤样两端的渗透压力差等可测量参数计算煤样的渗透率,K 渗透率计算可由 Darcy 定律方程求出:

$$K = \frac{Q_0 \mu L \gamma_s}{A(P_1 - P_2)} \tag{2-28}$$

其中,Q_0 为在基准压力下渗流量,m^3/s;L 为煤样长度,m;γ_s 为水的重度,N/m^3;A 为煤样截面面积,m^2;P_1 为上游压力,Pa;P_2 为下游压力,Pa。

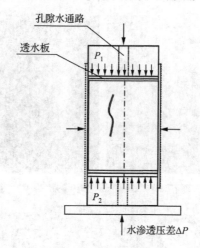

图 2-57　渗透试验原理图

　　进行渗透试验前必须预先使试件充分饱和,当不饱和或饱和不充分时,会造成试件渗流过程不畅,致使渗透压差不是单调减小(有局部升高现象)。岩石试件为圆柱形,试验时须密封良好,防止试件内的水与试件外三轴室内的油混合而使试验数据失真或试验失败。

2.4.2　耦合试验数据统计分析

　　通过考虑各种影响因素,进行渗流试验,得出如下数据,见表 2-21~表 2-23。

表 2-21　煤岩蠕变-渗流耦合试验结果表

日期	围压 /MPa	上游压力 /MPa	下游压力 /MPa	基准压力 /MPa	下游流量 Q_0 /(cm³/min)	流体黏度 m /(mPa·s)	煤样 L/cm	截面面积 A/cm²	渗透率 k/mD[①]
2008 年 5 月 12 日	1.00	0.42	0.01	0.01	18.3	0.0151	4.3	11.335	0.208
	1.50	0.42	0.01	0.01	9.2	0.0151	4.3	11.335	0.095
	2.00	0.42	0.01	0.01	6.3	0.0151	4.3	11.335	0.072
	2.50	0.42	0.01	0.01	4.5	0.0151	4.3	11.335	0.043
	3.00	0.42	0.01	0.01	2.4	0.0151	4.3	11.335	0.027
	4.50	0.42	0.01	0.01	1.6	0.0151	4.3	11.335	0.018
2008 年 5 月 12 日	1.00	0.42	0.01	0.01	22.7	0.0151	5	11.335	0.300
	1.50	0.42	0.01	0.01	14.2	0.0151	5	11.335	0.171
	2.00	0.42	0.01	0.01	9.9	0.0151	5	11.335	0.131
	2.50	0.42	0.01	0.01	8	0.0151	5	11.335	0.106
	3.00	0.42	0.01	0.01	5.8	0.0151	5	11.335	0.077
	4.50	0.42	0.01	0.01	4.7	0.0151	5	11.335	0.062
2008 年 5 月 13 日	1.00	0.42	0.01	0.01	63	0.0151	4.3	11.335	0.530
	1.50	0.42	0.01	0.01	38	0.0151	4.3	11.335	0.291
	2.00	0.42	0.01	0.01	23	0.0151	4.3	11.335	0.194
	2.50	0.42	0.01	0.01	16	0.0151	4.3	11.335	0.135
	3.00	0.42	0.01	0.01	12	0.0151	4.3	11.335	0.101
	4.50	0.42	0.01	0.01	9	0.0151	4.3	11.335	0.076
2008 年 5 月 13 日	1.00	0.42	0.01	0.01	6.6	0.0151	4.4	11.335	0.077
	1.50	0.42	0.01	0.01	2.6	0.0151	4.4	11.335	0.029
	2.00	0.42	0.01	0.01	1.2	0.0151	4.4	11.335	0.014
	2.50	0.42	0.01	0.01	1	0.0151	4.4	11.335	0.012
	3.00	0.42	0.01	0.01	0.2	0.0151	4.4	11.335	0.007
	4.50	0.42	0.01	0.01	0.2	0.0151	4.4	11.335	0.002
2008 年 5 月 13 日	1.00	0.42	0.01	0.01	14.5	0.0151	4.95	11.335	0.190
	1.50	0.42	0.01	0.01	9.1	0.0151	4.95	11.335	0.108
	2.00	0.42	0.01	0.01	4	0.0151	4.95	11.335	0.052
	2.50	0.42	0.01	0.01	2.1	0.0151	4.95	11.335	0.027
	3.00	0.42	0.01	0.01	1.3	0.0151	4.95	11.335	0.017
	4.50	0.42	0.01	0.01	0.8	0.0151	4.95	11.335	0.010

日期	围压/MPa	上游压力/MPa	下游压力/MPa	基准压力/MPa	下游流量 Q_0/(cm³/min)	流体黏度 m/(mPa·s)	煤样 L/cm	截面面积 A/cm²	渗透率 k/mD[①]
	1.00	0.42	0.01	0.01	4.2	0.0151	5	11.335	0.042
	1.50	0.42	0.01	0.01	1.6	0.0151	5	11.335	0.019
2008年	2.00	0.42	0.01	0.01	1.2	0.0151	5	11.335	0.016
5月13日	2.50	0.42	0.01	0.01	0.9	0.0151	5	11.335	0.012
	3.00	0.42	0.01	0.01	0.5	0.0151	5	11.335	0.007
	4.50	0.42	0.01	0.01	0.4	0.0151	5	11.335	0.005
	1.00	0.42	0.01	0.01	26	0.0151	4.8	11.335	0.244
	1.50	0.42	0.01	0.01	19.7	0.0151	4.8	11.335	0.228
	2.50	0.42	0.01	0.01	7.7	0.0151	4.8	11.335	0.098
2008年	3.00	0.42	0.01	0.01	5.2	0.0151	4.8	11.335	0.066
5月14日	3.50	0.42	0.01	0.01	3.1	0.0151	4.8	11.335	0.039
	4	0.42	0.01	0.01	2.3	0.0151	4.8	11.335	0.029
	4.5	0.42	0.01	0.01	1.3	0.0151	4.8	11.335	0.016

① $1\text{mD} = 1 \times 10^{-3} \mu\text{m}^2$。

表 2-22 煤岩蠕变-渗流耦合试验结果表

围压/MPa	上游压力/MPa	下游压力/MPa	基准压力/MPa	下游流量 Q_0/(cm³/min)	流体黏度 m/(mPa·s)	煤样 L/cm	截面面积 A/cm²	渗透率 k/mD
No CH14								
2.00	0.43	0.01	0.01	0.054	0.0151	4.16	11.636	0.02
2.00	0.62	0.01	0.01	0.104	0.0151	4.16	11.636	0.02
2.00	0.81	0.01	0.01	0.167	0.0151	4.16	11.636	0.03
2.00	1.01	0.01	0.01	0.262	0.0151	4.16	11.636	0.03
2.00	1.22	0.01	0.01	0.399	0.0151	4.16	11.636	0.03
2.00	1.4	0.01	0.01	0.374	0.0151	4.16	11.636	0.02
2.00	1.64	0.01	0.01	0.501	0.0151	4.16	11.636	0.02
2.50	0.42	0.01	0.01	0.032	0.0151	4.16	11.636	0.01
2.50	0.61	0.01	0.01	0.054	0.0151	4.16	11.636	0.01
2.50	0.82	0.01	0.01	0.099	0.0151	4.16	11.636	0.01
2.50	1.03	0.01	0.01	0.160	0.0151	4.16	11.636	0.02
2.50	1.22	0.01	0.01	0.232	0.0151	4.16	11.636	0.02
2.50	1.43	0.01	0.01	0.323	0.0151	4.16	11.636	0.02
2.50	1.62	0.01	0.01	0.422	0.0151	4.16	11.636	0.02

围压 /MPa	上游压力 /MPa	下游压力 /MPa	基准压力 /MPa	下游流量 Q_0 /(cm³/min)	流体黏度 m /(mPa·s)	煤样 L/cm	截面面积 A/cm²	渗透率 k/mD
3.00	0.42	0.01	0.01	0.018	0.0151	4.16	11.636	0.01
3.00	0.62	0.01	0.01	0.034	0.0151	4.16	11.636	0.01
3.00	0.81	0.01	0.01	0.061	0.0151	4.16	11.636	0.01
3.00	1.03	0.01	0.01	0.102	0.0151	4.16	11.636	0.01
3.00	1.23	0.01	0.01	0.144	0.0151	4.16	11.636	0.01
3.00	1.41	0.01	0.01	0.192	0.0151	4.16	11.636	0.01
3.00	1.62	0.01	0.01	0.253	0.0151	4.16	11.636	0.01
4.50	0.42	0.01	0.01	0.016	0.0151	4.16	11.636	0.01
4.50	0.62	0.01	0.01	0.025	0.0151	4.16	11.636	0.01
4.50	0.84	0.01	0.01	0.043	0.0151	4.16	11.636	0.01
4.50	1.04	0.01	0.01	0.065	0.0151	4.16	11.636	0.01
4.50	1.21	0.01	0.01	0.088	0.0151	4.16	11.636	0.01
4.50	1.42	0.01	0.01	0.122	0.0151	4.16	11.636	0.01
4.50	1.6	0.01	0.01	0.147	0.0151	4.16	11.636	0.01
4.00	0.42	0.01	0.01	0.011	0.0151	4.16	11.636	0.01
4.00	0.62	0.01	0.01	0.016	0.0151	4.16	11.636	0.00
4.00	0.82	0.01	0.01	0.027	0.0151	4.16	11.636	0.00
4.00	1.03	0.01	0.01	0.041	0.0151	4.16	11.636	0.00
4.00	1.23	0.01	0.01	0.061	0.0151	4.16	11.636	0.00
4.00	1.42	0.01	0.01	0.077	0.0151	4.16	11.636	0.00
4.00	1.6	0.01	0.01	0.099	0.0151	4.16	11.636	0.00
第一次								
2.00	1.22	0.01	0.01	0.399	0.0151	4.16	11.636	0.03
2.50	1.22	0.01	0.01	0.232	0.0151	4.16	11.636	0.02
3.00	1.23	0.01	0.01	0.144	0.0151	4.16	11.636	0.01
4.50	1.21	0.01	0.01	0.088	0.0151	4.16	11.636	0.01
4.00	1.23	0.01	0.01	0.061	0.0151	4.16	11.636	0.00
5.00	1.24	0.01	0.01	0.025	0.0151	4.16	11.636	0.00
6.00	1.21	0.01	0.01	0.007	0.0151	4.16	11.636	0.00
第二次								
2.00	1.2	0.01	0.01	0.230	0.0151	4.16	11.636	0.02
2.50	1.2	0.01	0.01	0.135	0.0151	4.16	11.636	0.01
3.00	1.23	0.01	0.01	0.074	0.0151	4.16	11.636	0.01

续表

围压 /MPa	上游压力 /MPa	下游压力 /MPa	基准压力 /MPa	下游流量 Q_0 /(cm³/min)	流体黏度 m /(mPa·s)	煤样 L/cm	截面面积 A/cm²	渗透率 k/mD
4.50	1.23	0.01	0.01	0.050	0.0151	4.16	11.636	0.00
4.00	1.2	0.01	0.01	0.034	0.0151	4.16	11.636	0.00
5.00	1.21	0.01	0.01	0.018	0.0151	4.16	11.636	0.00
6.00	1.21	0.01	0.01	0.002	0.0151	4.16	11.636	0.00
第三次								
2.00	1.2	0.01	0.01	0.214	0.0151	4.16	11.636	0.02
2.50	1.2	0.01	0.01	0.115	0.0151	4.16	11.636	0.01
3.00	1.22	0.01	0.01	0.059	0.0151	4.16	11.636	0.00
4.50	1.21	0.01	0.01	0.032	0.0151	4.16	11.636	0.00
4.00	1.21	0.01	0.01	0.018	0.0151	4.16	11.636	0.00
5.00	1.21	0.01	0.01	0.007	0.0151	4.16	11.636	0.00
6.00	1.2	0.01	0.01	0.000	0.0151	4.16	11.636	0.00
第四次								
2.00	1.2	0.01	0.01	0.185	0.0151	4.16	11.636	0.01
2.50	1.2	0.01	0.01	0.093	0.0151	4.16	11.636	0.01
3.00	1.2	0.01	0.01	0.054	0.0151	4.16	11.636	0.00
4.50	1.2	0.01	0.01	0.029	0.0151	4.16	11.636	0.00
4.00	1.2	0.01	0.01	0.016	0.0151	4.16	11.636	0.00
5.00	1.2	0.01	0.01	0.005	0.0151	4.16	11.636	0.00
6.00	1.2	0.01	0.01	0.000	0.0151	4.16	11.636	0.00

表 2-23　煤岩蠕变-渗流耦合试验结果表

围压 /MPa	上游压力 /MPa	下游压力 /MPa	基准压力 /MPa	下游流量 Q_0 /(cm³/min)	流体黏度 m /(mPa·s)	煤样 L/cm	截面面积 A/cm²	渗透率 k/mD
No CH3	12-May-08							
1.00	0.42	0.01	0.01	0.512	0.0151	5	11.335	0.300
1.50	0.42	0.01	0.01	0.320	0.0151	5	11.335	0.171
2.00	0.42	0.01	0.01	0.223	0.0151	5	11.335	0.131
2.50	0.42	0.01	0.01	0.181	0.0151	5	11.335	0.106
3.00	0.42	0.01	0.01	0.131	0.0151	5	11.335	0.077
4.50	0.42	0.01	0.01	0.106	0.0151	5	11.335	0.062

续表

围压 /MPa	上游压力 /MPa	下游压力 /MPa	基准压力 /MPa	下游流量 Q_0 /(cm³/min)	流体黏度 m /(mPa·s)	煤样 L/cm	截面面积 A/cm²	渗透率 k/mD
No CH4	12-May-08							
1.00	0.42	0.01	0.01	0.413	0.0151	4.3	11.335	0.208
1.50	0.42	0.01	0.01	0.208	0.0151	4.3	11.335	0.095
2.00	0.42	0.01	0.01	0.142	0.0151	4.3	11.335	0.072
2.50	0.42	0.01	0.01	0.086	0.0151	4.3	11.335	0.043
3.00	0.42	0.01	0.01	0.054	0.0151	4.3	11.335	0.027
4.50	0.42	0.01	0.01	0.036	0.0151	4.3	11.335	0.018
No CH5	13-May-08							
1.00	0.42	0.01	0.01	1.052	0.0151	4.3	11.335	0.530
1.50	0.42	0.01	0.01	0.635	0.0151	4.3	11.335	0.291
2.00	0.42	0.01	0.01	0.384	0.0151	4.3	11.335	0.194
2.50	0.42	0.01	0.01	0.267	0.0151	4.3	11.335	0.135
3.00	0.42	0.01	0.01	0.200	0.0151	4.3	11.335	0.101
4.50	0.42	0.01	0.01	0.150	0.0151	4.3	11.335	0.076
No CH6	13-May-08							
1.00	0.42	0.01	0.01	0.149	0.0151	4.4	11.335	0.077
1.50	0.42	0.01	0.01	0.059	0.0151	4.4	11.335	0.029
2.00	0.42	0.01	0.01	0.027	0.0151	4.4	11.335	0.014
2.50	0.42	0.01	0.01	0.023	0.0151	4.4	11.335	0.012
3.00	0.42	0.01	0.01	0.014	0.0151	4.4	11.335	0.007
4.50	0.42	0.01	0.01	0.005	0.0151	4.4	11.335	0.002
No CH7	13-May-08							
1.00	0.42	0.01	0.01	0.327	0.0151	4.95	11.335	0.190
1.50	0.42	0.01	0.01	0.205	0.0151	4.95	11.335	0.108
2.00	0.42	0.01	0.01	0.090	0.0151	4.95	11.335	0.052
2.50	0.42	0.01	0.01	0.047	0.0151	4.95	11.335	0.027
3.00	0.42	0.01	0.01	0.029	0.0151	4.95	11.335	0.017
4.50	0.42	0.01	0.01	0.018	0.0151	4.95	11.335	0.010

续表

围压 /MPa	上游压力 /MPa	下游压力 /MPa	基准压力 /MPa	下游流量 $Q_。$ /(cm³/min)	流体黏度 m /(mPa·s)	煤样 L/cm	截面面积 A/cm²	渗透率 k/mD
No CH10	13-May-08							
1.00	0.42	0.01	0.01	0.072	0.0151	5	11.335	0.042
1.50	0.42	0.01	0.01	0.036	0.0151	5	11.335	0.019
2.00	0.42	0.01	0.01	0.027	0.0151	5	11.335	0.016
2.50	0.42	0.01	0.01	0.020	0.0151	5	11.335	0.012
3.00	0.42	0.01	0.01	0.011	0.0151	5	11.335	0.007
4.50	0.42	0.01	0.01	0.009	0.0151	5	11.335	0.005
No CH11	14-May-08							
1.00	0.42	0.01	0.01	0.434	0.0151	4.8	11.335	0.244
1.50	0.42	0.01	0.01	0.445	0.0151	4.8	11.335	0.228
2.00	0.42	0.01	0.01	0.291	0.0151	4.8	11.335	0.164
2.50	0.42	0.01	0.01	0.174	0.0151	4.8	11.335	0.098
3.00	0.42	0.01	0.01	0.117	0.0151	4.8	11.335	0.066
4.50	0.42	0.01	0.01	0.070	0.0151	4.8	11.335	0.039
4	0.42	0.01	0.01	0.052	0.0151	4.8	11.335	0.029
4.5	0.42	0.01	0.01	0.029	0.0151	4.8	11.335	0.016
5	0.42	0.01	0.01	0.020	0.0151	4.8	11.335	0.011
5.3	0.42	0.01	0.01	0.014	0.0151	4.8	11.335	0.008
5.7	0.42	0.01	0.01	0.009	0.0151	4.8	11.335	0.005
No CH13								
2	1	0.01	0.01	0.352	0.0151	4.4	11.575	0.04
2.5	1.02	0.01	0.01	0.316	0.0151	4.4	11.575	0.03
3	1.01	0.01	0.01	0.172	0.0151	4.4	11.575	0.02
4.5	1.05	0.01	0.01	0.111	0.0151	4.4	11.575	0.01
4	1	0.01	0.01	0.068	0.0151	4.4	11.575	0.01

2.4.3　渗透率与围压拟合关系

从图 2-58 可知,渗透率均随煤岩体应力的增加而呈负指数规律减小,并表现出明显的非线性特征。根据试验数据进行拟合,它们之间的关系可统一用式(2-29)描述:

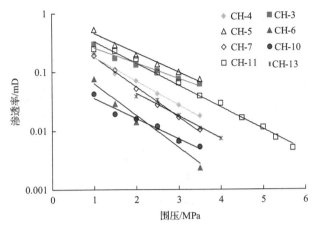

图 2-58　渗透率与围压的变化结果

$$K = a_0 + a\,\mathrm{e}^{-b\sigma} \tag{2-29}$$

式中，K 为煤样渗透率，mD；a_0、a、b 均为拟合常数，σ 为围压，MPa。

式(2-29)中含有常数项 a_0，这说明即使在高应力作用下，煤岩体仍将具有一定的渗透性，其渗透率不为零。

表 2-24　拟合表格

煤样	拟合常数			相关系数
	a_0	a	b	
CH-7	2.3644	0.5965	1.1822	0.995
CH-11	0.4051	0.4627	0.9395	0.994

随着围压的增加，当微裂缝的开度小于某一临界值时，微裂缝中的牛顿流体表现出非牛顿流体的特征。

不同有效围压对煤岩渗透率影响很大，随有效围压增大，煤岩渗透率总体上呈下降趋势，这主要与煤岩中发育的原生裂隙受围压压密闭合以及限制了新生裂隙的扩展和张开度有关。

由图 2-59 可知，渗透率对上游来压不敏感。由图 2-60 可知，加载和卸载，对渗透率的影响：渗透率随围压增加逐渐减小；首次加载的渗透率大于后续卸载后又重新加载后的渗透率。

由图 2-61 可知：①随着加载时间的增加，渗透率逐渐降低；②岩石变形或渗透率变化与时间有关，在加载初期渗透率变化幅度较大，随着时间的延长，渗透率变化逐渐变缓。

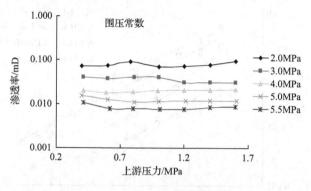

图 2-59　渗透率与上游压力关系

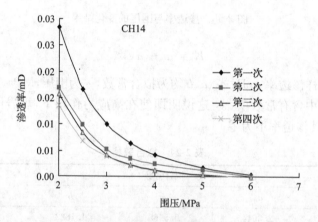

图 2-60　渗透率与加卸载关系

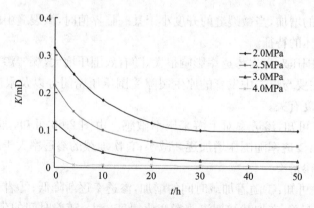

图 2-61　渗透率与时间变化的关系

2.4.4　蠕变与渗流耦合全过程渗透率演化规律

岩石渗流-蠕变耦合分析的一部分内容是探讨岩石在蠕变变形、破坏过程中渗透率的演化规律。

由试验选取典型的试件数据进行分析,得到渗透率-蠕变耦合数据见表 2-25。

表 2-25　渗透率-蠕变耦合数据

0.5MPa			1.0MPa			3.0MPa		
时间/h	渗透率/mD	应变	时间/h	渗透率/mD	应变	时间/h	渗透率/mD	应变
0	0.53	6	0	0.43	10	0	0.35	15
10	0.291	20.2	10	0.291	35.2	10	0.291	20.2
20	0.194	32.34	20	0.184	45	20	0.194	32.34
30	0.135	40.43	30	0.135	50.43	30	0.115	40.43
40	0.15	44.45	40	0.181	54.45	40	0.081	44.45
50	0.2	44.27	50	0.26	54.27	50	0.185	44.6
70	0.35	44.28	70	0.325	54.28	60	0.45	49.5
80	0.4	44.29	80	0.35	55	70	0.455	60.28
						80	0.405	80

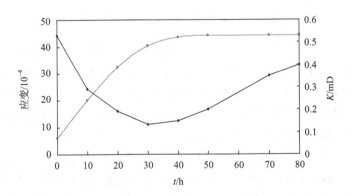

图 2-62　0.5MPa 渗透率-应变-时间曲线

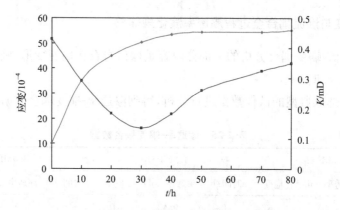

图 2-63　1.0MPa 渗透率-应变-时间曲线

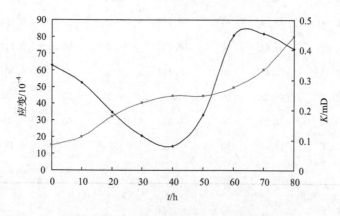

图 2-64　3.0MPa 渗透率-应变-时间曲线

　　由表 2-25 和图 2-62～图 2-64 可知,在初期蠕变变形阶段,初期蠕变时岩石内微裂纹随机地发生发展,裂纹数目大量增加,以后裂纹发生停止;裂纹扩展至一定长度,或长短趋于均匀而停止扩展,此时蠕变变形趋于稳定或停止,进入稳态蠕变阶段,渗透系数是在逐渐减小的。这反映在最初阶段可能因为孔隙和微裂隙在应力作用下被压闭合而使渗透率减少的过程。

　　在恒定蠕变变形阶段,达到一个最小值后,随着时间的演进,渗透率会有一个增幅,在这一阶段可能是裂隙或孔隙形成一定的渗透通道,许多学者也认识到,渗流过程中,随着断裂发生,流体流动存在路径选择问题,流体流动和裂纹扩展是相互作用的。裂纹的萌生和扩展为水流流动路径选择起了非常重要的作用,同时流体的力学作用又促使裂纹的扩展。特别是在高应力作用下裂纹可能继续向前扩展并且新的裂纹会产生,这也将导致渗流路径上的改变。

在第三加速变形阶段,当应力水平增高时,岩石经历了减速和稳态蠕变后,裂纹继续发生、发展、并合、搭接形成宏观裂缝,变形进入了加速蠕变阶段。在非线性变形阶段,当轴向应变增加的时候,渗透系数较小程度变缓,并开始缓慢增加,失稳破坏后出现大的阶跃。在每一次渗透系数发生变化的时候就可以发现与之相对应的应力降。因为是位移加载方式,突然的破裂将导致强烈的突然应力降。因此我们可以得出结论,试件损伤(微破裂)的发展引起渗透系数的变化,很明显渗透系数的变化和试样的损伤是一致的。

应力水平越接近峰值强度极限、蠕变速率越大,持续时间越短。试验结果证实,进入第三阶段后,煤岩体变形相当于进入了全程应力-应变曲线强度后变形。试件破坏时的应变与常规单轴或三轴试验破坏时的应变属同一数量级,试件的破坏均落在三轴试验的破坏后区域内,如图 2-65。此时煤岩体内部形成包括裂纹裂缝在内的应变集中区,煤岩体同样呈现应变弱化性质,其抵抗变形的能力随变形增加而降低,使得以后裂纹裂缝的产生和发展更加集中在此区域内,软化性质更加显著,软化区扩大,蠕变速率加大,岩石失稳破坏。

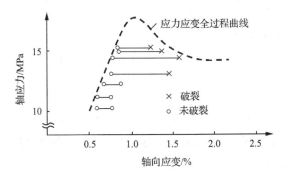

图 2-65　岩石蠕变破裂与应力-应变曲线

图 2-66 是峰值强度前全程应力-应变曲线中应力水平 $c_1 \sim c_4$ 与蠕变曲线中应力 $c_1 \sim c_4$ 变形的对应曲线。c_1 点对应的应力值低,故试件在应力 c_1 作用下的蠕变变形仅产生一、二阶段蠕变,甚至蠕变速率 $\dot{\varepsilon}$ 为零,不产生第三阶段蠕变,即不导致试件的失稳破坏。设 c_2 对应的应力值为长期强度,尽管经历时间长,但最终发生第三阶段蠕变,即 $\ddot{\varepsilon} \rightarrow \infty$,能够发生非稳定的平衡状态。如果超过长期强度 c_2,即在 $\sigma > c_2$ 的条件下,如果 $\sigma = c_3$ 或 $\sigma = c_4$,产生蠕变失稳所需的时间更短。由此可知,实际外力长期作用下能够导致试样发生蠕变失稳破坏的应力值要比峰值强度要低。即只要应力水平大于长期强度,岩石均可能发生蠕变失稳。

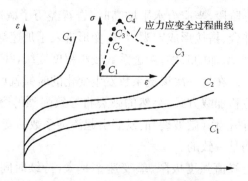

图 2-66　岩石蠕变曲线与应力-应变曲线

2.4.5　渗透率-蠕变拟合方程表达

对于不同岩石和不同的围压、孔压条件下,都可以在试验室内做出蠕变过程中的渗透性试验,然后根据试验资料,拟合出相应的渗透率-应变-时间方程。

根据相应的拟合方法,采用 Issac Newton 提出的均差法,在给出的一定数量的关键点和试验点上进行插值,获得拟合方程:

初期和恒定蠕变阶段

$$K = A' - B'\varepsilon + C'\varepsilon^2 - D'\varepsilon^3 + E'\varepsilon^4 \tag{2-30}$$

加速蠕变阶段

$$K = A_1 - B_1\varepsilon + C_1\varepsilon^2 - D_1\varepsilon^3 + E_1\varepsilon^4 \tag{2-31}$$

其中,$A',B',C',D',E',A_1,B_1,C_1,D_1,E_1$ 为拟合参数,应变与时间的关系可用蠕变方程代入即可。

根据曹树刚对黏滞体模型进行改进,得到新的黏滞体模型。本构方程

$$\sigma = \frac{A\eta_0}{At^2 - Bt + C}\dot{\varepsilon}, \quad \tau = \frac{A\eta_0}{At^2 - Bt + C}\dot{\gamma}$$

式中,A,B,C 为常数,由岩石的变形特性决定,且 $B^2 - 4AC > 0$;η_0 为应力作用之前的黏滞系数,若该系数求取方便,也可取平均黏滞系数。

在一维应力状态下,改进西原模型的流变本构方程:

$$\begin{cases} \dfrac{\eta_1}{E_2}\dot{\varepsilon} + \varepsilon = \dfrac{\eta_1}{E_1 E_2}\dot{\sigma} + \dfrac{E_1 + E_2}{E_1 E_2}\sigma & \sigma \leqslant \sigma_f \\[4mm] \dfrac{\eta_1}{E_2}\ddot{\varepsilon} + \dot{\varepsilon} = \dfrac{\eta_1}{E_1 E_2}\ddot{\sigma} + \dfrac{1}{E_2}\Big(1 + \dfrac{E_2}{E_1} + \dfrac{\eta_1}{\eta_2}\Big)\dot{\sigma} + \dfrac{E_2 + \eta_2'(t)}{\eta_2(t)}(\sigma - \sigma_f) & \sigma > \sigma_f \end{cases}$$

$$\tag{2-32}$$

式中，E_1 和 E_2 分别为模型的瞬时弹性模量和黏弹性模量；η_1 为模型的黏性系数。

$\eta_2(t)$ 是随时间而变化的变量且 $\eta_2(t) = \dfrac{C\eta_2}{At^2 - Bt + C}$；假设 σ_f 为某一类岩石的长期强度，通过试验是一个可以确定的值。

只考虑 $\sigma_0 > \sigma_f$ 的情形，在常应力 $\sigma = \sigma_0$ 为常数的作用下，该模型的蠕变方程可表示为

$$\varepsilon(t) = \left[\frac{1}{E_1} + \frac{1}{E_2}\left(1 - \exp\left(-\frac{E_2}{\eta_1}t\right)\right)\right]\sigma_0 + \frac{\sigma_0 - \sigma_f}{\eta_2}\left(\frac{1}{3}t^3 - \frac{1}{2}\frac{B}{A}t^2 + \frac{C}{A}t\right)$$

$$(2\text{-}33)$$

选取典型煤岩实验数据分析，拟合出渗透率-蠕变曲线，由曲线可知，在初始蠕变变形阶段，渗透率是在逐渐减小的；在非线性变形阶段，当应变增加的时候，渗透率曲线变缓，并开始缓慢增加，失稳破坏后出现大的阶跃。在每一次渗透率发生变化时可以发现与之相对应的应力降。因为是位移加载方式，突然的破裂将导致突然的应力降。因此可以得出结论，岩石蠕变破裂的发展引起渗透率的变化，很明显渗透率的变化和试样的裂缝扩展是一致的。加载和卸载，渗透率随围压增加逐渐减小；首次加载的渗透率大于后续卸载后又重新加载的渗透率。随着加载时间的增加，渗透率逐渐降低，在加载初期渗透率变化幅度较大，随着时间的延长，渗透率变化逐渐变缓，最后趋于稳定。根据典型煤岩渗透率-蠕变曲线，在给出的一定数量的关键点和试验点上进行插值，拟合出相应的渗透率-蠕变方程。

2.5　充水煤岩渗流-损伤机理

2.5.1　黏性土充水损伤规律

1. 充水损伤试验过程

通过边坡土层充水损伤试验，探索不同含水率情况下的强度损伤规律，为边坡稳定性评价提供试验依据和可靠的计算参数。

土样是采自准格尔矿区哈尔乌素露天煤矿黑岱沟排土场的钻孔岩心。岩心钻取后，立即用蜡纸封存，保持了原岩所处环境的自然状态。试验仪器采用 WI-3 型轻便剪力仪，试验仪器及原理见图 2-67。

本次试验采用的是应变控制式直剪仪，其主要部件由固定的上盒和活动的下盒组成，试样放在盒内上下两块透水石之间。试验时，由杠杆系统通过加压活塞和透水石对试件施加某一垂直压力 σ，然后等速转动手轮，对下盒施加水平推力，使

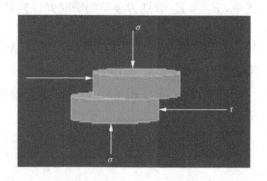

图 2-67　试验设备、试样及原理图

试样在上下盒的水平接触面上产生剪切变形,直至破坏,剪应力的大小可借助与上盒接触的量力环的变形值计算确定。假设这时土样所承受的水平向推力为 T,土样的水平横断面面积为 A,那么,作用在土样上的法向应力则为 $\sigma = P/A$,而土的抗剪强度就可以表示为 $\tau_f = T/A$。

对同一种土至少取 4 个试样,试样规格 $\phi 61.80\text{mm} \times 20\text{mm}$,采用快剪、匀速剪切,根据库仑强度理论计算抗剪强度指标:凝聚力 c 和内摩擦角 φ。这种试验方法要求在剪切过程中土的含水量不变,因此,无论加垂直压力或水平剪力,都必须迅速进行,不使孔隙水排出。使用不透水薄膜使试验全过程没有排水现象产生,试样在垂直压力施加后立即进行快速剪切,在 $3 \sim 5\text{min}$ 内将土样剪坏,既剪切过程中含水率基本不变,超静孔隙水压力 $U \geqslant 0$,ϕ_u,C_u 较小。

这种试验的适用范围:地基排水条件不好、加荷速度快、排水条件差的建筑地基。

2. 黏性土充水损伤规律

为研究基底黏土随含水量变化的抗剪强度特征,进行了不同含水量剪切试验,当含水量 ω 从 12.6% 增至 28.98% 时,c 值从 79.81kPa 降至 14.00kPa,φ 值由 $24.2°$ 降至 $2.4°$。表 2-26 为不同含水量的黏性土在垂直荷载压力下的抗剪强度(c 和 φ)值,图 2-68 给出的是该组试验在 $\sigma = 400\text{kPa}$ 时的 $\tau - \omega$ 曲线,可见其抗剪强度随含水量增加呈负指数下降,以试验值回归:

$$\tau = 916.91\text{e}^{-0.0885\omega} \tag{2-34}$$

可见基底土层的抗剪强度指标的变化主要取决于土层内的含水状况。

表 2-26　不同含水量的黏性土在垂直荷载压力下的抗剪强度(c 和 φ)值

抗剪强度	含水量 ω/%								
	12.6	13.32	13.62	14.21	17.63	18.49	24.9	27.06	28.98
黏聚力 c/kPa	79.81	54.96	50.02	49.61	49.23	47.8	20.6	15.7	14
内摩擦角 φ/(°)	24.2	26.2	25.8	26	25.2	23.8	17.42	17	2.4

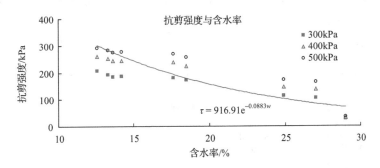

图 2-68　基底黏土 τ-ω 关系曲线

直剪试验是一种简便易行,可用于定量评价岩土损伤的有效方法。岩土试件中的凝聚力 c 和内摩擦角 φ 与其含水率相关,进而抗剪强度与含水率相关,而抗剪强度与岩土体损伤程度有关。笔者认为抗剪强度可用于定义损伤度,是反映岩土损伤程度的一个重要指标,其可以表示为

$$D = 1 - (\tau_i / \tau_0)$$
$$\tau = C + \sigma \cdot \tan\varphi \tag{2-35}$$

式中,D 为岩土体的抗剪强度损伤度;τ_i 为某含水率时抗剪强度值;τ_0 为天然土样抗剪强度值;C、φ 与含水量有关。

数据处理结果见表 2-27,损伤度与含水率关系拟合曲线见图 2-69,对含水率和损伤度进行了数据拟合,二者之间满足指数关系:

$$D = a \cdot e^{b\omega} \tag{2-36}$$

其中 D 为抗剪强度损伤度,ω 为试样含水率,a 和 b 可通过试验获得。

测试结果表明,黏土在垂直压力为 300kPa、含水率为 13.6%~28.98% 时,其抗剪强度损伤度为 0.07~0.87;在垂直压力为 400kPa、含水率为 13.6%~28.98% 时,其抗剪强度损伤度为 0.03~0.88;在垂直压力为 500kPa、含水率为 13.6%~28.98% 时,其抗剪强度损伤度为 0.02~0.86。

抗剪强度损伤度随含水率的增加而增大,损伤度增加率增大,抗剪强度损伤度与垂直压力关系不大,这也反映了摩尔库仑理论的线性特征。

表 2-27　不同含水率的黏性土在垂直荷载压力下的抗剪强度及损伤度

垂直应力 σ/kPa	损伤指标	含水率 ω/%								
		12.6	13.32	13.62	14.21	17.63	18.49	24.9	27.06	28.98
300	抗剪强度/kPa	206.52	192.14	185.11	185.75	181.18	172.42	111.81	104.71	26.57
	损伤度		0.07	0.10	0.10	0.12	0.17	0.46	0.49	0.87
400	抗剪强度/kPa	259.58	251.78	243.39	244.70	237.46	224.22	146.11	137.99	30.76
	损伤度		0.03	0.06	0.06	0.09	0.14	0.44	0.47	0.88
500	抗剪强度/kPa	290.99	283.60	275.17	276.50	269.14	255.49	172.62	164.05	34.94
	损伤度		0.02	0.05	0.05	0.08	0.12	0.41	0.44	0.86

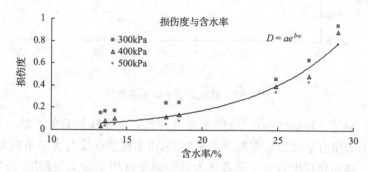

图 2-69　损伤度与含水率关系拟合曲线

2.5.2　饱和黏性土孔隙水压力消散特征

现代露天矿外排土场建设往往采用沿帮排土场的设计理念，即外排土场位于矿坑非工作帮，从而形成了外排土场与矿坑边坡所组成的复合边坡系统。我国西部黄土高原地区的大型露天矿的建设均采取该种形式，如平朔矿区、准格尔矿区等。在这种情况下外排土场的稳定性直接控制着整个复合边坡系统的稳定性，而控制外排土场边坡稳定性的多为其基底的粉质黏土和黏土层（也包括软弱泥岩层），其在高应力载荷及水渗流的长期作用下往往会形成演化弱层。演化弱层是特定介质在工程应力与相应的环境物理条件联合作用下的产物，以往勘察结果表明：已建有演化弱层赋存的排土场，无论其平面位置与发育深度如何，均出现在黏土层内，形成弱层厚度 10～100cm 不等，随应力水平增加而变厚，在弱层发育区平面上呈连续分布[74]。通过试验研究露天矿排土场充水基底黄土层的孔隙水压力消散规律，探求其充水损伤机理，对边坡稳定的计算与评价具有十分重要的意义。

1. 孔隙水压消散试验条件

通过黏性土孔隙水压力消散试验，探索排土场基底在充水渗流过程中演化弱层的形成机理及其强度演化规律。从而考虑充水作用下边坡系统的变形演化及其稳定性弱化机理。通过孔隙水压消散试验,得到黏性土及泥岩弱层某一消散度下所对应的消散系数及平均消散系数 C_{V50},从而为边坡稳定性分析提供可靠的计算指标。

土样是采自准格尔矿区哈尔乌素露天煤矿黑岱沟排土场的钻孔岩心。岩心钻取后,立即用蜡纸封存,保持了原岩所处环境的自然状态。

试验设备及原理,同图 2-47。

饱和土体或部分饱和土体,当其应力状态改变时,土体积逐渐压缩(应力解除时为膨胀),同时部分水量从土体中排出,土体压缩过程亦即孔隙水压力消散过程,外加压力相应地从孔隙水(与气)传递到土骨架上,有效应力逐渐增大,孔隙水压力逐渐减少至变形达到稳定为止,土体的这一变形过程亦称其为固结。由于孔隙水压力的消散对土体有效应力有直接的影响,从而控制着充水试样的强度,因此,本次对黏性土的充水损伤试验主要是在这一全过程测定其孔隙水压力的变化情况,从而掌握不同土体在固结压缩时其孔隙水压力的消散规律,定量确定某一消散度下所对应的消散系数及平均消散系数 C_{V50},从而为边坡稳定性分析提供可靠的计算指标。

试验采用各向等压消散试验方法,使用 SJ-1A 三轴剪力仪来完成。如图 2-70,设有一饱和的黏土试样,被包裹在橡皮膜中,上下两端各放一透水石。如果试样不允许排水,在受到荷载增量 ΔP 的作用下,试样中的孔隙水压力 u_i 等于 ΔP,待孔隙压力稳定后,让上端排水,孔隙压力随时间而改变,它反映试样的孔隙压力消散过程和试样的固结过程。如果在试样底面不排水端测得孔隙压力的消散过程,则得到底面的固结特性曲线,即消散度 D_c 与时间 t 的关系曲线。

$$D_c = \left(1 - \frac{u_t}{u_i}\right) \times 100 \qquad (2\text{-}37)$$

式中,u_t 为任意消散时间 t 时不排水端的孔隙水压力。

根据固结理论方程:

$$\frac{\partial U}{\partial t} = Cv' \frac{\partial^2 U}{\partial z^2} \qquad (2\text{-}38)$$

在荷重增量 $\Delta P = u_1$ 及排水距离 O—H 下,积分得任意时间 t 及距离 Z 处的孔隙水压力为

$$u = u_1 \sum_{n=0}^{n=\infty} \left\{ \frac{4}{(2N+1)\pi} \sin\left[\frac{(2N+1)\pi}{2} \cdot \frac{Z}{H}\right] \right\} e - \left[\frac{(2N+1)^2 \pi^2}{4} Tv\right]$$

$$(2\text{-}39)$$

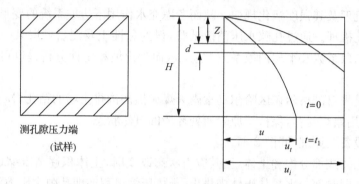

图 2-70　试样模型及水压线示意图

式中，$N = 0,1,2,\cdots,\infty$，e 为自然对数。

某一消散度下的消散系数：

$$Cv' = \frac{H^2}{t}Tv \qquad (2\text{-}40)$$

式中，T_v 是对应某一消散系数 D_c 下的时间因数。

试验证明，消散度不同，消散系数也不同，通常按试样实际消散度 $D_c = 50\%$ 来推算消散系数，即平均消散系数 C_{V50}。

首先将所采取的黏土样制作成 $\phi \times h = 60\text{mm} \times 61.8\text{mm}$ 的等压消散试样，并对其颜色、土质、粒度、成分等进行描述，相应测定其含水量 ω 和密度 ρ、重量 G。将制备好的试样上、下两端各放一等面积滤纸，装入饱和器内，然后对试样进行饱和。将已装入饱和器内的试样浸入盛水容器内，注意水不能淹没试样顶端，以使气泡排出。如果试样仍达不到饱和，则采取抽真空饱和法，通常对黏土样抽气 1h 以上，然后向抽气缸内缓缓注入清水并使真空度保持稳定，待饱和器完全淹没水中后，解除抽气缸内的真空，保证试样浸水 10h 以上，计算试样的饱和度（见表 2-28）。

表 2-28　黄土基底排土场基底黏土层试样饱和前后对照

排土场	试样编号	试样状态	直径 ϕ /cm	高度 h /cm	重量 G /g	含水量 ω /%	密度 ρ /(g/cm³)	比重 G_3	饱和度 S_r /%
安家岭	W_2	饱和前	6.22	6.00	373.75	18.89	2.05	2.69	90.73
	W_2	饱和后	6.22	6.00	390.20	23.09	2.07	2.69	100.00
哈尔乌素	$Kk1$	饱和前	6.22	6.00	370.45	18.82	2.08	2.71	91.23
	$Kk1$	饱和后	6.22	6.00	382.88	22.26	2.11	2.71	99.45
阴湾	$YX1$	饱和前	6.22	6.00	372.15	19.20	2.09	2.71	90.73
	$YX1$	饱和后	6.22	6.00	385.24	23.15	2.12	2.71	99.50

最后将饱和试样安装到压力室,在不同的围压下对试样进行消散试验。

试样分二级消散,第一级消散压力为 $\sigma_3(1)=300\mathrm{kPa}$,第二级消散压力为 $\sigma_3(2)=500\mathrm{kPa}$。在试样底部排水端安装孔隙压力传感器,并与 KYY-1 型孔压测定仪连接,监测孔隙水压力的变化情况。

2. 饱和黏性土孔压消散数值统计

排土场基底黏土弱层的孔隙水压力消散试验研究成果见表 2-29 及图 2-71~图 2-73。

表 2-29　黄土基底排土场黏土弱层消散试验成果

排土场名称	试样	级数	分级压力 σ_3/kPa	消散50%所需时间 t/min	消散系数 C_{V50}/(cm²/s)	孔隙压力系数 B	平均消散系数 C_{V50}/(cm²/s)	平均孔压系数
安家岭	W_2	1	300	3752	0.63×10^{-4}	0.65	0.62×10^{-4}	0.56
	W_2	2	500	3711	0.61×10^{-4}	0.47		
哈尔乌素	$Kk1$	1	200	4839	0.58×10^{-4}	0.60	0.56×10^{-4}	0.51
	$Kk1$	2	400	4512	0.54×10^{-4}	0.43		
阴湾	$YX1$	1	200	4812	0.58×10^{-4}	0.60	0.56×10^{-4}	0.51
	$YX1$	2	400	4527	0.54×10^{-4}	0.42		

(1) 黏土层孔隙水压力消散速度缓慢。安家岭露天煤矿外排土场试样在围压 $\sigma_3=300\mathrm{kPa}$ 情况下,从开始消散到消散度达 50%,历时 3752min,而平均消散系数仅为 $0.62\times10^{-4}\mathrm{cm^2/s}$;哈尔乌素排土场试样在围压 $\sigma_3=200\mathrm{kPa}$ 情况下,从开始消散到消散度达 50%,历时 4839min,而平均消散系数仅为 $0.56\times10^{-4}\mathrm{cm^2/s}$;阴湾排土场试样在围压 $\sigma_3=200\mathrm{kPa}$ 情况下,从开始消散到消散度达 50%,历时 4812min,而平均消散系数仅为 $0.56\times10^{-4}\mathrm{cm^2/s}$。这与黏土层的透水性差有直接关系。

(2) 从试验中观察到,在第一消散压力结束时,试样排水量已趋于稳定,但孔隙水压力却有较小的回升;当试样的体积已不再变化时,孔隙压力却有波动,这种现象是由于试样内部的孔隙水相互作用,均匀化引起的。

(3) 初始阶段的孔隙压力消散速度极慢,经过较长时间孔隙水压力的消散才略为加快,这种时间效应与黏土层内的颗粒组构、相互作用及孔隙水的传递效应有很大关系。

(4) 孔隙水压力消散度随围压的增大而减小,且消散系数也有随含水量的增大而增大的趋势。

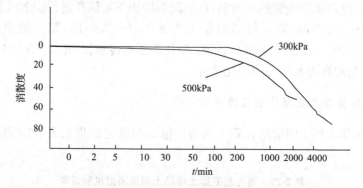

图 2-71　安家岭外排土场孔隙压力消散百分度 D 与时间对数值曲线

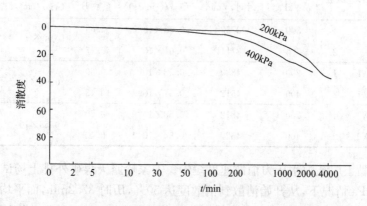

图 2-72　哈尔乌素排土场孔隙压力消散百分度 D 与时间对数曲线

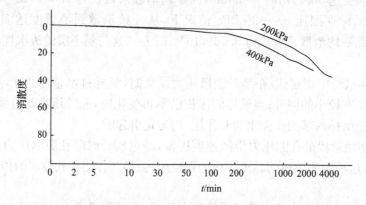

图 2-73　阴湾排土场孔隙压力消散百分度 D 与时间对数曲线

3. 饱和黏性土孔压消散特征研究

1）孔隙水压力的确定

土体内的孔隙水压力主要在以下两种情况下产生：

① 孔隙水压力是由水的自重产生的渗流场而产生。

② 孔隙水压力是由作用在土体单元上的总应力发生变化而产生的。这种情况一般发生在压缩性较大、渗透系数较小的土体中。而黏性土的渗透系数较小，将水挤出，使土的骨架过渡到新的孔隙比，无法在短期内实现，这样就可能出现一个随时间消散的附加的孔隙水压力场。

2）孔隙水压力的消散方程

孔隙压力边界条件为：

（1）土层各单面排水。

（2）起始孔隙压力为线性分布。如图 2-74，坐标原点取在黏土层顶面，若土层排水面的起始孔隙压力为 P_1，不透水面的起始孔隙压力为 P_2，且令两者的比值为

$$\alpha = \frac{p_1}{p_2} \tag{2-41}$$

则深度 z 处的起始孔隙压力 P_z 为

$$p_z = p_2 + (p_1 - p_2)\frac{H-Z}{H} = p_2\left[1 + (\alpha-1)\frac{H-Z}{H}\right] \tag{2-42}$$

在此条件下，求解微分方程：

$$C_y \frac{\partial^2 u}{\partial^2 z} = \frac{\partial u}{\partial t} \tag{2-43}$$

求解的起始条件和边界条件为

$$t = 0 \quad 0 \leqslant z \leqslant H \quad u = p_z \tag{2-44}$$

$$0 < t \leqslant \infty \quad z = H \quad \frac{\partial u}{\partial z} = 0 \tag{2-45}$$

$$0 < t \leqslant \infty \quad z = 0 \quad u = 0 \tag{2-46}$$

微分方程的解为

$$u = \frac{4p_2}{\pi^2}\sum_{m=1}^{\infty}\frac{1}{m^2}\left[m\pi\alpha + 2(-1)^{\frac{m-1}{2}}(1-\alpha)\right]\mathrm{e}^{-\frac{m^2\pi^2}{4}T_v} \cdot \sin\frac{m\pi z}{zH} \tag{2-47}$$

式中，m 为奇正整数（$m = 1,3,5,\cdots$）；H 为土层厚度；π 为孔隙水的最大渗径；T_v 为时间因数。

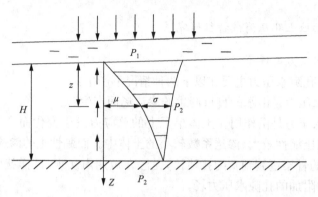

图 2-74　孔隙压力边界条件

$$T_v = \frac{C_v t}{H^2} \tag{2-48}$$

在实用中常用第一项值,即取 $m = 1$,得

$$u = \frac{4p_2}{\pi^2}\left[\alpha(\pi-2)+z\right]\left(\sin\frac{\pi z}{zH}\right)\cdot e^{-\frac{\pi^2}{4}T_v} \tag{2-49}$$

当起始孔隙压力分布为矩形时,则 $\alpha = 1$, 代入上式得:

$$u = \frac{4p}{\pi}\left(\sin\frac{\pi z}{zH}\right)\cdot e^{-\frac{\pi^2}{4}T_v} \tag{2-50}$$

当起始孔隙压力分布为三角形时, $\alpha = 0$, 得:

$$u = \frac{8p}{\pi^2}\left(\sin\frac{\pi z}{zH}\right)\cdot e^{-\frac{\pi^2}{4}T_v} \tag{2-51}$$

上式即为在一定荷载的情况下,孔隙压力的动态方程,即孔隙压力的消散方程。主要的试验加权后固结系数 C_v,可通过固结试验或孔隙压力消散试验求得。几种不同的起始孔隙压力分布图 2-75。

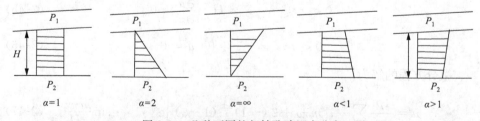

图 2-75　几种不同的起始孔隙压力分布

(3) 外载荷作用下原状饱和黄土孔隙水压力的消散规律。

通过一系列试验,得到原状饱和黄土孔隙水压力的消散规律如图 2-76 所示。

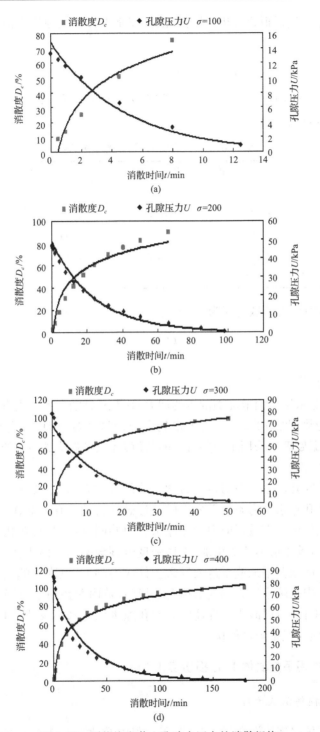

图 2-76　原状饱和黄土孔隙水压力的消散规律

通过对它们进行拟合分析,可得消散度控制方程和孔隙压力消散控制方程分别为

$$D_c = A\ln(t) + B, u = Ce^{Dt} \tag{2-52}$$

式中,t 为孔隙压力消散时间,D_c 为消散度,u 为孔隙压力,A,B,C,D 为孔隙压力消散相关参数,见表 2-30。

表 2-30 孔隙压力消散引起的相关系数

	消散度控制方程		孔隙压力控制方程	
	A	B	C	D
$\sigma = 100$	24.238	17.088	14.842	−0.2137
$\sigma = 200$	19.163	0.7366	49.273	−0.0407
$\sigma = 300$	22.059	12.867	68.629	−0.0721
$\sigma = 400$	19.025	4.7922	73.249	−0.0297

由式(2-52)可得消散时间为

$$t = D_0\ln u + C_0 \tag{2-53}$$

式中,$D_0 = \dfrac{1}{D}, C_0 = \dfrac{\ln C}{D}$。

可知,孔隙水压力消散度随围压的增大而减小,且消散系数也有随含水量的增大而增大的趋势(见图 2-76)。为了得到孔压消散系数、围压和含水量之间的关系,在试验数据处理中采用了一些常用的数值方法,以剔除试验中的误差较大的数据,提高试验精度。

目前在研究孔隙水压力对岩土力学特性的影响方面,主要通过试验和数值模拟手段来研究孔隙水压力条件下岩土的变形破坏特性。在外载作用下,土体所受的总应力由土体中的有效正应力和孔隙水压力共同承担,只有在孔隙水压力不断消散时,土体有效正应力才能增加,土体强度也逐渐提高。而当在雨季时,沉降速度加快或高强度载荷增加速率过大导致土体应力加大,沉降也随之加快。当沉降速度大于土体中孔隙水压力的消散速度,引起有效内摩擦角 φ 下降和抗剪强度降低,导致强度损伤度增加,当沉降速度大到孔隙水压力来不及消散时,土体抗剪强度显著下降,损伤速率随之加快。

2.5.3 充水作用下煤岩体渗流-损伤演化[74]

1. 渗流-损伤试验原理

由于煤岩体多属于沉积岩,在其沉积过程中及地壳变迁作用下本身存在节理

裂隙,当露天矿开挖后,在开挖卸荷作用下煤岩体发生损伤变形,出现次生裂隙,强度降低。而在充水煤岩边坡系统中,由于水的渗流作用,煤岩体将在原有损伤的基础上发生渗流损伤,我们可以定义这种损伤为后继损伤。这种损伤除了水的物理化学损伤外,还表现为水压力所造成的损伤。煤岩体在水压力作用下损伤试验是认识裂缝扩展机制的重要手段,通过模拟边坡体中岩体的赋存条件及节理裂隙存在下的横向水压下煤岩体拉张强度损伤规律,可以对裂缝扩展的实际物理过程进行监测,同时寻找影响煤岩体开裂的因素,并将影响裂缝扩展的各种因素分离研究。这对于正确认识水压导致裂缝扩展机理,并建立更符合实际的数值模型具有重要的意义。

煤岩体内大多存在着节理、劈理等裂隙,有的还存在着断裂等较大型的薄弱结构。当这些薄弱结构与地面联通时,将都成为水进入煤岩体内部的通道。若煤岩体上部有高水压作用时,就会在薄弱面内产生孔隙压力 σ_p,水压在岩体结构面内产生的所谓"孔隙压力",是导致煤岩体破裂的主要因素,将对岩体的破裂产生两种影响:一是若煤岩体薄弱面内构造应力的正应力分量 σ_n 远小于孔隙水压力 σ_p,且 σ_p 足够大时,可直接使煤岩体损伤破裂并发生大变形;二是当 $\sigma_n > \sigma_p$,则存在两种诱发煤岩边坡突发失稳模式,即:①部分走向与主应力 σ_1 方向相近的断裂,其浅部变形呈张性,σ_p 可促使此部分断裂发生张性破裂;②σ_p 减小了断裂面上 σ_n,使同一深度的煤岩抗剪强度降低,导致构造应力已接近煤岩体强度的断裂,发生滑移破裂。

本节采用水压致裂试验探讨水压力促使裂纹扩展,从而诱发岩体损伤演化、产生强度损伤的力学过程。试验系统由试验架、水泵、加载装置、控制系统及其他辅助装置组成,其原理结构见图 2-77。

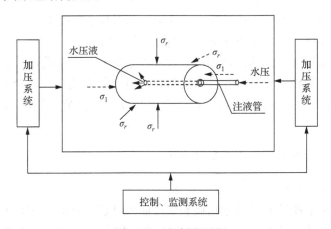

图 2-77　试验原理图

2. 渗流-损伤试验条件

1) 煤岩样

岩样是采自内蒙古东明煤矿的钻孔煤岩心,深度在 $10\sim100\mathrm{m}$。煤岩样有层理。煤岩心钻取后,立即用蜡纸封存,保持了原岩所处环境的自然状态。

试件加工,打开密封的原岩样品,固定在专用夹具上,采用水气两用钻对所取岩心进行试件套钻,再用锯石机按需要锯断磨平,试件外表面用砂纸打磨光滑,然后在水平检测台上检测修正,最终做成统一直径 39.1mm、高 50 mm 的圆柱试件,试件制成后立即编号,记录自然情况并密封保存。

试样 1、2 为砂岩试样,取自同一层位岩体,2 试样存在与预制孔走向相近的节理;试样 3、4 为泥岩试样,取自同一岩位岩体,4 试样存在与预制孔走向相近的节理,本次试验考虑三种状态下的强度,即试样干燥状态、自然状态和饱和状态。共进行四组 12 项试验。

2) 试件干燥

试件干燥是指使试件失水,本试验采用自然风干法,将试件放置于室内通风处,室温下自然风干。

3) 试件充水饱和

饱水的方法和程序为:①试件置于饱和容器内,抽气至真空状态后,再继续抽半小时;②陆续加水至试件高度的 1/2、2/3 时,分别抽气至真空后,再继续抽半小时;③加水至试件高度的 95%,抽气至真空后,再继续抽半小时;④加水超出试件高度 2cm 以上,静水中泡 10 天;⑤在 2.0MPa 静水压力下连续泡 10 天;⑥在室温、常压下继续浸泡,试验前取出。

加载:①施加预紧轴压使试件稳固及防止围压和中心孔压相通;②缓慢施加围压至预定值;③换面施加孔压并逐渐增大至试件破裂。

记录:①通过压力传感器,将孔压的变化转变为电压变量,输入动态应变仪;②煤岩样外壁,沿轴向和周向各对称地贴有 1 对电阻应变片。两个方向的应变随孔压同步输入动态应变仪;③孔压和应变信号经应变仪放大再输入 X-Y 函数记录仪。

3. 充水作用煤岩渗流-损伤规律分析

1) 充水作用下煤岩体损伤试验成果

图 2-78 为煤岩围压-孔隙水压破裂强度曲线,以横坐标 σ_r (MPa)表示围压,纵坐标 σ_{pc} (MPa)表示孔隙水压破裂强度,故图称为 $\sigma_r - \sigma_{pc}$ 曲线。每幅图中的三条曲线分别为干燥状态、自然状态和饱和状态下的 $\sigma_r - \sigma_{pc}$ 曲线。

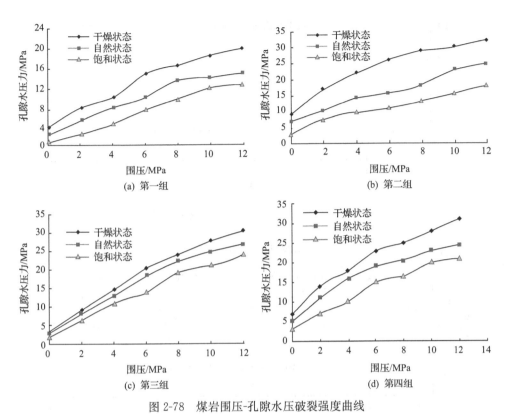

图 2-78　煤岩围压-孔隙水压破裂强度曲线

表 2-31 为不同围压时横向致裂强度损伤度,图 2-79 和图 2-80 为砂岩和泥岩试样损伤度与围压关系拟合曲线。

表 2-31　不同围压时横向致裂强度损伤度

编号	岩样	有无交切节理	围压/MPa					
			2	4	6	8	10	12
1	砂岩	有	0.688	0.550	0.493	0.424	0.362	0.369
2	砂岩	无	0.559	0.550	0.592	0.559	0.467	0.438
3	泥岩	有	0.500	0.444	0.348	0.340	0.286	0.323
4	泥岩	无	0.300	0.250	0.318	0.192	0.233	0.212

2）结果分析

① 用横向水压力来表征煤岩体内的孔隙水压力,孔隙水压力对煤岩体的损伤表现为拉张损伤,破裂均是张性破裂。

② 经干燥的试件强度大于自然状态试件和饱水试件强度,煤岩在充水过程中强度发生损伤,在孔隙水压下的损伤也具有饱水"软化"的特性。

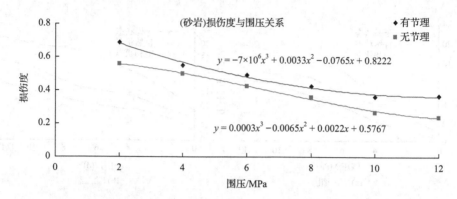

图 2-79　砂岩试样损伤度与围压关系拟合曲线

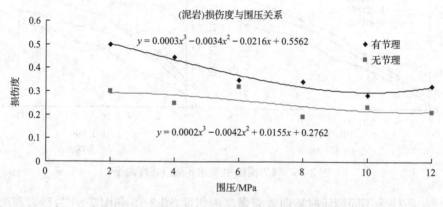

图 2-80　泥岩试样损伤度与围压关系拟合曲线

③ 结构面对煤岩体强度有较大影响,节理的存在使得致裂强度 σ_{pc} 发生损伤。

④ 致裂强度 σ_{pc} 随着围压的增加而增大,当低围压时,σ_{pc} 随 σ_r 的增大而线性地增大;σ_r 增大至某一数值后,σ_{pc} 随 σ_r 的增长速率逐渐减小,二者的关系也变为非线性。据曲线的变化趋势推测,高围压时增长速率将为 0,σ_{pc} 为一常数。

$\sigma_r - \sigma_{pc}$ 曲线线性段得关系式为

$$\sigma_{pc} = \sigma_{p0} + k\sigma_r \tag{2-54}$$

式中,σ_{p0} 为 $\sigma_r = 0$ 时的致裂强度,$k = \Delta\sigma_{pc}/\Delta\sigma_r$,$\Delta\sigma_{pc}$ 和 $\Delta\sigma_r$ 分别为 σ_{pc} 和 σ_r 的增量。

⑤ 水压致裂试验可用于定量评价岩体损伤。预制孔中的横向水压与含水程度相关,横向水压也体现了高水压作用时的岩体内孔隙水压力,而横向水压强度与岩体损伤程度有关。笔者认为横向水压强度可用于定义损伤度,是反映岩体损伤程度的一个重要指标,其可以表示为

$$D = 1 - (\sigma_{pw}/\sigma_{pd})$$

$$\sigma_p = \sigma_{p(\omega)} \tag{2-55}$$

式中，D 为岩体的横向水压强度损伤度；σ_{pw} 为饱和试样横向致裂强度；σ_{pd} 为干燥试样横向致裂强度。

测试结果表明：岩体致裂强度损伤度随围压的增加而增大，损伤度受节理裂隙影响，含有交切节理的岩样致裂强度损伤度比不含交切节理的岩样致裂强度损伤度大。

损伤度与围压满足三次多项式关系：

$$D = a\sigma_r^3 + b\sigma_r^2 + c\sigma_r + d \tag{2-56}$$

式中，D 为岩体致裂强度损伤度；σ_r 为围压；a、b、c 可通过试验数据计算得出。

2.5.4　煤岩充水损伤机理

经典的损伤为在外载或环境作用下，由细观结构缺陷（如微裂纹、微孔隙等）萌生、扩展等不可逆变化引起的材料或结构宏观力学性能的劣化；本书基于经典的损伤定义，重点研究充水损伤，为裂隙充水渗透压导致煤岩体内节理、裂隙的起裂、扩展、贯通，导致煤岩体渐进失稳破坏、强度劣化损伤（峰值强度降低）、弹性模量降低等。并根据试验研究定义损伤变量，得出不同充水情况下和围压下的曲线和损伤度方程。

水对煤岩体损伤的影响，归纳起来有两种作用[35,77]：第一种是水对煤岩体的力学损伤作用，主要表现为静水压的有效应力作用，动水压的冲刷作用。第二种是水对煤岩体的物理与化学损伤作用，包括软化、泥化、膨胀与溶蚀作用，这种作用的结果是使煤岩体性状逐渐恶化，以至发展到使煤岩体变形、失稳、破坏的程度。虽然静水压力所产生的力不直接破坏煤岩体，但能使煤岩体的有效重量减轻，降低了抵抗破坏的能力，同时在煤岩变形过程中，煤岩内部的水来不及四处扩散，能产生很高的孔隙水压力，使得岩体的孔隙或裂隙增加，降低岩体的强度；同时，使岩体的有效承载面积减小，实际载荷的增加比不充水时要大。水在煤岩裂隙、节理中流动，一方面水本身起到润滑作用，另一方面水与孔隙、裂隙中可能存在的少量亲水物质结合，使其结构破坏，形成了类似于润滑剂的材料，这样，煤岩试件在变形的过程中，摩擦系数随充水量的增加而减小。煤岩中所含的少量的泥质成分会由于水的反复作用而减少，甚至完全丧失，使煤岩体的强度大大降低。另外，流体的孔隙、裂隙压力对不连续面法向应力有很大的影响。孔隙、裂隙压力越大，法向有效应力就越小，也起到使摩擦力减小的作用。可见，由于充水的作用使煤岩的承载能力大大降低。

水对煤岩损伤力学特性的影响，最终体现在各个力学指标的变化上。

1. 充水对煤岩全程应力-应变曲线影响

渗水前后的煤岩,其全程应力-应变曲线往往会有明显的不同。采用

$$\sigma = A\varepsilon e^{-B\varepsilon} \tag{2-57}$$

来描述煤岩的应力-应变全过程,式中 A、B 为常量。

在选取不同的 A、B 值后,式(2-57)中的 σ-ε 曲线及广义弹性模量曲线可分别描述。实际上,试件的全程应力-应变曲线是和试件的含水量 $\bar{\omega}$ 与孔隙压力 p 有关的。现引入一参数 β,其意义是由于水的存在和作用使煤岩内部结构改变的程度,即 β 是含水量 $\Delta\varepsilon - \Delta t$ 与孔隙压力 p 的函数。

$$\beta = \beta(p, \omega) \tag{2-58}$$

如果无水的存在, $\Delta\dot{\varepsilon} - \Delta t = 0$,系统没有受到水的影响;如果水的影响非常明显,能使强度降低为零, $D = 1$,系统的性质完全由水控制。通常情况下, C 值在 $0\sim1$。那么,全程应力-应变曲线受水的影响可描述为

$$\sigma = A[1 - \beta(p, \omega)]\varepsilon \cdot e^{-B\varepsilon} \tag{2-59}$$

从损伤力学的角度来理解水的影响,参数 A 就为由于水的存在和作用而产生的损伤度。水作用产生的结果主要体现在以下力学指标的变化上。

1) 峰值强度降低,出现遇水软化性质

用 R、R' 分别代表煤岩遇水前后的强度,则遇水软化系数 η 为

$$\eta = \frac{R'}{R} \tag{2-60}$$

一般岩石遇水后的软化系数 η 为 $0.8\sim0.9$,煤遇水后的软化系数 η 为 $0.1\sim0.2$,即煤岩遇水后的强度要降低 $5\sim10$ 倍。抚顺矿区的完整无扰动的煤岩试样强度为 $8\sim20$MPa,而浸水—干燥三次后的煤岩试样松散、甚至泥化,用直剪仪测得的煤岩试样强度为 $0.3\sim1.0$MPa。峰值强度与含水量的关系是随含水量的增加,峰值强度降低。

2) 弹性模量降低

岩石的弹性模量是代表岩石抵抗弹性变形能力的指标,由于水对岩石的物理和化学作用,改变了岩石的成分和结构,使岩石的弹性模量随含水量的增加而减小,但朱合华和叶斌所做的试验表明随着含水量接近饱和,弹性模量降低的幅度有所回升,这是由于在加载的瞬时,岩石内部水来不及四处扩散,能产生很高的抗压强度,接近于固体,因此含水量的影响不明显,见表 2-32[75]。

表 2-32　不同埋深的饱和和干燥岩样在不同的应力水平下的 E_0、E_1、η 值

埋深 /m	应力水平 /MPa	瞬时弹性模量 $E_0/10^4\,\mathrm{MPa}$		极限蠕变模量 $E_1/10^4\,\mathrm{MPa}$		黏度系数 $\eta/10^3\,\mathrm{MPa}$	
		干燥	饱和	干燥	饱和	干燥	饱和
20	16.43	1.07	1.05	9.13	1.71	14.20	14.20
	27.12	1.05	0.97	10.00	1.52	9.52	10.20
	36.58	1.17	1.00	4.81	1.34	12.00	10.30
	45.28	1.21	1.08	2.96	1.14	14.10	5.17
30	15.44	4.44	4.57	30.09	11.90	37.70	119.00
	25.47	3.13	2.73	17.00	2.60	44.70	12.40
	34.43	3.10	2.84	14.20	2.36	38.90	14.70
	42.28	3.11	2.88	14.20	1.98	35.70	12.40
	50.57	4.24	2.96	11.50	1.50	31.90	12.50
40	15.63	4.67	4.07	19.50	8.23	52.80	103.00
	25.81	4.47	4.55	25.80	5.16	86.00	64.50
	34.74	4.47	4.55	25.80	5.16	86.00	64.50
	44.33	4.40	4.50	9.22	4.21	27.10	32.10
	52.07	4.67	4.58	8.27	2.60	31.80	28.90

3）残余强度降低

很多情况下,完整无扰动的煤岩试样的残余强度比经过浸水—干燥反复作用后的煤岩残余强度要高。浸水—干燥反复作用后的煤岩,崩解、甚至泥化,其残余强度甚至为零。

4）达到峰值强度时的应变值减小

抚顺矿区的完整无扰动的煤岩试样测试结果表明,在普通试验机上,天然含水煤岩由于其本身刚度很大,故发生类似于爆炸式的迅速破坏,即失稳。变形后半部分曲线较陡。对同一种煤岩试件,浸水后,其本身的刚度变小,试验机此时处于相对的刚性状态,试件破坏;表现为一种稳定的破坏形式,即变形后半部分曲线较缓。并且,对同一种煤岩来说,随着试件含水量的增加,这种趋势就越明显。

由于岩石以上各力学指标发生了变化,使得岩石的全应力-应变曲线随着含水率和孔隙压力的不同发生了变化,如图 2-81。

2. 充水对煤岩蠕变曲线的影响

在煤岩典型蠕变曲线中,水对软弱煤岩蠕变性质的影响主要体现在以下几方面:

（1）长期强度 σ_∞ 降低。遇水前应力水平处于长期强度之上的试件,遇水后第

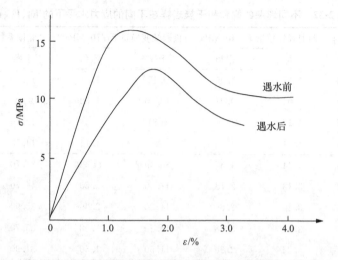

图 2-81　遇水前后岩石全应力-应变曲线

二阶段蠕变持续的时间就变短；遇水前应力水平处于长期强度之下的试件，遇水后应力也很可能高于长期强度，发生第三阶段蠕变。

　　(2) 遇水起到了等效的加载作用。表现为外荷载一定时，煤岩遇水次数与变形的关系。每一次遇水，其变形就增加，随后变形就稳定一段时间，直到下一次发生浸水。此结果与逐级加载所得结果类似，即煤岩遇水引起的变形等效于加载。

　　(3) 软弱煤岩遇水后其内部结构发生了变化，实际承载曲面积也在不断地减小，这样，实际上的蠕变变形应力场并不是一个恒定的值，它会因煤岩遇水结构的弱化而恶化，不利于蠕变变形的稳定性。

　　3. 充水对煤岩边坡滑动过程稳定性的影响

　　破坏后的煤岩边坡系统，形成了不连续面，或原来的系统中就存在原生、次生或后生的不连续面，而这种不连续面往往就是滑面。水在滑面中的流动能力一般是众多不连续面中最强的，水对滑面的冲刷、浸泡更增加了滑动的可能性。

　　不连续面的法向变形方程为

$$K_n u_n = P_n \tag{2-61}$$

式中，K_n 为不连续面的法向刚度；P_n 为法向载荷；u_n 为法向位移。

　　滑面一旦形成，滑体就以刚体滑动为主，变形可忽略不计，系统保持一种动态的平衡状态。则切向刚体运动的微分方程为

$$M\ddot{u} + G(\dot{u}, \omega, p) = P \tag{2-62}$$

式中，u 为沿主滑面滑动的位移；M 为滑体的质量；$\{\Delta \varepsilon^{vp}\}_n = 0$ 为滑动的速度；

$\{\Delta \varepsilon^{vp}\}$ 为滑动的加速度；$M \{\Delta f^{ve}\}_n$ 为滑体在加速度作用下的惯性力；$G(\dot{u}, \omega, p)$ 为滑体在滑动过程中的阻尼力；ω, p 为分别为不连续面中煤岩的含水率及裂隙压力。

式(2-61)中有三种特殊极限情况，一是无流体孔隙、裂隙压力，此时外载作用产生的应力就为有效应力，法向变形为闭合变形，其大小取决于外力和不连续面的刚度；二是流体孔隙、裂隙压力与外载作用产生的应力相等，此时有效应力为零，法向变形量就为零；三是流体孔隙、裂隙压力大于外载作用产生的应力，此时有效应力为负，即不连续面内产生拉应力，法向变形量为张开变形，其大小不仅取决于外力和不连续面的刚度，还与水压有关。

与式(2-61)对应分析，在式(2-62)中，如果仅考虑有效压力作用时，流体孔隙、裂隙压力的增加，在断层中形成浮托力，使作用在不连续面上法向应力降低，这时摩擦阻力随之降低，甚至由于孔隙、裂隙压力较大，会产生摩擦阻力为零的可能，相对来说切向应力就增加，或者说法向应力降低起到了切向应力增加的等效结果。

另一方面是水对软弱煤岩的物理化学作用。水对软弱煤岩的物理化学作用，会导致断层中软弱煤岩或断层泥的力学指标变化，主要体现在摩擦系数及摩擦强度随着渗水的进行而降低，引起黏结力降低甚至彻底丧失，如果同时滑动速度也在增加的话，就产生了负阻尼，即失稳。当然，最极限的情况是由于水的存在，而使煤岩或堆积土产生液化，形成岩土随流体流动。这是煤岩与水作用时对稳定性最不利的情况。

水在结构面中流动，引起黏滑效应。现有的文献得到结论尚不完全统一，这与试验条件和试验材料有密切的关系。相关文献介绍，随着含水量的增加，结构面强度降低，发生黏滑时的应力降也降低，同时错距减小。当含水量达到一定程度后，强度趋于残余值，应力降消失，黏滑过程也消失，此时仅发生稳滑。

从上面的分析来看，水对煤岩边坡系统性质及稳定性的影响主要体现在以下几方面：

(1) 水对硬岩与软弱煤岩(或断层泥)的影响机理是不同的。水对硬岩的作用主要体现在不排水剪时的孔隙压效应，煤岩的强度和弹性模量将随孔隙压力的增加而降低；水对煤岩的影响主要是破坏煤岩的内部结构，由此导致控制煤岩的物理力学性质全面改变，使变形性质、强度性质及破坏性质都受到影响。

(2) 水对煤岩力学性质的影响主要体现在其力学指标的变化上，即峰值强度、残余强度、长期强度及弹性模量等都随含水量的增加及充水-失水次数的增多而降低，同时使黏结力降低或丧失，产生膨胀变形和膨胀应力，摩擦系数及阻尼系数也随含水量的增加而降低。故遇水起到了等效的加载作用。

(3) 由于水对煤岩结构的破坏作用，使煤岩的渗水能力和储水能力大大加强，不利于煤岩工程的稳定性。同时由于孔隙压力的作用，使系统的内摩擦角及阻尼力发生变化,系统易发生失稳。

(4) 水对煤岩系统的影响是全方位的,对描述的数学模型来说,主要体现在水对微分方程中各个系数的全面影响。由于系数是含水量的函数,进而影响微分方程解的稳定性。由于水的存在使煤岩力学系统中的力学参量之间相互影响,相互促进,从而改变煤岩力学系统的各个参数及力学行为。水的存在和作用使有效正压力、阻尼力下降,滑体弱面内阻尼力随滑动速度的增加越来越小,发生负阻尼而失稳。

对充水基底排土场边坡和充水煤岩边坡,开展饱和黏性土充水损伤试验、饱和黏性土孔隙水压力消散试验及水压作用下煤岩体损伤试验研究,得出如下结果:

(1) 通过饱和黏性土充水损伤直剪试验,得出不同围压、不同含水率的损伤度曲线,并拟合出围压-含水率-损伤度方程。

(2) 开展黏性土孔隙水压力消散试验,得出黏性土及泥岩弱层某一消散度下所对应的消散系数,拟合出相应孔隙水压力的消散方程,剖析土体充水损伤机理。

(3) 通过水压力作用下煤岩体损伤试验,得到了水压力作用下煤岩体致裂的规律及煤岩围压-孔隙水压破裂强度曲线,并拟合出围压-充水损伤强度方程以及煤岩损伤度与围压关系拟合曲线和方程。

(4) 水对煤岩损伤力学特性的影响,最终体现在各个力学指标的变化上。即峰值强度、残余强度、长期强度及弹性模量等都随充水量的增加和充水-失水的次数的增多而降低,同时使黏结力降低或丧失,产生膨胀变形和膨胀应力,摩擦系数及阻尼系数也随含水量的增加而降低。故遇水起到了等效的加载作用。

第3章 煤岩体渗流-蠕变-损伤耦合理论

充水煤岩体的力学特性及水岩作用的机理一直是煤岩力学领域关注的方向。煤岩体在开挖卸载作用下,将使原有裂隙产生次生损伤,其作用除了降低煤岩体整体强度外,还将增大其渗透性,产生更大的渗透压力,同时随煤岩体渗透压的增大,又将进一步导致煤岩体的开裂与扩展,加剧了煤岩体的损伤演化,出现渗透损伤。这种渗流与煤岩体损伤的作用是互相耦合的,这种耦合效应对于充水煤岩边坡工程而言,是造成失稳的重要因素。

对于煤岩体渗流-损伤耦合的研究,必须考虑煤岩体中大量裂纹对耦合的作用,研究煤岩体的初始损伤及工程荷载下的损伤演化,包括微裂纹的萌生、扩展、成核和贯通过程中煤岩体力学特性和渗透率演化规律及其力学机理问题,以及在渗透压力下,裂纹的萌生演化等一系列与损伤有关的耦合问题[76]。

煤系地层中大量岩石,本质上是在恒定外力作用下,内在参数不断变化的非线性蠕变破坏过程。而岩质边坡的突然滑动、巷道的岩爆等破坏现象均是岩石工程蠕变失稳的典型实例。随着老矿区开采深度的增加和新矿区的不断开发,岩石工程蠕变破坏的问题会越来越突出。

本章将分析煤岩体渗流特性,研究渗流-应力场共同作用下煤岩体的损伤变形,推导煤岩体的三维损伤演化方程。综合煤岩体初始损伤和损伤演化特性,建立充水作用下煤岩体渗流-损伤耦合的本构模型。进一步建立岩石的全程应力-应变曲线和蠕变非线性损伤模型,对煤岩的蠕变过程和稳定性进行对应分析;同时对煤岩蠕变过程中模型参数及其对应的稳定性进行讨论。

3.1 煤岩体裂隙的几何特性

煤岩体的节理、裂隙及空隙是地下水赋存场所和运移通道。煤岩体节理裂隙的分布形状、大小、连通性以及空隙的类型,影响煤岩体的力学性质和煤岩体的渗透特性。煤岩体中节理的空间分布取决于产状、形态、规模、密度、张开度和连通性等几何参数。

天然节理裂隙的表面起伏形态复杂,从地质力学成因分析,煤岩体总是受到张拉、压剪等作用形成裂隙,这种作用经多次改造,其结构特征仍以一定的形貌保留下来,具有一定的规律性。

3.1.1 裂隙面产状、规模与形态

裂隙面的产状是描述裂隙面在立体空间中方向性的几何要素,它是地质构造运动的结果,因而具有一定的规律性,即成组定向,有序分布。根据地质勘察结果,应用赤平极射投影方法可将煤岩体中的裂隙概化为几组优势结构面。每一组优势结构面具有相同的产状。

裂隙面产状是研究煤岩体渗透张量和损伤张量计算中的一个重要几何参数。在实际测量中,一般用裂隙面产状要素表示。裂隙面产状要素通常有两种表示方法:(1)产状要素法;(2)法线矢量法。产状要素法通常示为 $\alpha < \beta$,α 为倾向,β 为倾角;法线矢量法是用裂隙面法向矢量的方向余弦表示列面产状的方法。

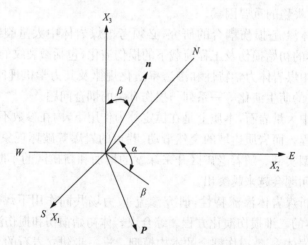

图 3-1　裂隙面法向矢量的坐标表示

如图 3-1 所示的坐标系,设 X_1 轴负向与地理北(N)一致,X_2 轴正向与地理东(E)一致,X_3 轴正向朝上。设裂隙面倾斜矢量为 P,法向矢量为 n,则法向矢量方向弦可用产状要素表示为

$$\begin{cases} n_1 = -\cos\alpha \sin\beta \\ n_2 = \sin\alpha \sin\beta \\ n_3 = \cos\beta \end{cases} \tag{3-1}$$

裂隙产状要素概率分布函数表明:倾向、倾角变化大都服从正态分布。通过两者的概率密度分布函数可求得裂隙面的产状要素,从而确定裂隙的产状。

裂隙面的规模是一个较难描述和测量的参数,一方面因为裂隙的形状是未知的,故不能确定用何种参数来定义裂隙面的大小;另一方面裂隙面的规模不像裂隙的产状、间距等参数能在煤岩暴露面上直接测出来。在煤岩体三维渗流与损伤分

析中,大多数学者把均质结晶煤岩体中结构面视为圆盘状,在层状介质中则多视为长方形。对于圆盘状裂隙,一般用圆的半径或直径作为裂隙面的特征长度。裂隙迹长的测量方法主要有测线测量法的统计窗法,具体方法可参见有关文献。对裂隙迹长的概率分布,提出了几种不同形式,迹长服从对数正态分布。表 3-1 给出了各种迹长分布的理论密度及均值。

表 3-1 各种迹长分布的理论密度及均值

分布函数	概率密度 $f(l)$	累计概率 $F(l)$	均值
均匀分布	$\dfrac{1}{2\mu_L}, l \leqslant 2\mu_L$	$\dfrac{1}{2\mu_L}$	μ_L
正态分布	$\dfrac{1}{\sigma\sqrt{2\pi}}\exp\left[-\dfrac{1}{2}\left(\dfrac{1-\mu_L}{\sigma}\right)^2\right]$	$\displaystyle\int_{-\infty}^{l}\dfrac{1}{\sigma\sqrt{2\pi}}\exp\left[-\dfrac{1}{2}\left(\dfrac{x-\mu_L}{\sigma}\right)^2\right]\mathrm{d}x$	μ_L
负指数分布	$\dfrac{1}{\mu_L}\mathrm{e}^{\frac{-l}{\mu_L}}$	$1-\mathrm{e}^{\frac{-l}{\mu_L}}$	μ_L

裂隙面的形态主要反映裂隙面的面积接触率、表面粗糙程度、充填和胶结程度。裂隙面的形态规模按大小可分为两级:第一级凹凸不平度称为起伏角度,常用相对于平均平面的起伏高度或起伏角表示,如图 3-2 所示,它反映了裂隙面总体起伏特征;第二级凹凸不平度称为粗糙度,它反映了裂隙面上次级微小起伏现象。

Barton[35]建议采用粗糙度系数 JRC 表征裂隙面粗糙程度。JRC 虽然被广泛应用,但有三个方面不足:①JRC 是针对裂隙面提出的,所以严格地讲,不适用于有充填物的其他不连续面;②JRC 是描述裂隙面线形态的,而整个裂隙存在方向性问题;③JRC 是一种经验数据,应用时不可避免地出现人为因素的影响。

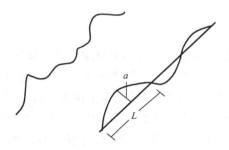

图 3-2 裂隙面凹凸不平度

用分形维数表示粗糙度,由粗糙面切一剖面。把横坐标设想为时间 t,则粗糙度剖到高低差的图形可视为一个随机过程 $X(t)$。对于一个固定时间 t_1,$X(t_1)$ 为一随机变量,它的分布函数一般与 t_1 有关。随机过程相关性可用相关函数表示,即

$$R_Z = [X(t_1)X(t_1+t)] \tag{3-2}$$

对于相关函数进行傅式变换,可得功率谱密度为

$$S(\omega) = \frac{1}{2\pi} \int_{-\infty}^{+\infty} R(t) \mathrm{e}^{-\omega t} \mathrm{d}t \qquad (3\text{-}3)$$

其中,ω 为频率。

功率谱密度与频率有幂函数关系,即

$$S(\omega) = \omega^{-\beta} \qquad (3\text{-}4)$$

β 与分形维数 D 存在下列关系:粗糙剖面 $D = (5-\beta)/2$;粗糙平面 $D = (8-\beta)/2$。

分形维维数 D 综合反映了断面起伏统计特性,较好地反映了其粗糙程度。

谢和平[77] 和周创兵[78] 分别于 1994 和 1996 年将 JRC 与分数维 D 之间建立数学关系,周创兵通过对拉西瓦水电站坝址 18 个花岗岩裂隙面测线的粗糙度进行分数维分析,得出分数维数 D 与节理粗糙系数 JRC 之间符合如下的拟合关系:

$$\text{JRC} = 172.206D - 167.295 \qquad (3\text{-}5)$$

Lee(1990)用分数维数分析了 Barton 给出的节理粗糙度图形,得出

$$\text{JRC} = -0.87804 + 37.7844 \frac{(D-1)}{0.015} - 16.9304 \frac{(D-1)^2}{0.015} \qquad (3\text{-}6)$$

对任何一个实际的粗糙度求得分维数 D 之后,可求得 JRC。把形象对比转化为数值分析,由定性转化为定量,但是如何将 JRC 和分维数 D 引入裂隙渗流计算值得深入研究。

3.1.2　裂隙面间距和密度

裂隙面的间距和密度是表示煤岩体中裂隙发育密集程度的指标。在表征煤岩体完整性、强度、变形以及在渗透张量计算中都需要用到裂隙面的间距和密度。裂隙面间距是指同一组裂隙在法线上两相邻面间的距离,常用 S 表示。对同一组裂隙一般认为裂隙间距相等。在实际野外测量中,布置一条测线,应尽量使测线与裂隙组走向垂直。分组逐条测量裂隙与裂隙之间的距离,即可求出裂隙组的平均间距。

裂隙面的密度按物理意义的不同可分为三种:线密度、面密度和体密度。

裂隙面的线密度,是指该组裂隙面法线方向上单位长度内裂隙面的条数,常用 λ 表示。线密度 λ 与裂隙面的间距 S 成反比关系,以 N 组裂隙面为例:

$$\lambda = \frac{1}{S} = \frac{N}{L \sum\limits_{i=1}^{N} \sin\alpha_i \, |\cos(\beta_i - \beta)|} \tag{3-7}$$

式中，L 为测线长度；β 为侧线的倾向；α_i 和 β_i 分别为第 ω 条裂隙面的倾角和倾向。

裂隙面的面密度，是指单位面积内裂隙面迹长的中心点数，常用 ρ_s 表示。

$$\rho_s = \frac{\lambda}{\bar{l}} \tag{3-8}$$

式中，$\bar{l}$ 为裂隙面的平均迹长；λ 为裂隙面的线密度。

裂隙面的体密度，是指单位体积内裂隙面的形心点数，用 ρ_v 表示。由于岩体露头限制，三维岩体裂隙体密度 ρ_v，难以由实测资料直接获得。根据裂隙面与测线的交接关系，可由裂隙面密度计算裂隙体密度。

假定裂隙面迹长半径服从负指数规律，可得体密度为

$$\rho_v = \frac{2}{\pi^3} \mu^2 \lambda = \frac{\lambda}{2\pi a^2} \tag{3-9}$$

对于整个岩体，考虑 N 组优势裂隙面，则体密度为

$$\rho_v = \sum_{K=1}^{N} \frac{\lambda^{(k)}}{2\pi \, (a^k)^2} \tag{3-10}$$

考虑煤岩体渗流而言，假定岩块本身不透水，水流仅在裂隙中流动，则裂隙密度越大，煤岩体渗透性越强，反之当密度小到某一门槛值时，渗流几乎不发生，这一密度称为不连续面渗流临界密度，用 ρ_{cr} 表示。Charlaix 于 1984 年研究了渗流临界密度与裂隙面长度的关系，认为

$$\rho_{cr} = \frac{0.225}{\int a^3 f(a)\, \mathrm{d}a} \tag{3-11}$$

式中，$\int a^3 f(a)\, \mathrm{d}a$ 为圆盘状裂隙半径 a 立方的平均值。当实际裂隙面密度小于 ρ_{cr} 时，渗流不能发生。

3.2　煤岩体水力特性

3.2.1　单裂隙煤岩水力特性

煤岩体渗流特性是煤岩体水力学理论的核心。由于大多数完整煤岩的渗透系数极为微弱，水流在煤岩体的裂隙网络中流动，裂隙常成组分布，因而裂隙渗流往

往具有明显各向异性,不同方向渗透系数差异较大。岩块弹性模量较大,而煤岩体的弹性模量要小得多,两者之差反映了裂隙变形的影响。裂隙的过水能力又和裂隙宽度的三次方成正比,因此煤岩体渗流场受应力场的影响,而渗流场的变化将改变渗透体积力的分布,后者又将对应力场产生影响。而从损伤角度来看,两者之间的耦合作用不只是渗透压导致裂隙宽度的变化,渗透体积力导致应力场的改变。耦合作用还表现在渗流导致煤岩体次裂隙的起裂、扩展,以及煤岩体强度劣化和次裂隙的扩展、贯通导致煤岩体结构的改变和渗透张量的变化。煤岩体这种渗流-损伤耦合作用是煤岩体力学至关重要的特性。

煤岩体渗流-损伤耦合分析是必须进行的重大课题,也是煤岩力学领域的研究热点。研究煤岩水力学必须首先对单一裂隙的水力特性进行深入研究。

1. 单裂隙煤岩体渗流规律

在单一裂隙渗流特性研究方面,首先进行平板模型实验。平板模型认为裂隙是由两片平行、光滑、平直、无限长的平行板构成,假定水流服从 Darcy 定律,根据单相、无紊流、黏性不可压缩的 Navier-Stokes 方程,建立单个裂隙的水力势力方程和连续方程:

$$v = K_f J_f \tag{3-12}$$

$$K_f = \frac{gb^2}{12\mu} \tag{3-13}$$

式中,v 为裂隙内的水流流速;K_f 为裂隙渗透系数;J_f 为沿裂隙方向水力梯度,b 为裂隙隙宽;μ 为水的运动黏滞系数。

煤岩体水力学中的立方定律:

$$q = \frac{\gamma b^3}{12\mu} J_f \tag{3-14}$$

式中,b 为裂隙宽度;γ 为液体密度;μ 为水流运动黏滞系数;J_f 为沿裂隙面方向的水力坡降。

对于立方定律描述的渗流规律是以裂隙面光滑平直无充填为前提,实际上天然煤岩体面粗糙不平,并时常伴有充填物,很难满足平板模型的假定,因此众多学者用等效水力隙宽(等效水力学开度)对立方定律进行了修正,如表 3-2 所示。

表 3-2　若干修正的等效水力隙宽

修正方法	等效水力隙宽表达式	符号意义
裂隙面粗糙度修正系数法 Lomize(1951) Louise(1969)	$b_h = \dfrac{\beta b^3}{C}$　$C = 1 + 6.0\left(\dfrac{e}{b}\right)^{1.5}$ $C = 1 + 8.8\left(\dfrac{e}{b}\right)^{1.5}$	β 为裂隙内连通面积与总面积的比值，C 为裂隙面粗糙度修正系数，b 为裂隙力学隙宽，e 为裂隙面凸起绝对高度
裂宽频率分布函数修正法 WithersPon(1978,1987)	$b_h^3 = \dfrac{\displaystyle\int_0^{b_0} b^3 f(b)\,\mathrm{d}b}{\displaystyle\int_0^{b_0} f(b)\,\mathrm{d}b}$	b_0 为最大隙宽，$f(b)$ 为隙宽频率分布函数
隙宽变异系数修正法 Pakir,Brown(1978,1987)	$b_h = \bar{b}\sqrt{1 - 0.9\mathrm{e}^{-\frac{0.56}{C_r}}}$	$\bar{b}$ 为平均开度 C_r 为隙宽变异系数
JRC 修正法 Barton&Bandis(1985)	$b_h = \dfrac{b_m}{JRC^{2.5}}$	b_m 为力学开度，JRC 为粗糙系数
面积接触率 ω 修正法 J. B. Walsh(1981)	$b_h = \left(\dfrac{1-\omega}{1+\omega}\right)b$	ω 为接触面积与总面积的比值，b 为力学开度

在计算水力学参数时，天然粗糙裂隙可等效为一等效水力隙宽 $b_h \leqslant b$ 的裂隙来处理。将式(3-14)中的 b 用 b_h 代替，得到天然粗糙裂隙的渗透系数。

对于等效水力隙宽，通过试验，测出水力梯度时通过裂隙流量为 Q_x 或 Q_y，则立方定理可分别求得沿 x 或 y 方向的水力等效隙宽为

$$\left.\begin{array}{l} b_{hx} = \left(\dfrac{Q_x}{L_y}\dfrac{12v}{gJ}\right)^{\frac{1}{3}} \\[3mm] b_{hy} = \left(\dfrac{Q_y}{L_y}\dfrac{12v}{gJ}\right)^{\frac{1}{3}} \end{array}\right\} \tag{3-15}$$

对实际裂隙，不仅均值隙宽不等于等效水力隙宽，且各方向等效水力隙也不相等，其差异程度反映了裂隙水力特性的各向异性。

2. 三向应力-单裂隙渗流耦合作用

单个节理渗流特性，除了充填材料，单个断续节理的渗流性质是外部荷载、节理开度、表面粗糙度的函数。外力引起节理变形，改变了节理渗流速率，进而引起的裂隙渗透压力变化，裂隙应力变化又会影响节理变形。节理开度、节理表面粗糙度是重要的控制参数，其影响因素有外力、流体压力和节理面的几何性质。存在于煤岩体中的节理裂隙处于地应力、流体压力的相互作用中，而通常其有效的作用力包括正应力、剪切应力和流体压力。根据作用力的大小和方向不同，节理的力学性

质在一定范围内发生变化。缘于节理表面几何性质、变形性质及煤岩材料的强度，作用力将影响到节理的张开、闭合，并产生新的接触点，甚至破坏节理煤岩材料。例如节理的正压力引起节理的闭合，而剪切应力则会引起节理面的错动，引起节理开度的变化。对于工程问题，剪应力产生的裂隙剪切变形对水力传导系数的影响对工程无明显的实际意义。一般情况下，只需考虑正应力对裂隙水力传导的影响。

Snow(1968)提出了氯化钙岩石裂隙渗透系数公式：

$$K_f = K_{f_0} + A\left(\frac{\varrho f b^2}{4\mu S}\right)\frac{\sigma - \sigma_0}{K_n} \tag{3-16}$$

式中，K_0 为初始应力作用下的渗透系数；b 为裂隙隙宽；μ 为水的运动黏滞系数；K_n 为裂隙法向刚度；A 为系数，S 为裂隙间距。

Jones(1975) ω 提出碳酸盐类岩石裂隙渗透系数 ω 的经验公式为

$$K = K_0\left[\lg\left(\frac{P_h}{P}\right)\right]^3 \tag{3-17}$$

式中，K_0 为常数；P_h 为裂隙闭合时的有效压力。

Louis[34] 提出的模型为

$$K = K_0 e^{-\alpha\sigma} \tag{3-18}$$

式中，K_0 为参考渗透系数；α 为参数；σ 为正应力。

赵阳升[79] 把煤岩体的渗透系数看成是应力和渗透压的函数，提出了下面的渗透系数公式：

$$K = a_0\exp(a_1\Theta + a_2P^2 + a_3\Theta P) \tag{3-19}$$

式中，Θ 为有效体积应力；P 为渗透压；a_0, a_1, a_2, a_3 为拟合系数。

曾一山[80] 通过对较大尺寸的单一裂隙岩体试块进行不同侧面加载的渗流试验，分析了煤岩体渗流与应力的耦合机理，获得了几种典型情况下的试验数据，并拟合出不同应力条件下单一裂隙岩体渗流量与应力间数学经验公式如下：

$$Q = 8.61 + 1.54(23\sigma_x - \sigma_y) + 0.3(1.412\sigma_x - \sigma_y)^2 - 0.02(1.3\sigma_x - \sigma_y)^3$$

$$\tag{3-20}$$

实际的煤岩体工程中，单一裂缝除受作用于裂缝的法向应力之外，还同时受平行于裂缝的 2 个侧向应力的作用。

如图 3-3 所示，三向应力作用下煤岩体裂缝单元由 2 块基质岩块构成。裂缝中往往有充填物，且充填物的强度远远低于基质岩块，与裂缝相比，可以假设基质岩块不渗透。在三向应力作用下，裂缝内的充填物与基质岩块一起发生变形，导致裂缝的宽度和裂缝内过流通道的改变,从而影响裂缝的渗透能力。所以论文首先分析法向应力作用下的裂缝变形对渗透规律的影响。

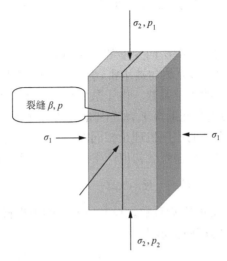

图 3-3　三向应力作用下的岩体单裂缝渗流模型

设裂缝初始宽度为 b_0,裂缝法向刚度为 K_n,煤岩裂缝在法向应力作用下,其应力-应变呈指数变化,裂缝变形量可表示为

$$u = b_0\left[1 - \exp\left(-\frac{\sigma_n}{K_n}\right)\right] \tag{3-21}$$

变形后,裂缝的宽度为

$$b = b_0 - u = d_0\exp\left(-\frac{\sigma_n}{K_n}\right) \tag{3-22}$$

将式(3-22)代入式(3-13)中,有

$$K_f = \frac{g}{12\mu}b_0^2\exp\left(-\frac{2\sigma_n}{K_n}\right) \tag{3-23}$$

考虑裂缝内流体压力以及裂缝粗糙度的影响,以有效法向应力 σ_n' 代替式中的法向应力 σ_n,可得

$$K_f = \frac{gb^2}{12\mu} = \frac{g}{12\mu}b_0^2\exp\left(-\frac{2\sigma_n'}{K_n}\right) = \frac{g}{12\mu}b_0^2\exp\left[-\frac{2(\sigma_n - \beta p)}{K_n}\right] \tag{3-24}$$

式(3-24)包含两个部分:裂缝的初始渗透系数 $(gb_0{}^2/12\mu)$,由法向变形引起的服从负指数规律的影响项 $\exp[-2(\sigma_n - \beta p)/K_n]$。基于上述分析,由法向变形引起的裂缝渗透系数可写为

$$K_f = K_{f_0} \exp(\alpha \varepsilon_n) \tag{3-25}$$

式中，$K_{f_0} = \dfrac{g}{12\mu} b_0^2$ 为裂缝的初始渗透系数；ε_n 为裂缝的法向变形；α 为裂隙法向变形影响系数。

　　根据裂缝渗透系数与裂缝法向变形的关系可知，导致裂缝渗透系数降低的原因是：σ_n 作用时，裂缝变窄，充填物被压密，引起渗流通道变窄。实际上，裂缝的侧向变形同样会影响裂缝的渗透系数。由于裂缝的厚度与其延展的尺度相比很小，因此，认为基质岩块的横向变形等于裂缝内充填物的横向变形。由于裂缝法向与侧向变形对渗透系数影响的作用机理是相同的，因此，可以假设裂缝的侧向变形也是以负指数规律的形式对渗透系数初值产生影响，渗透系数可写成如下形式：

$$K_f = K_{f_0} \exp(-\alpha \varepsilon_n - \gamma \varepsilon_s) \tag{3-26}$$

式中，γ 为裂缝侧向变形的影响系数。设基质岩块的弹性模量为 E_r，泊松比为 ν_r，则 σ_n 引起的基质岩块的横向变形为

$$\varepsilon_s = -\frac{2\nu_r}{E_r}\sigma_n \tag{3-27}$$

　　则裂缝的 2 个方向的侧向变形之和可以表示为

$$\varepsilon_s = 2\varepsilon' = -2\frac{\nu_r}{E_r}\sigma_n \tag{3-28}$$

　　将式(3-24)、式(3-28)代入式(3-26)得裂缝渗流的一般形式为

$$K_f = K_{f_0} \exp\left(-\alpha \frac{\sigma_n - \beta p}{K_n} + \gamma \frac{2\nu_r}{E_r}\sigma_n\right) \tag{3-29}$$

　　在三向应力力 $(\sigma_1, \sigma_2, \sigma_3)$ 作用下，假设基质岩块不渗透，裂缝的法向刚度为 K_n，切向刚度为 K_s，基质岩块的弹性模量为 E_r，泊松比为 ν_r。由于裂缝很薄，因此可以认为裂缝的侧向变形等于 2 个基质岩块的横向变形，即

$$\left. \begin{aligned} \varepsilon_2 &= \frac{1}{E_r}[\sigma_2 - \nu_r(\sigma_1 + \sigma_3)] \\ \varepsilon_3 &= \frac{1}{E_r}[\sigma_3 - \nu_r(\sigma_1 + \sigma_2)] \end{aligned} \right\} \tag{3-30}$$

　　裂缝(或充填物)的 2 个侧向变形之和为

$$\begin{aligned} \varepsilon_s = \varepsilon_2 + \varepsilon_3 &= \frac{1}{E_r}[\sigma_2 - \nu_r(\sigma_1 + \sigma_3)] + \frac{1}{E_r}[\sigma_3 - \nu_r(\sigma_1 + \sigma_2)] \\ &= \frac{1 - \nu_r}{E_r}(\sigma_2 + \sigma_3) - \frac{2\nu_r}{E_r}\sigma_1 \end{aligned} \tag{3-31}$$

裂缝法向变形为

$$\varepsilon_n = \frac{\sigma_1}{K_n} = \frac{\sigma_n - \beta p}{K_n} \tag{3-32}$$

将式(3-31)、式(3-32)代入式(3-26)可得

$$K_f = K_{f_0} \exp\left\{ -\alpha\left(\frac{\sigma_n - \beta p}{K_n}\right) - \gamma \frac{1 - \nu_r}{E_r}(\sigma_2 + \sigma_3) + \gamma \frac{2\nu_r}{E_r}\sigma_1 \right\} \tag{3-33}$$

式(3-33)为三向应力下考虑裂隙的法向和侧向应变对裂隙渗透系数影响的计算公式。其中 α, γ 为实验参数。

由于式(3-33)涉及的参数较多,在工程应用上,不考虑裂隙面剪应力和裂隙侧向变形,在图 3-3 的三向应力作用下,裂隙面的法向有效应力为

$$\sigma_n' = \sigma_1 + \nu(\sigma_2 + \sigma_3) - \beta p \tag{3-34}$$

将式(3-34)代入式(3-24)得到

$$K_f = \frac{g}{12\mu} b_0^2 \exp\left(-\frac{2\sigma_n'}{K_n}\right) = \frac{g}{12\mu} b_0^2 \exp\left(-\frac{2[\sigma_1 + \nu(\sigma_2 + \sigma_3) - \beta p]}{K_n}\right) \tag{3-35}$$

与式(3-33)相比,式(3-35)要简单而且物理意义明确,它考虑了应力和渗透压对渗透系数的影响,体现了渗透压对应力的影响。提示了裂隙渗流过程中应力与渗流的耦合效应。

3.2.2　多裂隙煤岩水力特性

组成裂隙岩块的含水空间主要为面状结构的各种成因类型的细小裂隙和孔隙。在各种裂隙中,构造裂隙成组分布,风化裂隙多为构造裂隙的改造,且分布在地表浅部。据统计学,裂隙系统只统计平均参数,在煤岩体中小体积范围内来表述煤岩体。对任一裂隙岩块,采用地质统计方法,测量裂隙岩块中可见裂隙系统的水力参数(隙宽、方位、密度、延伸性、连通性等),可得到反映裂隙渗透空间结构的渗透张量 K_{ij}。

对于规模较小、数量众多且分布密集的小裂隙(如风化节理等),由于此类裂隙切割的煤岩体表征体单元和煤岩体尺寸相比很小,所以可以按等效连续介质及渗透系数张量理论计算各向异性场渗流问题。因为在各向异性场中,流速向量与坡降向量不一致,应用 Darcy 定律时,其渗透系数就不是一个标量,当坡降向量转变为流速向量时,除改变大小外,还改变方向,存在一个渗透张量场是介质点坐标的连续函数。

为建立煤岩体的渗透张量,引入一体积表征单元,它与总计算区域相比足够

小,同时它又足够大到包含许多裂隙,使得在宏观意义上具有平均性,假定表征单元内裂隙概化为 K 组,其中第 k 组的单元法向量为 $n_i^{(k)}$,平均张开度 $b^{(k)}$,含有 $N^{(k)}$ 条半径 $a^{(k)}$ 的圆盘裂隙。忽略岩块的导水性,水流仅在裂隙中流动。并假定流量相等原理,将裂隙系统等效为一具有各向异性的模拟连续介质,其表观流速 v_i 与水力梯度 J_i 之间服从 Darcy 定律:

$$v_i = \boldsymbol{K}_{ij} J_j \tag{3-36}$$

根据流量相等原理,可得表观流速 v_i 与裂隙内流速 $v_i^{(k)}$ 的关系式:

$$v_i = \frac{1}{V}\int_V v_i \mathrm{d}V = \frac{1}{V}\int_{V^{(k)}} v_i^{(k)} \mathrm{d}V^{(k)} \tag{3-37}$$

设 $J_i^{(k)}$ 是沿第 k 组裂隙水力梯度,如果假设总水力梯度 J_j 在表征单元内均匀分布,则

$$J_i^{(k)} = (\delta_{ij} - n_i^{(k)} n_j^{(k)}) J_j \tag{3-38}$$

一个具有张开度 $b^{(k)}$ 的裂隙内水流速度 $v_i^{(k)}$ 可由 Darcy 公式求得:

$$v_i^{(k)} = \frac{g b^{(k)^2}}{12\mu C^{(k)}} J_j \tag{3-39}$$

式中,$C^{(k)}$ 为裂隙面的粗糙修正系数。

由于每一个圆的空隙体积为 $\pi a^{(k)} b^{(k)}$,则第 k 组裂隙的总空隙体积为

$$V^{(k)} = \pi a^{(k)} b^{(k)} N^{(k)} \tag{3-40}$$

式中,$N^{(k)}$ 为表征单元内第 k 组裂隙的条数。

对 K 组裂隙经迭加,并考虑裂隙网络的连通性可得到渗透单元的表观流速 v_i 为

$$v_i = \sum_{k=1}^{K} \frac{g}{12\mu C^{(k)}} \pi a^{(k)^2} b^{(k)^3} \lambda^{(k)} \rho_V^{(k)} (\delta_{ij} - n_i^{(k)} n_j^{(k)}) J_j^{(k)} \tag{3-41}$$

与 Darcy 定律相比较,可得渗透单元的渗透张量表达式:

$$\boldsymbol{K}_{ij} = \sum_{k=1}^{K} \frac{g}{12\mu C^{(k)}} \pi a^{(k)^2} b^{(k)^3} \lambda^{(k)} \rho_V^{(k)} (\delta_{ij} - n_i^{(k)} n_j^{(k)}) \quad (i,j=1,2,3) \tag{3-42}$$

式中,$\lambda^{(k)}$ 为第 k 组裂隙的网络连通率;$\rho_V^{(k)}$ 为 k 组裂纹体密度;$\rho_V = N^{(k)}/V\mu$ 为运动黏滞系数;$C^{(k)}$ 为 k 组裂纹面的粗糙度修正系数;$b^{(k)}$ 为 k 组裂纹初始张开度;n_i,n_j 为裂纹面法向余弦。

式(3-42)可表示为

$$[\boldsymbol{K}] = \sum_{k=1}^{K} \frac{g}{12\mu C^{(k)}} \pi a^{(k)2} b^{(k)3} \lambda^{(k)} \rho_V^{(k)} \begin{bmatrix} 1-n_1 n_1 & -n_1 n_2 & -n_1 n_3 \\ -n_2 n_1 & 1-n_2 n_2 & -n_2 n_3 \\ -n_3 n_1 & -n_3 n_2 & 1-n_3 n_3 \end{bmatrix}$$

$$(3\text{-}43)$$

煤岩体渗透张量与所处的应力状是密切相关的,裂隙面法线 N,裂隙面与 x, y,z 轴的方向余弦为 l,m,n 上的法向有效应力 σ_{ne} 为

$$\sigma_{ne} = \sigma_n - \beta p = \sigma_x l^2 + \sigma_y m^2 + \sigma_z n^2 + 2\tau_{xy} lm + 2\tau_{yz} mn + 2\tau_{zx} nl - \beta p$$

$$(3\text{-}44)$$

裂隙面的法向变形为

$$\Delta b = -b\left[1 - \exp\left(-\frac{\sigma_{ne}}{K_n}\right)\right] \tag{3-45}$$

考虑三向应力对煤岩体渗透张量的耦合作用,煤岩体渗透张量 $\boldsymbol{K}_{ij}$ 可表示为

$$\boldsymbol{K}_{ij} = \sum_{k=1}^{n} \frac{g\pi a^{(k)2} (b^{(k)} + \Delta b)^3}{12\mu C^{(k)}} \lambda^{(k)} \rho_V^{(k)} (\delta_{ij} - n_i^{(k)} n_j^{(k)})$$

$$= \sum_{k=1}^{n} \frac{g\pi d^{(k)2} b^{(k)3}}{12\mu C^{(k)}} \lambda^{(k)} \rho_V^{(k)} (\delta_{ij} - n_i^{(k)} n_j^{(k)}) \cdot \exp\left(\frac{3(\sigma_n - \beta p)}{K_n}\right) \tag{3-46}$$

式(3-46)为考虑渗流-应力耦合效应时,煤岩体的渗透张量。式(3-46)是第 4 章数值分析时用的耦合关系式。

3. 2. 3　渗透系数与应力的关系

在岩石工程中,无论是地下硐室的开挖、矿床的开采,还是坝体的建设都会显著地改变原岩的应力状态。因此只有正确地了解煤岩体应力变化对其渗透性的影响,才能正确评价煤岩体的渗流特征。Schei-degger(1957),Elsworth(1989),Bai (1994)等学者曾经研究了应力与渗流的耦合机理[81]。

研究三向应力对煤岩体渗透性的影响,假设所研究的煤岩体由一组互相平行的裂隙及完整岩石串联在一起。见图 3-4,并且考虑完整岩石与裂隙的渗透系数相比很小,可忽略不计,则在张应力 $\Delta\sigma_x$ 作用下,裂隙的张开位移为

$$\Delta\mu_f = \Delta\sigma_x / K_n \tag{3-47}$$

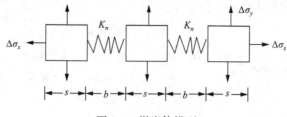

图 3-4　煤岩体模型

在张应力 $\Delta\sigma_x$, $\Delta\sigma_y$, $\Delta\sigma_z$ 作用下岩块的应变 $\Delta\varepsilon_x = [\Delta\sigma_x - \mu(\Delta\sigma_y + \Delta\sigma_z)]/E$。此应变引起裂隙压缩,由此而引起的裂隙压缩位移为

$$\Delta u_s = -s[\Delta\sigma_x - \mu(\Delta\sigma_y + \Delta\sigma_z)]/E \tag{3-48}$$

据此可得三向应力作用下裂隙的宽度为

$$b + \Delta u_f + \Delta u_s = b\left\{1 + \frac{\Delta\sigma_x}{bK_n} - \frac{s}{Eb}[\Delta\sigma_x - \mu(\Delta\sigma_y + \Delta\sigma_z)]\right\} \tag{3-49}$$

可得在三向应力作用下各方向的渗透系数为

$$K_z = \frac{\beta\rho g b^3}{12\mu Cs}\left\{1 + \frac{\Delta\sigma_x}{bK_n} - \frac{s}{Eb}[\Delta\sigma_x - \mu(\Delta\sigma_y + \Delta\sigma_z)]\right\}^3 \tag{3-50}$$

$$K_x = \frac{\beta\rho g b^3}{12\mu Cs}\left\{1 + \frac{\Delta\sigma_x}{bK_n} - \frac{s}{Eb}[\Delta\sigma_z - \mu(\Delta\sigma_x + \Delta\sigma_y)]\right\}^3 \tag{3-51}$$

渗透系数的改变量为

$$\frac{K_z}{K} = \left\{1 + \frac{\Delta\sigma_x}{bK_n} - \frac{s}{Eb}[\Delta\sigma_x - \mu(\Delta\sigma_y + \Delta\sigma_z)]\right\}^3 \tag{3-52}$$

$$\frac{K_x}{K} = \left\{1 + \frac{\Delta\sigma_x}{bK_n} - \frac{s}{Eb}[\Delta\sigma_z - \mu(\Delta\sigma_x + \Delta\sigma_y)]\right\}^3 \tag{3-53}$$

式中,K 为应力变化前的渗透系数;$\Delta\sigma_x$, $\Delta\sigma_y$, $\Delta\sigma_z$ 为应力增量。

从上述公式可以看出,煤岩体的渗透系数与其应力状态及应力变化量有关,且随着垂直于裂隙的张应力的增加而增大。

3.3　煤岩体边坡充水机理

地表水或地下水与外力联合作用,可导致边坡体强度损伤,从而大大降低边坡稳定性。在边坡工程界也曾有过"十滑九水"的说法,也就是说水是引起边坡失稳的重要因素。如在旱季非常稳定的边坡,在雨季或春季解冻季节滑坡占滑坡总数的 85% 以上。文献记载,1981 年 7 至 9 月,四川省东部受到连续强暴雨袭击,全省 90 多个县区发生滑坡 6 万多次,其中规模较大的达 4 万 7 千多处。本节将对煤岩体(土)充水机理论进行探讨,依次对压差式充水、自吸式充水和土的增湿损伤机理进行分析,这几种充水方式是目前露天煤矿边坡工程中最为典型的。对这些问题的探讨与研究具有非常重要的工程意义。

3.3.1　压差式充水模型

这里所定义的压差式充水是指水在体系内两点间的水头差作用下,从高水压区向低水压区流动充水。这种充水方式在露天矿山生产过程中非常多见,如矿坑开采改变地下水系分布,形成沉降漏斗;排土场建设阻塞河道,上游水向下游流动时对排土场基底充水等。煤岩体边坡充水程度与两区压强差、煤岩体渗透系数及充水层贮水系数等有关。

$$\frac{\partial}{\partial x}\left(T\frac{\partial H}{\partial x}\right)+\frac{\partial}{\partial z}\left(T\frac{\partial H}{\partial z}\right)=S\frac{\partial H}{\partial t} \tag{3-54}$$

水头边界 $H(x,z,t)|_{\Gamma_1}=\phi(x,z,t)(x,z)\in\Gamma_1$;

流量边界 $T\frac{\partial H}{\partial n}|_{\Gamma_2}=q(x,z,t)(x,z)\in\Gamma_2$;

初始条件 $H(x,z,t)|_{t=0}=H_0(x,z)(x,z)\in D$;

初始条件 $H_0(x,z)$ 的值采用稳定流的计算结果。

式中,T 为综合渗透系数;H 为充水层的总水头;S 为充水层的贮水系数;q 为已知函数,表示 Γ_2 上单位宽度的垂直补给量;n 为 Γ_2 的外法线方向;ϕ 为已知函数。

3.3.2　自吸式充水机理

这里所定义的自吸式充水是指水分在土体中的亲水物质及土粒间的孔隙毛细水作用下而上升。毛细水是受到水与空气交界面处表面张力作用的自由水,其形成过程通常用物理学中毛细管现象解释。这种充水方式在露天矿山生产过程中也非常多见,如积水入渗至排土场基底,由于自吸式充水作用而弱化等。边坡体充水程度与土体的矿物组成、化学成分、颗粒大小、形状、孔隙的大小及联通性等因素有关。

毛细水作用机理可表述为:由固、水、气三相构成的多孔均质颗粒化结构土壤中,有许许多多、大大小小、杂乱无章、随机分布着的各种形状的空隙,这些孔隙即水分运移通道和滞留的场所,地下水受土粒间孔隙的毛细作用上升。

固相基质的矿物组成、化学成分、颗粒大小、形状、级配、随机排列、组合决定着这些孔隙的大小、形状、联通性、毛细管弯曲度等空间分布特征。这些也是决定毛细水上升高度的决定性因素。土柱可以被概化为具有统计分布规律的平行毛管束模型。在统计毛管束模型中,水分的横向分配将依毛细力、吸附力、重力的综合作用,按毛管的统计分布,自毛细力大的小孔隙,依次向毛细力小的大孔隙进行,最终形成小孔隙含水(微观饱和)。水土接触后彼此间产生的毛细力或吸附力使单位重水体能够具有一种能量,做功后(忽略摩擦损失)转化为等量重力势能,表现为毛细水上升高度。

1. 粗粒土毛细水上升高度与时间的预测

经分析发现,将时间和所对应的毛细水上升高度取对数后用二阶(既能保证预测精度又利于简化计算)多项式进行拟合,所得到的预测曲线精度最高。

$$\ln h = a \, (\ln t)^2 + b \ln t + c \tag{3-55}$$

运用统计学中的逐步多元线性回归方法对参数 a, b, c 与土样各指标进行逐步多元线性回归分析,最后得回归方程如下:

$$a = 0.544n - 0.184d_{30} + 0.112d_{60} - 0.215$$

$$b = 0.7\gamma_d + 1.25d_{30} - 0.728d_{60} - 2.817 \tag{3-56}$$

$$c = 0.202C_c - 0.926d_{50} + 2.804$$

式中, n 为土的孔隙率; d_{30}, d_{50}, d_{60} 为有效粒径,mm; γ_d 为土体比重。

将上面的方程组与对数形式的二次多项式联立,便建立起一套粗粒土毛细水上升高度的预测公式。

2. 粗粒土毛细水上升高度经验关系式

粗粒土毛细水上升高度与土质条件和装填密实程度关系密切,因此可以考虑建立毛细水上升高度与砂土基本物理指标间的相关关系式。粗粒土的物性指标有许多种,可参照海森公式选用有效粒径 d_{10} 和孔隙率 n。

$$h_c = \frac{C(1-n)}{d_{10}n} \tag{3-57}$$

式中, h_c 为毛细水上升高度,m; n 为土的孔隙率; C 为系数,与土粒性状及表面洁净情况有关。

无论粗粒土还是细粒土,毛细水在开始供水初期上升速度都是最快的,随着时间增长,上升速度越来越慢,即单位时间内水分上升高度的变化是随着时间增长而减小的。

(1)粗粒土毛细水上升高度随颗粒变细、含泥量增多和压实度增大而增加。

(2)细粒土毛细水上升高度情况比较复杂,随土料塑性大小而变。低液限粉土遵循粗粒土规律,即毛细上升高度随压实度增大而增加;高液限黏土情况则相反,毛细上升高度随压实度增大而减小。

(3) 粗粒土毛细水上升高度与时间过程可用对数坐标下二次多项式回归方程进行模拟,其参量与反映土的颗粒组成和装填密实程度大小的物理指标密切相关。

3.3.3　黄土增湿损伤机理

我国目前露天矿建设的主要集中区,如内蒙古准格尔煤田、山西平朔煤田等露天矿,这些矿区第四系覆盖有厚层黄土,而黄土特殊的工程性质对采矿工程产生重要影响,因此,研究黄土的增湿损伤机理具有非常重要的意义。

黄土湿陷与黄土的特殊结构性和颗粒组成及其胶结情况有关,黄土增湿过程中,黄土的基质吸力、结构强度、结构性参数 m、综合结构势 m_p、内摩擦角和凝聚力等强度指标随增湿水平的调高而降低,也即黄土增湿引起黄土的结构和刚度的劣化、黄土能量的转换和耗散。

苏联罗斯托夫土木学院曾对乌克兰、北高加索等地的黄土进行大量的实测,认为黄土的湿陷是由于黄土湿陷势能的改变引起的,并用湿陷势能对黄土的湿陷性进行评价。其基本原理是:黄土在水的作用下,颗粒间的结构联结变弱,随之是颗粒向下移动,改变了原来的势能,这种能量的转换过程具有等温和等压的特性。在势能转变为动能时,一部分以势能形式逸失,另一部分以热动势形式化为重新联结已经饱和湿陷性黄土结构所做的功,可以表示为

$$Y = H - TS \tag{3-58}$$

式中,Y 为热动势;H 为焓(热含量);T 为绝对温度;S 为熵。

热动势 Y 主要是毛细管吸收作用势,毛细管吸收作用的势能可以用吸水压力作为计算指标,吸水压力与黄土的天然湿度、密度和化学成分及黄土的结构有关。

增湿耗散势定义为增湿损伤变量及其对偶力的函数,其对偶力表现为增湿过程中土的能量,因此可以假定对偶力为热动势(由于基质吸力所引起的),则参照以上原理以及混凝土化学损伤和热化学损伤的能量演化过程及组成,可以假定增湿引起的耗散势为

$$\phi_V = \phi_V(Y, V) \tag{3-59}$$

耗散势为热动势和增湿损伤变量的函数,热动势又可以用黄土的吸水压力表示,也可以由黄土的基质吸力表示,因为基质吸力表示黄土在增湿作用下土水势的变化。基质吸力同样可以表示黄土增湿作用时能量的转化和耗散,具有和热动势相同的概念。

　　基质吸力为非饱和土力学的一个重要概念,并且由土水特征曲线将基质吸力和含水量(饱和度)建立关系。黄土的变形和强度与含水量有很大的关系,表现为含水量的增减引起黄土的基质吸力变化,从而影响黄土的结构损伤和演化。对黄土的结构破损规律进行分析,认为黄土的含水量变化引起黄土的结构性参数、结构强度和基质吸力变化。

　　因此我们可以类似于加载损伤,定义一个增湿损伤势函数:$G = G(\tau_\omega, L_V)$。

　　L_V 为类似于塑性力学的增湿损伤强化参数,为加载损伤变量 V 的函数;G 为增湿的能量指标,与热动势(基质吸力)有关,可以进一步表示为含水量或饱和度的函数 $\tau_\omega(S_r)$;S_r 为饱和度。

　　故增湿损伤条件为:

$$dG > 0 \text{ 后继损伤}$$
$$dG = 0 \text{ 中性损伤} \tag{3-60}$$
$$dG < 0 \text{ 未有损伤}$$

　　假定损伤流动与损伤势函数的梯度方向相同,损伤流动法则为

$$dV = d\lambda_V \frac{\partial G}{\partial \tau_\omega} \tag{3-61}$$

　　损伤面的相容条件性为

$$dG = \frac{\partial G}{\partial \tau_\omega} d\tau_\omega + \frac{\partial G}{\partial L_V} dL_V = \frac{\partial G}{\partial \tau_\omega} d\tau_\omega + \frac{\partial G}{\partial L_V} \frac{\partial L_V}{\partial V} dV = 0 \tag{3-62}$$

　　由上式可以得到

$$d\lambda_\omega = -\frac{\dfrac{\partial G}{\partial \tau_\omega} d\tau_\omega}{\dfrac{\partial G}{\partial L_V} \dfrac{\partial L_V}{\partial V} \dfrac{\partial G}{\partial \tau_\omega}} = -\frac{\dfrac{\partial G}{\partial \tau_\omega} \dfrac{\partial \tau_\omega}{\partial S_r} dS_r}{\dfrac{\partial G}{\partial L_V} \dfrac{\partial L_V}{\partial V} \dfrac{\partial G}{\partial \tau_\omega}} \tag{3-63}$$

　　所以

$$\dot{V} = -\frac{\dfrac{\partial G}{\partial \tau_\omega} \dfrac{\partial \tau_\omega}{\partial S_r} dS_r \dfrac{\partial G}{\partial \tau_\omega}}{\dfrac{\partial G}{\partial L_V} \dfrac{\partial L_V}{\partial V} \dfrac{\partial G}{\partial \tau_\omega}} \tag{3-64}$$

3.4　煤岩体损伤理论

3.4.1　损伤度

损伤是材料内部微缺陷形成和发展的结果,是其结构状态的一种不可逆的、耗能的演变过程。岩石试件内部出现微缺陷后弹性模量会降低,为了描述岩石试件内部形成的微缺陷引入损伤度的概念,它指的是岩石初始弹性模量与岩石损伤后弹性模量的差值占初始弹性模量的百分比,即

$$D = 1 - \frac{E}{E_1} \qquad (3\text{-}65)$$

其中,D 为损伤度;E 为岩石损伤过程中的弹性模量;E_1 为岩石初始弹性模量。

如果

$$\frac{E}{D} > 0 \text{、} \frac{E}{D} = 0 \text{、} \frac{E}{D} < 0 \qquad (3\text{-}66)$$

分别对应方程式(3-65)解稳定、临界稳定及非稳定和第一、二、三阶段蠕变现象。

3.4.2　损伤度计算

通过理论分析,基于 FEPG 软件平台,编写程序计算岩石试件的损伤度。选取边长为 10m×20m 的长方形试件模型。底边采取竖直方向约束,水平向自由;两侧边界自由,顶边施加均布荷载,不计材料重力影响。材料属性采用随机正态分布,即表达岩石材料自身存在微小孔隙和微裂纹的初始损伤状态。模型实际弹性模量最大值为:$E = 1.3856e10Pa$,实际弹性模量最小值为:$E = 0.62 \times 10^{10}\,Pa$;均值为:$E = 1.0 \times 10^{10}\,Pa$,标准差为:$E = 0.13 \times 10^{10}\,Pa$;泊松比 $\mu = 0.3$。

模型在加载过程中损伤度的变化如图 3-5。

由上图可以看出,由于材料属性的随机正态分布。即在模型中的随机位置会形成微小孔隙和微裂纹的初始损伤,在加载初期岩石颗粒间挤压产生相对位移,在应变比较小时应力与应变是弹性关系,颗粒间剪切作用发生的位移形成了蠕变应变,此时的损伤还较小,对模型的影响无法在外观上表达出来。

随着荷载的逐渐加大,微裂纹开始发生随机分布,由于微小孔隙和微裂纹使得应力产生集中,致使在微小孔隙和微裂纹形成损伤的扩展,在应变超过某一个量值后颗粒间发生滑动摩擦,材料强度以及黏性系数随蠕变应变的变大将逐渐降低,损伤度将逐渐增大,抵抗变形的能力随变形增加而下降。当荷载超过应力极限

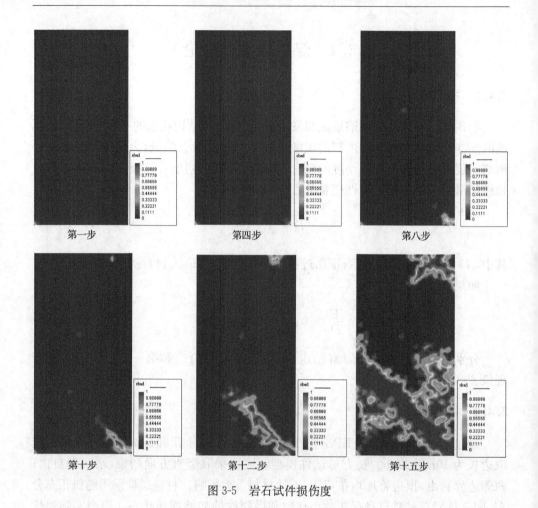

图 3-5　岩石试件损伤度

之后不断产生微破裂及粒内或粒间滑移而发生塑性变形,微观裂纹相互搭接发展成宏观的破裂平面,进入失稳破坏阶段,当某些面上完全丧失黏结力,将发生宏观破坏。

3.5　渗流-应力共同作用下煤岩体损伤分析

研究渗流-应力共同作用下煤岩体的损伤具有重要的理论和现实意义。渗流场中的煤岩体工程,地下水对煤岩体力学作用表现为静水压力和动水压力,这两种力的迭加使煤岩体产生变形,甚至发生劈裂扩展,改变煤岩体的结构特性出现渗流损伤;另外工程范围内的煤岩体工程受到工程荷载作用,应力场发生改变,将使煤岩体发生劈裂、扩展、连通等损伤行为。国内对煤岩体断裂损伤的研究主要集中在煤岩体的发育对煤岩体损伤力学特性的影响,即初始损伤特性和应力应变状态下煤岩体的损伤演化两方面,而对于煤岩体在渗流场环境中渗透压作用下煤岩体损伤演化特性的研究甚少,许多工程实例表明渗流-应力场共同作用导致煤岩体损伤是导致边坡、采矿等煤岩体工程失稳的重要原因之一。

利用损伤力学方法描述微裂纹的成核、扩展和汇合,并通过微裂纹的成核、扩展和汇合反映材料宏观力学性能的变化。从现有的研究看,在研究受压煤岩损伤问题时,有两种基本模型:一为自相似扩展模型,它利用裂纹表面的张开位移和法向矢量确定裂纹发生自相似扩展对非弹性应变的贡献;二是摩擦弯折裂纹模型,它是应用最为广泛的模型[12][82]。摩擦弯折模型认为煤岩受压时原生裂纹产生向最大主压应力方向扩展的翼形拉伸裂纹,并且该次生拉伸裂纹是煤岩产生劈裂破坏的主要原因。本书采用摩擦弯折模型探讨渗流-应力场共同作用下煤岩体损伤行为。

3.5.1　煤岩体损伤的细观力学分析

处于压剪应力作用下煤岩体中的裂隙随外部荷载的增加而经历闭合、摩擦滑动、压剪起裂,形成翼形张开形裂隙。新裂隙面沿最大压应力方向稳定扩展,直到形成贯通的宏观裂隙,煤岩体损伤破坏。受压煤岩体中的变形 $\mathrm{d}\boldsymbol{\varepsilon}_{ij}$ 分解为岩石母体的变形 $\mathrm{d}\boldsymbol{\varepsilon}_{ij}^0$ 和断续裂纹的损伤变形 $\mathrm{d}\boldsymbol{\varepsilon}_{ij}^m$ 之和,煤岩体的变形由煤岩体母体的线弹性变形和断续裂纹引起的损伤应变组成,则有:

$$\mathrm{d}\boldsymbol{\varepsilon}_{ij} = \mathrm{d}\boldsymbol{\varepsilon}_{ij}^0 + \mathrm{d}\boldsymbol{\varepsilon}_{ij}^m \tag{3-67}$$

煤岩母体的线弹性应变增量为

$$\mathrm{d}\boldsymbol{\varepsilon}_{ij}^0 = \boldsymbol{S}_{ijkl}^0 \, \mathrm{d}\boldsymbol{\sigma}_{ij} \tag{3-68}$$

式中, $\boldsymbol{S}_{ijkl}^0$ 为煤岩母体的弹性柔度张量,断续裂纹滑移、起裂扩展引起的损伤应变增量可以利用 Rice 的热力学理论求解。Rice 的热力学理论可表示为

$$\mathrm{d}\boldsymbol{\varepsilon}_{ij}^m = \frac{1}{V_0} \sum \frac{\partial f_\alpha(\sigma, H)}{\partial \boldsymbol{\sigma}_{ij}} \mathrm{d}\boldsymbol{\xi}_\alpha \tag{3-69}$$

式中, $f_\alpha(\sigma, H)$ 为共扼于内变量 ξ_α 的热力学广义力; $\boldsymbol{\sigma}_{ij}$ 是应力张量; H 为内变量的当前状态; V_0 为代表性单元体积。

如图 3-6,建立总体坐标系 $x_1 - x_2$,局部坐标系 $x_1' - x_2'$。断续裂纹 pp_1 的长度为 $2a$,方位角为 θ,裂隙水压 p 作用于裂纹张开部分,引入系数 β 以表征裂纹张开面积与总面积之比,渗透压力 p 对裂纹面的贡献变为 βp。

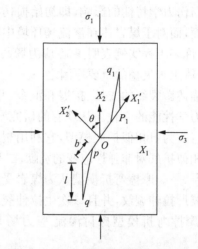

图 3-6　压应力作用下的摩擦裂纹模型

（1）压剪裂纹的摩擦滑动

裂纹面 $p_1 p$ 上的法向应力和剪切应力分别为

$$\sigma_{ne} = \sigma_n - \beta p = (1 - C_n)(\sigma_1 \sin^2 \psi + \sigma_3 \cos^2 \psi) - \beta p \tag{3-70}$$

$$\tau_n = (1 - C_v)\frac{\sigma_1 - \sigma_3}{2}\sin 2\psi \tag{3-71}$$

式中，C_n 为法向传压系数；C_v 为切向传力系数。

裂纹面 $p p_1$ 上的摩擦滑动有效剪应力为

$$\begin{aligned}
\tau_{eff} &= (1 - C_v)(\sigma_1 - \sigma_3)\sin\theta\cos\theta - \mu\sigma_{ne} \\
&= (1 - C_v)(\sigma_1 - \sigma_3)\sin\theta\cos\theta - \mu(1 - C_v)(\sigma_1\cos^2\theta + \sigma_3\sin^2\theta) + \mu\beta p
\end{aligned} \tag{3-72}$$

断续裂纹发生摩擦滑动的临界条件为

$$\tau_{eff} = 0 \tag{3-73}$$

裂纹发生摩擦滑动的临界应力条件为

$$\sigma_{1cr} = \frac{(1 - C_v)\sigma_3\sin\theta\cos\theta + \mu(1 - C_n)\sigma_3\sin^2\theta - \mu\beta p}{(1 - C_v)\sin\theta\cos\theta - \mu(1 - C_n)\cos^2\theta} \tag{3-74}$$

当 $\sigma_1 < \sigma_{1cr}$ 时，继续裂纹不会发生滑动，煤岩体表现为弹性特性；

当 $\sigma_1 > \sigma_{1cr}$ 时，裂纹发生摩擦滑动，这时煤岩表现为损伤特性。

根据线弹性断裂力学知识，由 τ_{eff} 诱导的 Ⅱ 型裂纹的平均张开位移 b_1 为

$$b_1 = \frac{1}{2c}\int_{-a}^{a}\frac{4(1-v_0^2)\tau_{eff}}{E_0}\sqrt{a^2-x_2'^2}\,\mathrm{d}x_2' = \frac{\pi a \tau_{eff}(1-v_0^2)}{E_0} \tag{3-75}$$

将余能分解为弹性余能和非弹性损伤余能两部分有

$$\phi(\sigma, H) = \phi^0(\sigma) + \Delta\phi(\sigma, H) \tag{3-76}$$

式中，$\phi^0(\sigma) = 0.5\sigma_{ij}S^0_{ijkl}\sigma_{kl}$，$S^0_{ijkl}$ 为煤岩母体的柔度。

由于摩擦滑动引起的非弹性损伤余能可表示为

$$\Delta\varphi(\sigma, H) = \frac{1}{A_0}\int_{-a}^{a}\int_{0}^{b_1(x_2')}\tau_n(\sigma, b)\,\mathrm{d}b\,\mathrm{d}x_2' \tag{3-77}$$

其中，$b_1(x_2')$ 为由 τ_{eff} 诱导的 Θ 型裂纹的张开位移。

如果 $b_1(x_2') = b_1$，则式(3-77)可写成

$$\Delta\varphi(\sigma, b_1) = \frac{2a}{A_0}\int_{0}^{b_1}\tau_n(\sigma, b)\,\mathrm{d}b \tag{3-78}$$

非弹性损伤余能增量可表示为

$$\mathrm{d}'\phi = \frac{\partial(\Delta\phi(\sigma, b_1))}{\partial b_1}\mathrm{d}b_1 = \frac{2a}{A_0}\tau_n\mathrm{d}b_1 \tag{3-79}$$

根据式(3-69)和式(3-79)可得到摩擦滑动引起的损伤应变增量

$$\begin{pmatrix}\mathrm{d}\varepsilon_{11}^{m1}\\\mathrm{d}\varepsilon_{33}^{m1}\end{pmatrix} = \rho_s a^2\begin{pmatrix}\sin2\theta\\-\sin2\theta\end{pmatrix}\mathrm{d}\bar{b}_1 \tag{3-80}$$

式中，$\bar{b}_1 = b_1/a$；$\rho_s = N/A_0$；N 为岩石中的裂纹总数；A_0 为代表性单元面积。

（2）翼形裂纹弯折扩展

摩擦滑动的压剪裂纹，不再沿裂纹平面扩展，并且随应力增加，弯折裂纹逐渐与最大压应力方向平行，形成与最大压应力近似平行的翼形裂纹。根据最大周向应力理论，压剪起裂的临界应力为

$$\sigma_{1cr} = \frac{(1-C_v)\sigma_3\sin\theta\cos\theta + \mu(1-C_n)\sigma_3\sin^2\theta - \beta p + \dfrac{\sqrt{3}K_{IC}}{2\sqrt{\pi a}}}{(1-C_v)\sin\theta\cos\theta - \mu(1-C_n)\cos^2\theta} \tag{3-81}$$

在裂纹扩展的初期，裂纹间的相互作用很小，可以忽略不计，此时原生裂纹发生摩擦弯折扩展可以等效为如图 3-7 所示的裂纹，其尖端的应力强度因子采用 Kemeny 计算模型，并考虑翼形裂纹渗透水压 p 产生的应力强度因子 $p\sqrt{\pi l}$：

$$K_1 = \frac{2a\tau_{eff}\cos\theta}{\sqrt{\pi l}} - \sigma_3\sqrt{\pi l} + p\sqrt{\pi l} \tag{3-82}$$

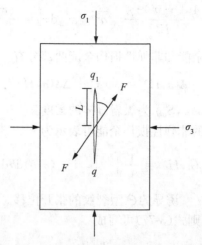

图 3-7　曲线型拉裂纹简化为直线拉裂纹

如果考虑翼形分支裂纹相互作用导致的岩桥损伤，则翼形分支裂纹尖端的应力强度因子可用式（3-83）表示。

$$
\left.
\begin{aligned}
K_1 &= \frac{A}{\sqrt{\pi L}}\sigma_1\sqrt{a}\cos\psi + \frac{2\sqrt{a}\mu\beta p}{\sqrt{\pi L}}\cos\psi - \lambda\sigma_1\sqrt{\pi aL} + \frac{(A\sigma_1 + 2\mu\beta p)a\sin\psi + 2apL}{N_A^{-\frac{1}{2}} - 2(aL + a\cos\psi)}\sqrt{\pi aL} \\
A &= \sin2\psi - (1 + \cos2\psi)\mu + \lambda\big[(\cos2\psi - 1)\mu - \sin2\psi\big]
\end{aligned}
\right\}
$$

$$(3\text{-}83)$$

根据上 qpp_1q_1 的平衡条件和 Mohr-Coulomb 准则，可得作用在原生裂纹 pp_1 上的平衡力为

$$\tau_{eff_1} = \tau_{eff} - \sigma_3 L\cos\theta \tag{3-84}$$

此时原生裂纹的平均张开位移 b_2 等于 τ_{eff_1} 诱导的 II 型张开位移

$$b_2 = \frac{1}{2a}\int_{-a}^{a}\frac{4(1-v_0^2)\tau_{eff_2}}{E_0}\sqrt{a^2 - x_2'^2}\,\mathrm{d}x_2' = \frac{\pi a\tau_{eff_2}(1-v_0^2)}{E_0} \tag{3-85}$$

根据式（3-84）和式（3-85）可得

$$\bar{b}_2 = \frac{\pi(1-v_0^2)}{E_0}(\tau_{eff} - \sigma_2 L\cos\theta) \tag{3-86}$$

静载作用下裂隙扩展准则为

$$K_I = K_{IC} \tag{3-87}$$

对于稀疏裂纹分布，忽略裂纹的相互作用，式（3-87）可得出无量纲翼形裂纹扩展长度

$$L = \frac{K_{IC}^2 + 4\tau_{eff}(\sigma_3 - p)\cos\theta - K_{IC}\sqrt{K_{IC}^2 + 8a\tau_{eff}(\sigma_3 - p)\cos\theta}}{2\pi a\,(\sigma_3 - p)^2} \quad (3\text{-}88)$$

由 $K_I = K_{IC}$，对式(3-88)进行迭代计算，可得出无量纲翼形裂纹扩展长度 L。这一阶段的非弹性余能可表示为

$$\Delta\varphi = \frac{2a}{A_0}\int_0^{b_2}\tau_n'(\sigma, b)\mathrm{d}b + \frac{2}{A_0}\int_0^{l_1}G(\sigma, l)\mathrm{d}l \quad (3\text{-}89)$$

式(3-89)中能量释放率：

$$G(\sigma, l) = \frac{(K_I^2 + K_{II}^2)}{E_0}(1 - v_0^2) \quad (3\text{-}90)$$

$$\tau_n' = \tau_n - \sigma_3 L\cos\theta \quad (3\text{-}91)$$

非弹性余能增量可表示为

$$\mathrm{d}'\psi = \frac{\partial\Delta\phi(\sigma, b_2)}{\partial b_2}\mathrm{d}\bar{b}_2 + \frac{\partial\Delta\phi(\sigma, L)}{\partial L}\mathrm{d}L = \frac{1}{A_0}(2a\tau_n'\mathrm{d}\bar{b}_2 + 2G\mathrm{d}L) \quad (3\text{-}92)$$

根据式(3-69)和式(3-92)可得裂纹发生弯折扩展而产生的非弹性损伤应变增量为

$$\begin{bmatrix}\mathrm{d}\varepsilon_{11}^{m2}\\\mathrm{d}\varepsilon_{33}^{m2}\end{bmatrix} = \rho_s a^2\begin{pmatrix}\sin2\theta\\-\sin2\theta\end{pmatrix}\mathrm{d}\bar{b}_2 + \rho_s a^2\begin{pmatrix}0\\-\cos\theta\end{pmatrix}\left(L\mathrm{d}\bar{b}_2 + \frac{4(1 - v_0^2)}{E_0}\tau_{eff}\mathrm{d}L\right)$$
$$+ \rho_s a^2\frac{8(1 - v_0^2)}{E_0}\begin{bmatrix}0\\\sigma_3\end{bmatrix}L\mathrm{d}L \quad (3\text{-}93)$$

根据式(3-80)和式(3-93)得，考虑主裂纹摩擦滑动和翼形裂纹弯折扩展而产生的非弹性损伤应变增量为

$$\begin{bmatrix}\mathrm{d}\varepsilon_{11}^m\\\mathrm{d}\varepsilon_{33}^m\end{bmatrix} = \begin{bmatrix}\mathrm{d}\varepsilon_{11}^{m1}\\\mathrm{d}\varepsilon_{33}^{m1}\end{bmatrix} + \begin{bmatrix}\mathrm{d}\varepsilon_{11}^{m2}\\\mathrm{d}\varepsilon_{33}^{m2}\end{bmatrix} \quad (3\text{-}94)$$

对于有 n 组裂隙存在，则非弹性损伤应变增量为

$$\begin{bmatrix}\mathrm{d}\varepsilon_{11}^m\\\mathrm{d}\varepsilon_{33}^m\end{bmatrix} = \sum_{k=1}^n\left\{\begin{bmatrix}\mathrm{d}\varepsilon_{11}^{m1(k)}\\\mathrm{d}\varepsilon_{33}^{m1(k)}\end{bmatrix} + \begin{bmatrix}\mathrm{d}\varepsilon_{11}^{m2(k)}\\\mathrm{d}\varepsilon_{33}^{m2(k)}\end{bmatrix}\right\} \quad (3\text{-}95)$$

式中，$\begin{bmatrix}\mathrm{d}\varepsilon_{11}^{m1(k)}\\\mathrm{d}\varepsilon_{33}^{m1(k)}\end{bmatrix}$ 和 $\begin{bmatrix}\mathrm{d}\varepsilon_{11}^{m2(k)}\\\mathrm{d}\varepsilon_{33}^{m2(k)}\end{bmatrix}$ 为第 k 组裂隙产生的非弹性损伤应变增量。

3.5.2　充水煤岩体损伤力学本构模型

首先研究平面情况下充水煤岩体的损伤演化方程，在 xy 坐标下，裂纹与 x 轴夹角为 θ，在 x_1y_1 坐标下，裂纹与 x_1 轴（最小主应力方向）夹角为 α，如图 3-8。

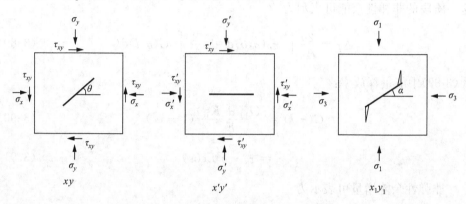

图 3-8　平面内裂纹应力状态的三种形式

在 x_1y_1 坐标系下非弹性损伤应变增量为

$$[\mathrm{d}\varepsilon_0] = [\mathrm{d}\varepsilon_{11}^m \quad \mathrm{d}\varepsilon_{33}^m \quad 0] \tag{3-96}$$

在 $x'y'$ 坐标系下非弹性损伤应变增量为

$$[\mathrm{d}\varepsilon'] = [\mathrm{d}\varepsilon_{11}' \quad \mathrm{d}\varepsilon_{33}' \quad \mathrm{d}\nu_{13}'] \tag{3-97}$$

则 $[\mathrm{d}\varepsilon_0]$ 和 $[\mathrm{d}\varepsilon']$ 有如下关系

$$[\mathrm{d}\varepsilon'] = [B]^{\mathrm{T}}[\mathrm{d}\varepsilon_0] \tag{3-98}$$

在 xy 坐标系下非弹性损伤应变增量为

$$[\mathrm{d}\varepsilon] = [\mathrm{d}\varepsilon_{11} \quad \mathrm{d}\varepsilon_{33} \quad \mathrm{d}\nu_{13}] \tag{3-99}$$

则 $[\mathrm{d}\varepsilon]$ 和 $[\mathrm{d}\varepsilon']$ 有如下关系

$$[\mathrm{d}\varepsilon] = [A]^{\mathrm{T}}[\mathrm{d}\varepsilon'] \tag{3-100}$$

由此得到

$$[\mathrm{d}\varepsilon] = [A]^{\mathrm{T}}[B]^{\mathrm{T}}[\mathrm{d}\varepsilon_0] \tag{3-101}$$

式(3-101)中：

$$\boldsymbol{A} = \begin{pmatrix} \cos^2\theta & \sin^2\theta & \sin2\theta \\ \sin^2\theta & \cos^2\theta & -\sin2\theta \\ -\frac{1}{2}\sin2\theta & \frac{1}{2}\sin2\theta & \cos2\vartheta \end{pmatrix} \quad \boldsymbol{B} = \begin{pmatrix} \cos^2\alpha & \sin^2\alpha & -\sin2\alpha \\ \sin^2\alpha & \cos^2\alpha & \sin2\alpha \\ \frac{1}{2}\sin2\alpha & -\frac{1}{2}\sin2\alpha & \cos2\alpha \end{pmatrix}$$

　　设完整岩石材料的柔度矩阵为 $[C_{ijkl}^0]$，当岩体分布有任意方向的 n 组裂隙时，采用坐标变换和叠加原理，求得裂隙变形产生的附加柔度矩阵 $[C_{ijkl}^d]$，根据相关文献研究，在压剪应力状态下裂隙变形能引起的分析结构附加柔度为

$$C_{ijkl}^d = \sum_{i=1}^{n} [G_i]^{\mathrm{T}} [\Delta G][G_j] \tag{3-102}$$

在二维情况下，$[G_i]^{\mathrm{T}}$，$[\Delta G]$ 分别为

$$[G_i]^{\mathrm{T}} = \begin{pmatrix} \cos^2\alpha_i & \sin^2\alpha_i & 1/2\sin2\alpha_i \\ \sin^2\alpha_i & \cos^2\alpha_i & -1/2\sin2\alpha_i \\ \sin2\alpha_i & -\sin2\alpha_i & \cos2\alpha_i \end{pmatrix}, \quad [\Delta G_i] = \begin{pmatrix} 0 & 0 & 0 \\ 0 & \dfrac{C_n^i\alpha_i}{K_n^i2b_id_i} & 0 \\ 0 & 0 & \dfrac{C_s^i\alpha_i}{K_s^i2b_id_i} \end{pmatrix} \tag{3-103}$$

　　式(3-103)中，α_i 为第 i 组裂隙走向与 x 轴的夹角；C_n^i，C_s^i 第 i 组裂隙面的传压、传剪系数。

　　可见裂隙的存在对柔度矩阵的影响主要取决于裂隙的相对大小及裂隙面的传压、传剪系数、法向和切向刚度。

　　压剪应力状下煤岩体的初始等效损伤柔度张量为

$$\boldsymbol{C}_{ijkl}^{0-d} = \boldsymbol{C}_{ijkl}^0 + \boldsymbol{C}_{ijkl}^d = \frac{1+\nu_0}{E_0}\delta_{ik}\delta_{jl} - \frac{\nu_0}{E_0}\delta_{ij}\delta_{kl} + \sum_{m=1}^{n} [G_m]^{\mathrm{T}}[\Delta G][G_m] \tag{3-104}$$

　　考虑渗透压，裂纹扩展产生的损伤演化柔度张量为 C_{ijkl}^{ad}，则 C_{ijkl}^{ad} 可由下式得到：

$$\boldsymbol{C}_{ijkl}^{ad} = \mathrm{d}\varepsilon_{ij}\sigma_{kl}^{-1} \tag{3-105}$$

　　式(3-105)中 $\mathrm{d}\varepsilon_{ij}$ 由式(3-101)确定。

　　综合考虑初始损伤及裂纹扩展产生损伤演化柔度张量，得到渗透压作用下煤岩体损伤演化方程：

$$\boldsymbol{C}_{ijkl}^{0-ad} = \boldsymbol{C}_{ijkl}^0 + \boldsymbol{C}_{ijkl}^d + \boldsymbol{C}_{ijkl}^{ad} \tag{3-106}$$

式中，$\boldsymbol{C}_{ijkl}^0$ 为无损岩体的弹性柔度张量；$\boldsymbol{C}_{ijkl}^d$ 为煤岩体的初始损伤柔度张量；$\boldsymbol{C}_{ijkl}^{ad}$ 为考虑渗透压裂纹扩展产生的损伤柔度张量演化。

　　下面研究压剪状态下三维充水煤岩体的损伤演化方程。将三维问题简化为平面问题来处理，如图 3-9。

　　设裂隙为椭圆形如图 3-10，其裂隙扩展机理与平面情况相同，裂隙扩展在最大主应力 σ_1 和最小主应力 σ_3 平面内，首先确定主应力大小、方向及裂隙面的相对位置。

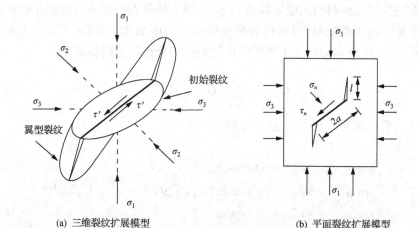

(a) 三维裂纹扩展模型　　　　　　　　　　(b) 平面裂纹扩展模型

图 3-9　三维币状裂纹扩展简化成平面裂纹扩展示意图

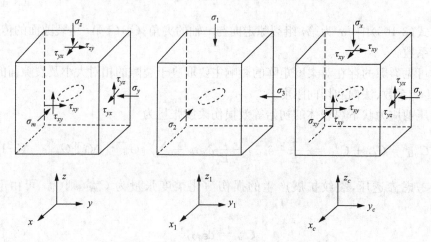

图 3-10　裂纹在三种应力状态下的相对位置

由弹性力学可知：

$$\sigma^3 - I_1\sigma^2 + I_2\sigma - I_3 = 0 \tag{3-107}$$

由上述方程可求得主应力 σ_1, σ_2, σ_3 的大小,并确定三个主应力方向: σ_1 的方向为 $(l_{\sigma_1}, m_{\sigma_1}, n_{\sigma_1})$, σ_2 的方向为 $(l_{\sigma_2}, m_{\sigma_2}, n_{\sigma_2})$, σ_3 的方向为 $(l_{\sigma_3}, m_{\sigma_3}, n_{\sigma_3})$, 相对坐标系 xyz, 设裂隙面法向方向为 (l_c^1, m_c^1, n_c^1), 其短轴 b_x 方向为 (l_c^2, m_c^2, n_c^2), 其长轴 b_y 方向为 (l_c^3, m_c^3, n_c^3), 通过分析,可得三种坐标的转换关系如下:

$$\begin{bmatrix} x_1 \\ y_1 \\ z_1 \end{bmatrix} = \begin{bmatrix} l_{\sigma_1} & m_{\sigma_1} & n_{\sigma_1} \\ l_{\sigma_2} & m_{\sigma_2} & n_{\sigma_2} \\ l_{\sigma_3} & m_{\sigma_3} & n_{\sigma_3} \end{bmatrix} \begin{bmatrix} x \\ y \\ z \end{bmatrix} \tag{3-108}$$

$$\begin{bmatrix} x_c \\ y_c \\ z_c \end{bmatrix} = \begin{pmatrix} l_c^1 & m_c^1 & n_c^1 \\ l_c^2 & m_c^2 & n_c^2 \\ l_c^3 & m_c^3 & n_c^3 \end{pmatrix} \begin{bmatrix} x \\ y \\ z \end{bmatrix} \tag{3-109}$$

由式(3-105)和式(3-109)得：

$$\begin{bmatrix} x_1 \\ y_1 \\ z_1 \end{bmatrix} = \begin{pmatrix} l_{\sigma_1} & m_{\sigma_1} & n_{\sigma_1} \\ l_{\sigma_2} & m_{\sigma_2} & n_{\sigma_2} \\ l_{\sigma_3} & m_{\varsigma_3} & n_{\sigma_3} \end{pmatrix} \begin{pmatrix} l_c^1 & m_c^1 & n_c^1 \\ l_c^2 & m_c^2 & n_c^2 \\ l_c^3 & m_c^3 & n_c^3 \end{pmatrix}^{-1} \begin{bmatrix} x_c \\ y_c \\ z_c \end{bmatrix} \tag{3-110}$$

即

$$\begin{bmatrix} x_c \\ y_c \\ z_c \end{bmatrix} = \begin{pmatrix} l_c^1 & m_c^1 & n_c^1 \\ l_c^2 & m_c^2 & n_c^2 \\ l_c^3 & m_c^3 & n_c^3 \end{pmatrix} \begin{pmatrix} l_{\sigma_1} & m_{\sigma_1} & n_{\sigma_1} \\ l_{\sigma_2} & m_{\sigma_2} & n_{\sigma_2} \\ l_{\sigma_3} & m_{\varsigma_3} & n_{\sigma_3} \end{pmatrix}^{-1} \begin{bmatrix} x_1 \\ y_1 \\ z_1 \end{bmatrix} \tag{3-111}$$

令

$$\begin{pmatrix} l_{11}^1 & l_{12}^1 & l_{13}^1 \\ l_{21}^2 & l_{22}^2 & l_{23}^2 \\ l_{31}^3 & l_{32}^3 & l_{33}^3 \end{pmatrix} = \begin{pmatrix} l_c^1 & m_c^1 & n_c^1 \\ l_c^2 & m_c^2 & n_c^2 \\ l_c^3 & m_c^3 & n_c^3 \end{pmatrix} \begin{pmatrix} l_{\sigma_1} & m_{\sigma_1} & n_{\sigma_1} \\ l_{\sigma_2} & m_{\sigma_2} & n_{\sigma_2} \\ l_{\sigma_3} & m_{\varsigma_3} & n_{\sigma_3} \end{pmatrix}^{-1} \tag{3-112}$$

则

$$\begin{bmatrix} x_1 \\ y_1 \\ z_1 \end{bmatrix} = \begin{bmatrix} l_{11}^1 & l_{12}^1 & l_{13}^1 \\ l_{21}^2 & l_{22}^2 & l_{23}^2 \\ l_{31}^3 & l_{32}^3 & l_{33}^3 \end{bmatrix} \begin{bmatrix} x_c \\ y_c \\ z_c \end{bmatrix} \tag{3-113}$$

在坐标系 $x_c y_c z_c$ 中,裂隙面的椭圆方程为

$$\begin{cases} \dfrac{x_c^2}{b_x^2} + \dfrac{y_c^2}{b_y^2} = 1 \\ z_c = 0 \end{cases} \tag{3-114}$$

在坐标系 $x_1 y_1 z_1$ 下,其椭圆方程为

$$\begin{cases} \dfrac{(l_{11}^1 x_1 + l_{21}^1 y_1 + l_{31}^1 z_1)}{b_x^2} + \dfrac{(l_{12}^1 x_1 + l_{22}^1 y_1 + l_{32}^1 z_1)}{b_y^2} = 1 \\ l_{13}^1 x_1 + l_{23}^1 y_1 + l_{33}^1 z_1 = 0 \end{cases} \tag{3-115}$$

$$
\left.\begin{array}{ll}
w_1 = \left(\dfrac{l_{11}^1}{b_x}\right)^2 + \left(\dfrac{l_{12}^1}{b_y}\right)^2 & w_2 = \left(\dfrac{l_{21}^1}{b_x}\right)^2 + \left(\dfrac{l_{22}^1}{b_y}\right)^2 \\[3mm]
w_3 = \left(\dfrac{l_{31}^1}{b_x}\right)^2 + \left(\dfrac{l_{32}^1}{b_y}\right)^2 & w_4 = 2\left(\dfrac{l_{11}^1 l_{21}^1}{b_x^2} + \dfrac{l_{12}^1 l_{22}^1}{b_y^2}\right) \\[3mm]
w_5 = 2\left(\dfrac{l_{11}^1 l_{31}^1}{b_x^2} + \dfrac{l_{12}^1 l_{32}^1}{b_y^2}\right) & w_6 = 2\left(\dfrac{l_{21}^1 l_{31}^1}{b_x^2} + \dfrac{l_{22}^1 l_{32}^1}{b_y^2}\right)
\end{array}\right\}
\tag{3-116}
$$

则裂隙面椭圆方程变为

$$
\begin{cases}
w_1 x_1^2 + w_2 y_1^2 + w_3 z_1^2 + w_4 x_1 y_1 + w_5 x_1 z_1 + w_6 z_1 y_1 - 1 = 0 \\
l_{13}^1 x_1 + l_{23}^1 y_1 + l_{33}^1 z_1 = 0
\end{cases}
\tag{3-117}
$$

$$
\left.\begin{array}{l}
A = w_1 + w_3\left(\dfrac{l_{13}^1}{l_{33}^1}\right)^2 - w_5\dfrac{l_{13}^1}{l_{33}^1} \\[3mm]
B = 2w_3\dfrac{l_{13}^1}{l_{33}^1}\dfrac{l_{23}^1}{l_{33}^1}y_1 + w_4 y_1 - w_5\dfrac{l_{23}^1}{l_{33}^1}y_1 - w_6\dfrac{l_{13}^1}{l_{33}^1}y_1 \\[3mm]
C = w_2 y_1^2 + w_3\left(\dfrac{l_{23}^1}{l_{33}^1}\right)^2 y_1^2 - w_6\dfrac{l_{23}^1}{l_{33}^1}y_1^2 - 1
\end{array}\right\}
\tag{3-118}
$$

当 $\Delta = B^2 - 4AC = 0$ 时,可得到 y_1 的两个根分别为 y_b 和 y_c。

当 $\Delta = B^2 - 4AC > 0$ 时,裂隙面与平面 $z_1 = z_1'$ 有两个交点 P,Q 其坐标为

$$
\begin{aligned}
&P\left(\frac{-B+\sqrt{B^2-4AC}}{2A},\ -\frac{l_{13}^1}{l_{33}^1}\frac{-B+\sqrt{B^2-4AC}}{2A} - \frac{l_{23}^1}{l_{33}^1}y_1\right) \\
&Q\left(\frac{-B-\sqrt{B^2-4AC}}{2A},\ -\frac{l_{13}^1}{l_{33}^1}\frac{-B-\sqrt{B^2-4AC}}{2A} - \frac{l_{23}^1}{l_{33}^1}y_1\right)
\end{aligned}
\tag{3-119}
$$

求得 PQ 间的距离 $2a(y_1)$ 及 PQ 与 z_1 轴(最大主应力方向)的夹角 $\beta(y_1)$,于是可将三维裂隙面等效为迹长为 a 与最大主应力方向夹角为 β 的裂隙,可采用二维分析方法研究三维裂隙面的损伤扩展。

三维裂隙面在 $x_1 y_1 z_1$ 坐标系下非弹性损伤应变增量为

$$
[\mathrm{d}\varepsilon_0] = \begin{bmatrix} \mathrm{d}\varepsilon_{11}^m & 0 & \mathrm{d}\varepsilon_{33}^m & 0 & 0 & 0 \end{bmatrix}
\tag{3-120}
$$

三维裂隙面在 xyz 坐标系下非弹性损伤应变增量为

$$
[\mathrm{d}\varepsilon] = \begin{bmatrix} \mathrm{d}\varepsilon_{11} & \mathrm{d}\varepsilon_{22} & \mathrm{d}\varepsilon_{33} & \mathrm{d}v_{13} & \mathrm{d}v_{12} & \mathrm{d}v_{23} \end{bmatrix} = [A]^{\mathrm{T}}[B]^{\mathrm{T}}[\mathrm{d}\varepsilon_0]
\tag{3-121}
$$

式(3-121)中 $[A]$ 和 $[B]$ 为坐标转换矩阵。

根据式(3-102)~式(3-121),可推导出立体情况下的考虑煤岩体初始损伤和

损伤演化,充水煤岩体损伤力学本构方程为

$$\varepsilon_{ijkl} = \boldsymbol{C}_{ijkl}^{0-ad}\sigma_{kl} \tag{3-122}$$

$$
\begin{aligned}
\boldsymbol{C}_{ijkl}^{0-ad} &= \boldsymbol{C}_{ijkl}^{0}+\boldsymbol{C}_{ijkl}^{d}+\boldsymbol{C}_{ijkl}^{ad} \\
&= \frac{1+\nu_0}{E_0}\delta_{ik}\delta_{jl} - \frac{\nu_0}{E_0}\delta_{ij}\delta_{kl} + \sum_{m=1}^{n}\left[G_m\right]^{\mathrm{T}}\left[\Delta G\right]\left[G_m\right] + \mathrm{d}\varepsilon_{ij}\sigma_{kl}^{-1}
\end{aligned}
\tag{3-123}
$$

3.6　裂隙煤岩体渗流-损伤耦合模型

3.6.1　压剪型裂隙煤岩体

　　煤岩体渗透张量的变化依赖于应力状态的改变。随应力状态和渗流状态的改变,原有裂隙的规模及张开度相应变化,甚至会导致煤岩体发生劈裂、扩展、连通等损伤行为。随煤岩体损伤的演化,煤岩体的渗透张量会发生重大改变。在 3.4 节中提到的渗透系数经验公式只考虑了裂隙的张开变形效应,没有考虑裂隙扩展对渗透张量的影响,渗流应力耦合状态下裂纹扩展后渗透张量的变化是一个很复杂的问题,这一方面是由于裂纹的扩展与贯通模式本身是不确定的,另一方面煤岩体渗透张量随煤岩体扩展的耦合关系也只是经验性和定性的。尽管如此,对于煤岩体的渗透张量随煤岩体损伤的演化规律还是值得探讨的。本节从不同应力状态下引起的法向变形角度出发,探讨煤岩体断裂损伤效应对渗透张量的影响。

　　(1) 压剪状态下,裂隙面滑移扩展,在法向应力和渗透压共同作用下裂隙面法向变形为

$$\Delta b_1 = -b_0\left[1 - \mathrm{e}^{-\frac{\sigma_n-\beta p}{K_n}}\right] \tag{3-124}$$

　　由于翼形分支裂纹的产生而引起的裂隙平均张开度为

$$\Delta b_2 = \frac{2(1-\nu^2)}{E}\left[\frac{4a\tau_{eff}\cos\theta}{\pi l}\int_0^l\left(\frac{l}{x}+\sqrt{\left(\frac{l}{x}\right)^2-1}\right)\mathrm{d}x - \frac{\pi}{2}\sigma_3 l\right] \tag{3-125}$$

式中,θ 为裂隙法向与最小主应力 σ_3 方向的夹角,l 为翼形分支裂纹的长度。

　　裂隙面法向总变形为

$$
\begin{aligned}
\Delta b = \Delta b_1 + \Delta b_2 = &-b_0\left[1 - \mathrm{e}^{-\frac{\sigma_n-\beta p}{K_n}}\right] \\
&+ \frac{2(1-\nu^2)}{E}\left[\frac{4a\tau_{eff}\cos\theta}{\pi l}\int_0^l\left(\frac{l}{x}+\sqrt{\left(\frac{l}{x}\right)^2-1}\right)\mathrm{d}x - \frac{\pi}{2}\sigma_3 l\right]
\end{aligned}
\tag{3-126}
$$

　　压剪状态下,裂隙面滑移扩展下渗透张量为

$$k_{ij} = \sum_{k=1}^{n} \frac{g\,(b^{(k)} + \Delta b^{(k)})^3}{12\mu C^{(k)}} \pi\,(a+l)^{(k)^2} \lambda^{(k)} \rho_V^{(k)} (\delta_{ij} - n_i^{(k)} n_j^{(k)}) \quad (3\text{-}127)$$

如果裂隙面不扩展(翼形裂纹没有出现)则式(3-127)退化为式(3-66)。

(2) 拉剪状态下,$K_I < K_{IC}$,裂隙面不发生扩展,由弹性力学得在法向应力和渗透压共同作用下裂隙面法向变形为

$$\Delta b_3 = \frac{16(1-v^2)}{3\pi E} a\,(\sigma_n + p) \quad (3\text{-}128)$$

此时煤岩体渗透张量为

$$k_{ij} = \sum_{k=1}^{n} \frac{g\,(b^{(k)} + \Delta b^{(k)})^3}{12\mu C^{(k)}} \pi a^{(k)^2} \lambda^{(k)} \rho_\nu^{(k)} (\delta_{ij} - n_i^{(k)} n_j^{(k)}) \quad (3\text{-}129)$$

(3) 裂隙受拉剪应力作用发生扩展,$K_I > K_{IC}$,拉剪应力作用下翼形分支裂纹尖端应力强度因子由下式求得:

$$K_I = \frac{5.18a(\tau_{eff}\sin\alpha + \sigma_3\cos\alpha)}{\sqrt{\pi l}} + 1.12\sigma_3\sqrt{\pi l} \quad (3\text{-}130)$$

式中,α 为裂隙面与最大主应力 σ_1 的夹角。

令式(3-130)中 $K_I = K_{IC}$,得到拉剪应力下翼形裂纹的扩展长度 l。

由翼形分支裂纹产生而引起的裂隙法向变形由卡氏定理得:

$$\Delta b_4 = \frac{16\sqrt{2}}{5\pi} \frac{(1-v^2)}{E} a\,(\sigma_n + p) \quad (3\text{-}131)$$

此时煤岩体渗透张量为

$$k_{ij} = \sum_{k=1}^{n} \frac{g\,(b^{(k)} + \Delta b_3^{(k)} + \Delta b_4^{(k)})^3}{12\mu C^{(k)}} \pi\,(a^{(k)}+l)^2 \lambda^{(k)} \rho_\nu^{(k)} (\delta_{ij} - n_i^{(k)} n_j^{(k)})$$

$$(3\text{-}132)$$

式(3-66)、式(3-127)、式(3-129)、式(3-132)为不同应力状态下煤岩体的渗透张量演化方程,共同构成了煤岩体渗流损伤耦合模型,反映了煤岩体的渗透性随应力的变化,特别是裂隙断裂损伤行为对渗透张量的贡献。

3.6.2　张开型裂隙煤岩体

按照 Betti 能量互易定理,充水煤岩体的初始损伤柔度张量为[12,83]

$$C_{ijkl}^{0\text{-}d\text{-}w} = C_{ijkl}^0 + C_{ijkl}^d + C_{ijkl}^w \quad (3\text{-}133)$$

式中,C_{ijkl}^0 为无损岩体的柔度张量,C_{ijkl}^d 为由于裂隙存在而产生的附加柔度张量,

C_{ijkl}^w 为由于渗透压力的存在而产生的渗透压力附加柔度张量,其值分别为

$$C_{ijkl}^0 = \frac{1+\nu_0}{E}\delta_{ik}\delta_{jl} - \frac{\nu_0}{E}\delta_{ij}\delta_{jl}$$

$C_{ijkl}^d =$

$$\frac{1}{E}\sum_{k=1}^{K}\left\{a^{(k)\,3}\rho_v^{(k)}\left[2G_1^{(k)}n_i^{(k)}n_j^{(k)}n_k^{(k)}n_l^{(k)} + \frac{1}{2}G_2^{(k)}\begin{pmatrix}\delta_{ii}n_j^{(k)}n_k^{(k)}+\delta_{ik}n_j^{(k)}n_l^{(k)}+\\ \delta_{jl}n_i^{(k)}n_k^{(k)}+\delta_{jk}n_i^{(k)}n_l^{(k)}-4n_i^{(k)}n_j^{(k)}n_k^{(k)}n_l^{(k)}\end{pmatrix}\right]\right\}$$

$$C_{ijkl}^w = \frac{2}{3E}\sum_{k=1}^{K}\left\{a^{(k)\,3}\rho_v^{(k)}\left[G_1^{(k)}R^{(k)}(n_i^{(k)}n_j^{(k)}\delta_{kl}+n_k^{(k)}n_l^{(k)}\delta_{ij}) + \frac{1}{3}G_2^{(k)}\delta_{ij}\delta_{kl}R^{(k)2}\right]\right\}$$

式中,a 为圆形裂隙的半径;ρ_v 为裂隙密度;K 为裂隙组数;G_1,G_2 是和裂隙形状及相互干扰有关的无量纲因子,$G_1 = \frac{8(1-\nu_0^2)}{3}$,$G_2 = \frac{16(1-\nu_0^2)}{3E(2-\nu_0)}$;$n_i(1,2,3)$ 为裂隙面的单位法向向量;δ_{ij} 为 Kronecker 符号;R 为比例系数,$R = \frac{p}{\delta}$;p 为渗透压力;$\delta = \frac{1}{3}\delta_{ii}$,$\delta_{ii}$ 为第一应力不变量。

从上公式可以看出:裂隙水压力的存在,增大了煤岩体的柔度张量,体现了裂隙水压力对煤岩体力学特性的削弱。

对于非充水煤岩体,$C_{ijkl}^w = 0$,故初始损伤柔度张量变为

$$C_{ijkl}^{0-d-w} = C_{ijkl}^0 + C_{ijkl}^d \tag{3-134}$$

由广义胡克定律,假定水流仅在裂隙中流动,充水煤岩体的本构方程可表示为

$$\varepsilon_{ij}' = \varepsilon_{ij} + \varepsilon_{ij}^w = C_{ijkl}^{0-d}\sigma_{kl} + C_{ijkl}^w\sigma_{kl} + C_{ijkl}^{0-d-w}\delta_{kl}p \tag{3-135}$$

式中,ε_{ij}^w 为由水压力 p 引起的应变。

因为:

$$\varepsilon_{ij} = C_{ijkl}^{0-d}\sigma_{kl} \tag{3-136}$$

所以可得:

$$\varepsilon_{ij}^w = C_{ijkl}^w\sigma_{kl} + C_{ijkl}^{0-d-w}\delta_{kl}p \tag{3-137}$$

即为裂隙水压力对煤岩体变形的贡献,其形式与一般应力-应变关系相同,其余裂隙分布的方位、规模、密度等因素密切相关。

考虑固体变形的多煤岩体渗流控制方程为

$$\frac{\partial}{\partial x}\left(K_{xx}\frac{\partial p}{\partial x}\right)+\frac{\partial}{\partial y}\left(K_{yy}\frac{\partial p}{\partial y}\right)+\frac{\partial}{\partial z}\left(K_{zz}\frac{\partial p}{\partial x}\right) = n\alpha\rho\frac{\partial p}{\partial t}+\rho\frac{\partial e}{\partial t}+w$$

$$\tag{3-138}$$

式中，K_{ij} 为渗透张量，p 为水压，e 为固体变形，w 为源汇项，n 为孔隙率，α 为水的压缩系数，ρ 为水的密度。

结合具体边界条件，煤岩体渗流损伤耦合模型为

$$\varepsilon'_{ij} = C^{0-d-w}_{ijkl}\sigma_{kl}$$

$$\varepsilon_{ij} = C^{0-d-w-ad}_{ijkl}\sigma_{kl}$$

$$\frac{\partial}{\partial x}\left(K_{xx}\frac{\partial p}{\partial x}\right) + \frac{\partial}{\partial y}\left(K_{yy}\frac{\partial p}{\partial y}\right) + \frac{\partial}{\partial z}\left(K_{zz}\frac{\partial p}{\partial x}\right) = n\alpha\rho\frac{\partial p}{\partial t} + \rho\frac{\partial e}{\partial t} + w$$

$$(3\text{-}139)$$

3.7　煤岩蠕变非线性损伤模型

3.7.1　非线性蠕变模型[84~86]

煤岩非线性蠕变模型通常采用西原正夫体模型，由一个开尔文体和一个宾汉姆体串联组成，其结构如图 2-55。该模型可描述第一、二、三阶段蠕变，但不能与应力-应变结合描述蠕变的稳定性。

3.7.2　全程应力-应变曲线

单轴情况下煤岩试件的全程应力-应变曲线可描述为

$$\sigma = E_1\varepsilon\exp(-B\varepsilon) \qquad (3\text{-}140)$$

式中，E_1 为岩石试件的全程应力-应变曲线的初始弹性模量，对每种岩石为常量；B 为一大于零的待定参数。那么岩石试件的全程应力-应变曲线的广义模量（即切线模量）为

$$E = \frac{d\sigma}{d\varepsilon} = E_1(1 - B\varepsilon)\exp(-B\varepsilon) \qquad (3\text{-}141)$$

如果不考虑西原模型中的黏性性质，则西原模型退化为一个弹簧刚度分别为 E_1、E_2 的串联结构，则有

$$\frac{1}{E} = \frac{1}{E_1} + \frac{1}{E_2} \qquad (3\text{-}142)$$

那么

$$E_2 = \frac{EE_1}{E_1 - E} = \frac{E}{1 - (1 - B\varepsilon)\exp(-B\varepsilon)} \qquad (3\text{-}143)$$

从式(3-140)～式(3-143)可以看出，E、E_2 为应变 ε 的函数。在应变值 $\varepsilon = \varepsilon_0$

时，应力 σ、广义模量 f_3 及西原模型的另一参数 f_3 分别为

$$\sigma\Big|_{\varepsilon=\varepsilon_0}=E_1\varepsilon_0\exp(-B\varepsilon_0),$$

$$E\Big|_{\varepsilon=\varepsilon_0}=E_1(1-B\varepsilon_0)\exp(-B\varepsilon_0),\qquad(3\text{-}144)$$

$$E_2\Big|_{\varepsilon=\varepsilon_0}=\frac{E}{1-(1-B\varepsilon_0)\exp(-B\varepsilon_0)}$$

待定参数 B 对 σ、E、E_2 的变化规律影响极大，图 3-11(a)、(b)、(c) 为 $E_1=5000\text{MPa}$ 时，B 分别取值 100、300、500 三种方案时的 $\sigma\text{-}\varepsilon$、$E\text{-}\varepsilon$、$E_2\text{-}\varepsilon$ 曲线。从图中可以看出，B 一定时，随着 ε 的增加，σ 增加到 ε_c 后开始下降；即

$$\varepsilon_c=\frac{1}{B}\qquad(3\text{-}145)$$

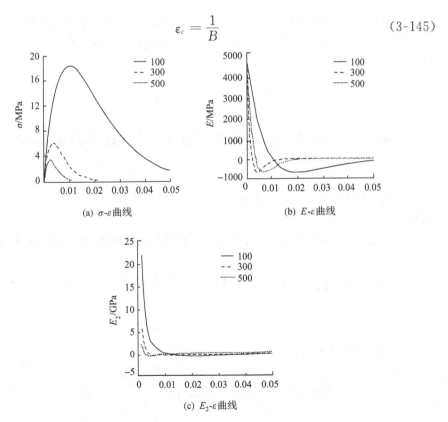

(a) $\sigma\text{-}\varepsilon$ 曲线

(b) $E\text{-}\varepsilon$ 曲线

(c) $E_2\text{-}\varepsilon$ 曲线

图 3-11　B 取 100、300、500 时的 $\sigma\text{-}\varepsilon$、$E\text{-}\varepsilon$、$E_2\text{-}\varepsilon$ 曲线

为 $\sigma\text{-}\varepsilon$ 曲线的极值点。这时,最大应力

$$\sigma_c = \frac{E_1}{Be} \tag{3-146}$$

E、E_2 值随着 ε 的增加而下降,并且在 ε_c 时,E、E_2 值开始变为负值,其极限值都趋于零。随着 t 的增加,$\sigma\text{-}\varepsilon$ 曲线的峰值下降,达到峰值的 ε_c 减小;$E\text{-}\varepsilon$ 和 $E_2\text{-}\varepsilon$ 曲线下降的速度增加。

3.7.3　参数线性化与稳定性分析

在弹性阶段,E_1 为常量;在塑性阶段,试件在 t_i 时刻受 σ_0 作用,并在 $\Delta t = t_{i+1} - t_i$ 时间段内作用外力 $\Delta\sigma$,产生相应的应变为 $\Delta\varepsilon$。广义模量 E_2 由式(3-144)来确定。讨论式(3-139)的第二式,可变为

$$\ddot{\varepsilon} + \frac{E_2(\varepsilon)}{\eta_1}\dot{\varepsilon} - \frac{E_2(\varepsilon)}{\eta_1\eta_2}(\sigma_0 - \sigma_f) = 0 \tag{3-147}$$

根据常微分方程的稳定性理论,引入 $E_2(\Delta\varepsilon)$ 即为全程应力-应变曲线的斜率来判别上式解的稳定性,$E_2(\Delta\varepsilon)$ 表现为非线性,经线性化可得蠕变微分方程为

$$\Delta\ddot{\varepsilon} + \frac{E_2}{\eta_1}\Delta\dot{\varepsilon} - \frac{E_2}{\eta_1\eta_2}(\sigma_0 + \Delta\sigma - \sigma_f) = 0 \tag{3-148}$$

经线性化后,式中 $E_2(\Delta\varepsilon)$ 为常数,可推导稳定性条件和判据。如果

$$E_2 > 0、E_2 = 0、E_2 < 0 \tag{3-149}$$

分别对应方程式(3-148)解稳定、临界稳定及非稳定和第一、二、三阶段蠕变现象。

结合式(3-139)和式(3-148),软岩非线性蠕变过程的蠕变增量表达式为

$$\Delta\varepsilon(\Delta t) = \left[\frac{1}{E_1} + \frac{1}{E_2}\left(1 - \exp\left(-\frac{E_2}{\eta_1}\Delta t\right)\right)\right]\sigma_0 + \frac{\sigma_0 - \sigma_f}{\eta_2}\Delta t \quad \sigma \geqslant \sigma_f \tag{3-150}$$

蠕变速度增量表达式为

$$\Delta\dot{\varepsilon}(\Delta t) = \frac{\sigma_0}{\eta_1}\exp\left(-\frac{E_2}{\eta_1}\Delta t\right) + \frac{\sigma_0 - \sigma_f}{\eta_2} \quad \sigma \geqslant \sigma_f \tag{3-151}$$

加速度增量表达式为

$$\Delta \ddot{\varepsilon}(\Delta t)=-\frac{\sigma_0 E_2}{\eta_1^2}\exp\left(-\frac{E_2}{\eta_1}\Delta t\right)\quad \sigma\geqslant\sigma_f \qquad (3\text{-}152)$$

随着广义模量 E_2 绝对值的增加,加速度迅速增加,这一阶段导致系统失稳破坏。其蠕变曲线如图 3-12。

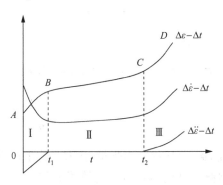

图 3-12　岩石试件蠕变曲线

3.8　煤岩体渗流-蠕变损伤耦合理论

3.8.1　基本假设

由于煤岩体是具有多结构的复杂介质,其耦合流变分析模型也应随之变化而异。不同的耦合流变分析模型可描述煤岩体不同的力学行为。为了建立所研究煤岩体的分析模型,做如下假设:

(1) 煤岩体变形属于小变形范畴;

(2) 将煤岩体中的孔隙和随机分布的微小裂隙近似视为"孔隙"来描述,而对大的裂隙、节理通过节理或接触单元来建立对应的控制方程;

(3) 煤岩体流变(蠕变)变形过程中泊松比不发生变化;

(4) 流体随时间是微可压缩液体;

(5) 渗流服从 Darcy 定律;渗透系数 $\{\varepsilon^*\}$ 在同一时步内不随应力应变而变化,而在数值模拟分析时,在每两个时步之间,利用渗透率与应力应变之间的关系,对渗透率进行计算修正[37,87]。

3.8.2　蠕变-渗流耦合分析的平衡方程

1. 基本格式

在小变形蠕变-渗流耦合情况下,流变分析的平衡微分方程与弹塑性理论各种

问题的表述形式相同,即

$$\sigma_{ij} + b_i = 0 \qquad (3\text{-}153)$$

以矩阵形式表示为

$$[\partial]^{\mathrm{T}}\{\sigma\} + \{b\} = 0 \qquad (3\text{-}154)$$

根据煤岩体有效应力原理有

$$\boldsymbol{\sigma}_{ij} = \boldsymbol{\sigma}'_{ij} - \alpha\delta_{ij}p = \boldsymbol{D}_{ijkl}\varepsilon^e_{kl} - \alpha\delta_{ij}p \qquad (3\text{-}155)$$

表示为矩阵形式为

$$\{\sigma\} = [D]\{\varepsilon^e\} - a\{M\}p \qquad (3\text{-}156)$$

式中,$\boldsymbol{\sigma}_{ij}$ 为总应力张量;$\boldsymbol{\sigma}'_{ij}$ 为有效应力张量;p 为孔隙水压力;a 为比奥系数;δ_{ij} 为 Kronecker 符号;$\boldsymbol{D}_{ijkl}$ 弹性矩阵张量;$[\partial]$ 为算子矩阵。

$\{\sigma\}$、$\{\varepsilon^e\}$ 分别为 t 时刻煤岩体内任意一点的应力和弹性应变;$[D]$ 为弹性矩阵;而 $\{M\}$ 列阵可表示为

$$\{M\} = \{1 \quad 1 \quad 1 \quad 0 \quad 0 \quad 0\}^{\mathrm{T}}$$

在流变变形过程中,由总应变与黏弹性应变、黏塑性应变的关系可以得到

$$\{\varepsilon^e\} = \{\varepsilon\} - \{\varepsilon^{ve}\} - \{\varepsilon^{vp}\} \qquad (3\text{-}157)$$

式中,$\{\varepsilon\}$ 为 t 时刻煤岩体内任意一点的全应变;$\{\varepsilon^{ve}\}$ 为 t 时刻煤岩体内任意一点的黏弹性应变;$\{\varepsilon^{vp}\}$ 为 t 时刻煤岩体内任意一点的黏塑性应变。

所以

$$\{\sigma\} = [D]\{\varepsilon\} - [D](\{\varepsilon^{ve}\} + \{\varepsilon^{vp}\}) - a\{M\}p \qquad (3\text{-}158)$$

则

$$\{\sigma\} = [D][\partial]\{f\} - [D](\{\varepsilon^{ve}\} + \{\varepsilon^{vp}\}) - a\{M\}p \qquad (3\text{-}159)$$

式中

$$\{\varepsilon\} = [\partial]\{f\}, \{f\} = \{u \quad v \quad w\}^{\mathrm{T}}$$

所以可得平衡方程的基本格式为

$$[\partial]^{\mathrm{T}}[[D][\partial]\{f\} - [D](\{\varepsilon^{ve}\} + \{\varepsilon^{vp}\}) - a\{M\}p] + \{b\} = \boldsymbol{0} \qquad (3\text{-}160)$$

2. 时间离散

单元平衡方程的增量形式为

$$[k_{uu}]\{\Delta\delta\}^e+[k_{up}]\{\Delta p\}^e=\{\Delta f^{ve}\}^e+\{\Delta f^{vp}\}^e+\{\Delta R_u\}^e \quad (3\text{-}161)$$

其中：

$$[k_{uu}]=\int_{\Omega}[B]^{\mathrm{T}}[D][B]\mathrm{d}\Omega,[k_{up}]=\alpha\int_{\Omega}[B]^{\mathrm{T}}[M][\bar{N}]\mathrm{d}\Omega$$

$$\{\Delta f^{ve}\}^e=\int_{\Omega}[B]^{\mathrm{T}}[D]\{\Delta\varepsilon^{ve}\}\mathrm{d}\Omega,\{\Delta f^{vp}\}^e=\int_{\Omega}[B]^{\mathrm{T}}[D]\{\Delta\varepsilon^{vp}\}\mathrm{d}\Omega$$

$$\{\Delta R_u\}^e=\int_{\Omega}[N]^{\mathrm{T}}\{\Delta\bar{F}\}ds+\int_{\Omega}[N]^{\mathrm{T}}\{\Delta b\}\mathrm{d}\Omega$$

所以可得到整体平衡方程的增量形式为

$$[K_{uu}]\{\Delta U\}+[K_{up}]\{\Delta P\}=\{\Delta R_u\} \quad (3\text{-}162)$$

式中，$[K_{uu}]=\sum[k_{uu}]$，$[K_{up}]=\sum[k_{up}]$，$\{\Delta R_u\}=\sum(\{\Delta f^{ve}\}^e+\{\Delta f^{vp}\}^e+\{\Delta R_u\}^e)$，$\Omega$ 为积分区域。

3.8.3 蠕变-渗流耦合分析的连续性方程

在建立煤岩体蠕变-渗流耦合分析的连续性方程时,可忽略不计煤岩体中流体的黏性影响,可视煤岩体由煤岩体骨架和流体两部分组成,分别建立这两种组分的物理特性及水力特性的控制方程,然后考虑它们在煤岩体中所占据的体积将单相控制方程叠加,最后给出煤岩体的连续性方程。于是,连续性方程可根据煤岩骨架和流体的质量守恒定律、流体运动方程及物性状态方程来建立。而连续性方程的有限元分析格式则通过对连续性方程在空间和时间域的离散而获得。

1. 基本格式

1）流体运动方程（Darcy 定律）

根据水力学中的渗流模型,渗流区全部空间被流体所充满,不存在固体骨架,仅考虑固体骨架对渗流运动施加的阻力。设如图 3-13 所示微元体被流体所充满,流体伴随煤岩体骨架沿 x、y、z 方向分别以加速度 $\ddot{u}$、$\ddot{v}$、$\ddot{w}$ 运动,同时,以流速 v_x、v_y、v_z 做相对于煤岩体骨架的渗流运动。通常,渗流速度很小,因此,可忽略惯性力不计。于是,微元体上的力有孔

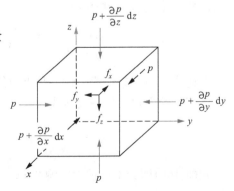

图 3-13 流体运动微分单元体

隙压力 p，重力引起的体力 $\rho_f g$，煤岩体骨架对流体所施加的渗流阻力 f_x、f_y、f_z，渗流阻力作用方向与渗流方向相反，惯性力方向与加速度方向相反。

由水力学原理，渗流阻力

$$f = \rho_f g i \tag{3-163}$$

式中，ρ_f 为流体的密度；g 为重力加速度；i 为水力梯度，则沿 x、y、z 方向的渗流阻力分别为

$$f_x = \rho_f g i_x = \rho_f g \frac{v_x}{k_x}$$

$$f_y = \rho_f g i_y = \rho_f g \frac{v_y}{k_y} \tag{3-164}$$

$$f_z = \rho_f g i_z = \rho_f g \frac{v_z}{k_z}$$

式中，k_x　k_y　k_z 分别为沿着 x、y、z 方向的渗透系数。

由 x、y、z 方向的静力平衡条件可建立运动方程。即由 $\sum F_x = 0$ 得到

$$\left[p - \left(p + \frac{\partial p}{\partial x} \mathrm{d}x \right) \right] \mathrm{d}y\,\mathrm{d}z - f_x \mathrm{d}x\,\mathrm{d}y\,\mathrm{d}z = 0$$

即

$$\frac{\partial p}{\partial x} + f_x = 0 \Rightarrow \frac{\partial p}{\partial x} + \rho_f g \frac{v_x}{k_x} = 0 \tag{3-165a}$$

同理忽略重力影响分别得到

$$\frac{\partial p}{\partial y} + \rho_f g \frac{v_y}{k_y} = 0, \quad \frac{\partial p}{\partial z} + \rho_f g \frac{v_z}{k_z} = 0 \tag{3-165b}$$

上述式子为忽略渗流惯性力和重力的流体平衡方程或称为渗流运动方程。

渗流运动方程的另一表达式为

$$v = -\frac{k}{\rho_f g} \nabla p = -\frac{k}{\mu_f} \nabla p = -\frac{k_i}{\mu_f} p_{,i} \tag{3-166}$$

式(3-166)即为不计重力影响的 Darcy 定律。

式中，v 是流体相对于煤岩体骨架的渗流速度；微分算子 $\nabla = \dfrac{\partial}{\partial x} + \dfrac{\partial}{\partial y} + \dfrac{\partial}{\partial z}$；

$p_{,i}$ 表示孔隙水压力 p 对坐标的一阶微分;下标 $i = x$、y、z;k 为渗透系数张量;μ_f 为流体的动黏度。

2）物性状态方程

（1）流体状态方程

流体的状态方程是指流体密度与压力以及温度之间的关系式。在恒温条件下,流体密度的变化与所承受的压力和流体的压缩系数存在相应的关系。流体的压缩系数是当液体或气体所承受的法向压力或法向张力发生变化时其体积变化的量度。在等温条件下,流体的压缩系数 α_f 定义为

$$\alpha_f = -\frac{1}{V_f}\frac{\partial V_f}{\partial p} \tag{3-167}$$

式中,V_f 为流体的体积;p 为流体所承受的压力。

由质量守恒,$m_f = \rho_f V_f = \mathrm{const}$,$\mathrm{d}m_f = V_f \mathrm{d}\rho_f + \rho_f \mathrm{d}V_f = 0$

则有

$$\mathrm{d}V_f = -\frac{V_f \mathrm{d}\rho_f}{\rho_f}$$

可以得到

$$\alpha_f = \frac{1}{\rho_f}\frac{\partial \rho_f}{\partial p} \tag{3-168}$$

积分可得

$$\rho_f = \rho_{f0}\exp[\alpha_f(p - p_0)] \tag{3-169}$$

式中,ρ_{f0} 是参考压力 p_0 条件下流体的密度。

式（3-169）为等温条件下流体密度和压力之间的关系式,亦称为流体的状态方程。流体的压缩系数 α_f 值一般很小,如常温下水的压缩系数近似为 $\alpha_f \approx 4.75 \times 10^{-4}\mathrm{MPa}^{-1}$。水通常为微可压缩流体。因此,当压力差 $\Delta p = p - p_0$ 不大时,式（3-169）中可展开近似表示为

$$\rho_f = \rho_{f0}[1 + \alpha_f(p - p_0)] \tag{3-170}$$

流体的压缩系数 α_f 的倒数是流体的体积弹性模量 K_f,它是流体单位体积相对变化所需要的压力增量,即

$$K_f = \frac{1}{\alpha_f} = \rho_f \frac{\mathrm{d}p}{\mathrm{d}\rho_f} \tag{3-171}$$

因此,流体状态方程中的压缩系数也可用流体的体积弹性模量代替。

（2）煤岩体状态方程

根据基本假定，煤岩体可视为由煤岩体骨架和"孔隙"组成。煤岩体的物性状态方程涵盖煤岩体骨架的状态方程和煤岩体孔隙的状态方程。煤岩体骨架的状态方程是煤岩体骨架密度和压力、温度以及有效应力之间的关系式；而煤岩体孔隙的状态方程是指有效孔隙度和压力、温度以及有效应力之间的关系式。此后均以孔隙及孔隙度代替有效孔隙及有效孔隙度。

① 煤岩体骨架的状态方程。处于地层中的煤岩体承受着有效应力和孔隙压力的作用。对于煤岩体骨架的压缩系数，定义为当煤岩体内有效孔隙中所承受的法向压力或法向张力发生变化时煤岩体骨架体积变化的量度。在等温条件下，煤岩体骨架的压缩系数 α_s 定义为

$$\alpha_s = -\frac{1}{V_s}\frac{\mathrm{d}V_s}{\mathrm{d}p} \tag{3-172}$$

设煤岩体骨架密度为 ρ_s，质量为 m_s，由质量守恒，$m_s = \rho_s V_s = \mathrm{const}, \mathrm{d}m_s = V_s\mathrm{d}\rho_s + \rho_s\mathrm{d}V_s = 0$，

则有

$$\mathrm{d}V_s = -\frac{V_s\mathrm{d}\rho_s}{\rho_s} \tag{3-173}$$

式（3-173）代入（3-172）可以得到

$$\alpha_s = \frac{1}{\rho_s}\frac{\mathrm{d}\rho_s}{\mathrm{d}p} \tag{3-174}$$

积分上式得

$$\rho_s = \rho_{s0}\exp[\alpha_s(p-p_0)] \tag{3-175}$$

其中，ρ_{s0} 是参考压力 p_0 条件下煤岩体骨架的密度。

当压力差 $\Delta p = p - p_0$ 不大时，可展开近似表示为

$$\rho_s = \rho_{s0}[1+\alpha_s(p-p_0)] \tag{3-176}$$

煤岩体骨架的压缩系数 α_s 的倒数是其体积弹性模量 K_s，它是煤岩体骨架单位体积相对变化所需的压力增量，即

$$K_s = \frac{1}{\alpha_s} = \rho_s\frac{\mathrm{d}p}{\mathrm{d}\rho_s} \tag{3-177}$$

考虑在常温常压条件下由于有效体积应力变化引起煤岩体骨架体积变化，设由于有效体积应力的变化 $\Delta\sigma_v'$ 所引起的体积应变为 ε_v，由煤岩体的应力应变关系

可得

$$\Delta\sigma_v' = 3K\varepsilon_v = 3K_s(1-\phi)\varepsilon_v^s = 3K_s(1-\phi)\frac{\Delta V_s}{V_s} \tag{3-178}$$

式中：K，ε_v，ϕ，K_s，ε_v^s 分别为煤岩体的弹性体积模量、体积应变、有效孔隙度、煤岩体骨架的弹性体积模量和体积应变；$\Delta\sigma_v' = \Delta\sigma_x' + \Delta\sigma_y' + \Delta\sigma_z'$。

将式（3-173）代入（3-178）得到

$$\Delta\sigma_v' = -3K_s(1-\Phi)\frac{\Delta\rho_s}{\rho_s} \tag{3-179}$$

写为微分形式有

$$\mathrm{d}\sigma_v' = -3K_s(1-\Phi)\frac{\mathrm{d}\rho_s}{\rho_s} \tag{3-180}$$

积分上式可得

$$\rho_s = \rho_{s0}\exp\left[-\frac{\sigma_v' - \sigma_{v0}'}{3K_s(1-\phi)}\right] \tag{3-181a}$$

或

$$\rho_s = \rho_{s0}\exp\left[-\frac{K(\varepsilon_v - \varepsilon_{v0})}{K_s(1-\phi)}\right] \tag{3-181b}$$

其中，ρ_{s0}、ε_{v0} 是参考有效体积应力 σ_{v0}' 条件下煤岩体骨架的密度和煤岩体的体积应变。

当有效应力差 $\Delta\sigma_v' = \sigma_v' - \sigma_{v0}'$ 不大时，式（3-181a）可近似表示为

$$\rho_s = \rho_{s0}\left[1 - \frac{\sigma_v' - \sigma_{v0}'}{3K_s(1-\phi)}\right] \tag{3-182}$$

当体应变差 $\Delta\varepsilon_v = \varepsilon_v - \varepsilon_{v0}$ 不大时，式（3-181b）可近似展开表示为

$$\rho_s = \rho_{s0}\left[1 - \frac{K(\varepsilon_v - \varepsilon_{v0})}{K_s(1-\phi)}\right] \tag{3-183}$$

根据以上分析可知，在常温条件下，由于压力（内压）和有效体积应力变化引起煤岩体骨架体积变化，而导致煤岩体骨架的密度变化量可由式（3-174）和式（3-181）得到

$$\mathrm{d}\rho_s = \alpha_s\rho_s\mathrm{d}p - \frac{\rho_s\sigma_v'}{3K_s(1-\phi)} \tag{3-184a}$$

或

$$\mathrm{d}\rho_s = \alpha_s \rho_s \mathrm{d}p - \frac{K\rho_s \mathrm{d}\varepsilon_v}{K_s(1-\phi)} \tag{3-184b}$$

积分上式可得

$$\rho_s = \rho_{s0} \exp\left[\alpha_s(p-p_0) - \frac{\sigma_v' - \sigma_{v0}'}{3K_s(1-\phi)}\right] \tag{3-185a}$$

或

$$\rho_s = \rho_{s0} \exp\left[\alpha_s(p-p_0) - \frac{K(\varepsilon_v - \varepsilon_{v0})}{3K_s(1-\phi)}\right] \tag{3-185b}$$

将式(3-185)展开可近似表达式

$$\rho_s = \rho_{s0}\left[1 + \alpha_s(p-p_0) - \frac{\sigma_v' - \sigma_{v0}'}{3K_s(1-\phi)}\right] \tag{3-186a}$$

$$\rho_s = \rho_{s0}\left[1 + \alpha_s(p-p_0) - \frac{K(\varepsilon_v - \varepsilon_{v0})}{3K_s(1-\phi)}\right] \tag{3-186b}$$

上式即为煤岩体骨架的状态方程,即恒温条件下煤岩体骨架密度与压力和有效应力之间的关系式。

② 煤岩体孔隙的状态方程。煤岩体的压缩性对渗流过程有两个方面的影响,一是压力变化会引起孔隙大小发生变化,表现为孔隙度 ϕ 是随压力而变化的函数;二是由于孔隙大小变化引起渗透率的变化。为了数学上的简化,在此后公式推导中不考虑渗透率随孔隙的变化。

在恒温条件下煤岩体孔隙度随孔隙压力的变化可用孔隙弹性压缩系数 α_ϕ 表示:

$$\alpha_\phi = \frac{1}{\phi}\frac{\mathrm{d}\phi}{\mathrm{d}p} \tag{3-187}$$

表示当压力下降时,孔隙缩小;而当压力增大时,孔隙变大。

在恒温条件下,可定义煤岩体中单位有效体积应力的变化所引起的孔隙体积的相对变化为(有效体应力以拉为正的规定)

$$\alpha_\sigma = \frac{1}{\phi}\frac{\mathrm{d}\phi}{\mathrm{d}\sigma_v'} \tag{3-188}$$

式中, α_σ 为定压(内压)煤岩体孔隙压缩系数。

因此,在常温条件下,由于压力(内压)和有效体积应力变化引起煤岩体孔隙的变化量可由式(3-187)和(3-188)得到

$$\mathrm{d}\phi = \alpha_\phi \phi \mathrm{d}p + \alpha_\sigma \phi \mathrm{d}\sigma_v' \tag{3-189}$$

积分上式得

$$\phi = \phi_0 \exp\left[\alpha_\phi(p-p_0) + \alpha_\sigma(\sigma_v' - \sigma_{v0}')\right] \tag{3-190}$$

式(3-190)展开近似表达式为

$$\phi = \phi_0\left[1 + \alpha_\phi(p-p_0) + \alpha_\sigma(\sigma_v' - \sigma_{v0}')\right] \tag{3-191}$$

式(3-191)即为煤岩体孔隙的状态方程,即恒温条件下煤岩体孔隙度与压力和有效应力之间的关系式。

3) 质量守恒方程

(1) 流体的质量守恒方程。对于任意一含孔隙煤岩体微元体(控制体) $\Delta V = \mathrm{d}x\mathrm{d}y\mathrm{d}z$, 如图 3-14, 视其面孔隙度、线孔隙度与体孔隙度近似相同。设煤岩体的孔隙度为 φ ($\varphi = \dfrac{V_p}{V} \times 100\%$, 其中 V_p 为孔隙体积, V 为总体积), 在饱和状态下, 流体流入量与流出量之差等于微元体内流体储存量的变化量。于是, 流体的连续方程(质量守恒方程)可表示为

$$\Delta Q_{流入-流出} = \Delta Q_{储存} \tag{3-192}$$

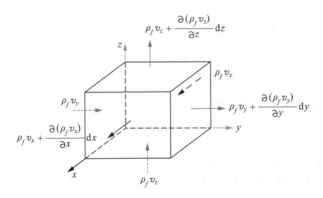

图 3-14　含孔隙岩体微分单元体

由图 3-14 所示关系可知, 在 $\mathrm{d}t$ 时间内沿 x 方向流入与流出控制体的质量差为

$$\Delta m_x = \rho_f v_x \phi\, \mathrm{d}y\, \mathrm{d}z\, \mathrm{d}t - \left[\rho_f v_x \phi + \frac{\partial(\rho_f v_x \phi)}{\partial x}\mathrm{d}x\right]\mathrm{d}y\, \mathrm{d}z\, \mathrm{d}t = -\frac{\partial(\rho_f v_x \phi)}{\partial x}\mathrm{d}x\, \mathrm{d}y\, \mathrm{d}z\, \mathrm{d}t$$

同理, 在 $\mathrm{d}t$ 时间内沿 y, z 方向流入与流出控制体的质量差为

$$\Delta m_y = -\frac{\partial(\rho_f v_y \phi)}{\partial y}\mathrm{d}x\, \mathrm{d}y\, \mathrm{d}z\, \mathrm{d}t; \Delta m_z = -\frac{\partial(\rho_f v_z \phi)}{\partial z}\mathrm{d}x\, \mathrm{d}y\, \mathrm{d}z\, \mathrm{d}t$$

因此，在 $\mathrm{d}t$ 时间内流入与流出控制体的总质量差为

$$
\begin{aligned}
\Delta Q_{\text{流入}-\text{流出}} &= \Delta m_x + \Delta m_y + \Delta m_z \\
&= -\left[\frac{\partial(\rho_f v_x \phi)}{\partial x} + \frac{\partial(\rho_f v_y \phi)}{\partial y} + \frac{\partial(\rho_f v_z \phi)}{\partial z}\right] \mathrm{d}x\,\mathrm{d}y\,\mathrm{d}z\,\mathrm{d}t
\end{aligned}
$$

$$
\tag{3-193}
$$

而 $\mathrm{d}t$ 时间内控制体中流体质量的变化为

$$
\Delta Q_{\text{储存}} = \frac{\partial(\rho_f \phi)}{\partial t} \mathrm{d}t\,\mathrm{d}x\,\mathrm{d}y\,\mathrm{d}z \tag{3-194}
$$

由式(3-192)、式(3-193)、式(3-194)可得

$$
-\left[\frac{\partial(\rho_f v_x \varphi)}{\partial x} + \frac{\partial(\rho_f v_y \varphi)}{\partial y} + \frac{\partial(\rho_f v_z \varphi)}{\partial z}\right] = \frac{\partial(\rho_f \varphi)}{\partial t} \tag{3-195a}
$$

或写为

$$
\frac{\partial(\rho_f \varphi)}{\partial t} + \nabla(\rho_f v_f \varphi) = 0 \tag{3-195b}
$$

将式(3-195b)左端第一项展开，有

$$
\varphi \frac{\partial \rho_f}{\partial t} + \rho_f \frac{\partial \varphi}{\partial t} + \nabla(\rho_f v_f \varphi) = 0 \tag{3-196}
$$

由于流体相对于煤岩体骨架的流速为

$$
v_r = v_f - v_s \tag{3-197a}
$$

式中，v_s 为煤岩体骨架变形运动速度向量。

Darcy 定律中的渗流速度 v 为

$$
v = \varphi v_r \tag{3-197b}
$$

将式(3-197)代入(3-196)有

$$
\varphi \frac{\partial \rho_f}{\partial t} + \rho_f \frac{\partial \varphi}{\partial t} + \nabla(\rho_f v_r \varphi) + \nabla(\rho_f v_s \varphi) = 0 \tag{3-198}
$$

由流体状态方程式有

$$
\frac{\partial \rho_f}{\partial t} = \rho_f \alpha_f \frac{\partial p}{\partial t} \tag{3-199}
$$

考虑煤岩体骨架变形速度为小量,并忽略高阶小量,所以可得

$$\varphi \rho_f \alpha_f \frac{\partial p}{\partial t} + \rho_f \frac{\partial \varphi}{\partial t} + \rho_f \nabla v + \rho_f \varphi \nabla \cdot v_s = 0 \qquad (3\text{-}200)$$

由于

$$\nabla \cdot v_s = \frac{\partial}{\partial t}\left(\frac{\partial u}{\partial x} + \frac{\partial v}{\partial y} + \frac{\partial w}{\partial z}\right) = \frac{\partial \varepsilon_v}{\partial t} = \frac{\partial \varepsilon_{ii}}{\partial t} \qquad (3\text{-}201)$$

将(3-201)和 Darcy 定律代入公式(3-200),化简得到

$$\varphi \alpha_f \frac{\partial p}{\partial t} + \frac{\partial \varphi}{\partial t} + \varphi \frac{\partial \varepsilon_v}{\partial t} = \frac{1}{\mu_f}\left[\frac{\partial}{\partial x}\left(k_x \frac{\partial p}{\partial x}\right) + \frac{\partial}{\partial y}\left(k_y \frac{\partial p}{\partial y}\right) + \frac{\partial}{\partial z}\left(k_z \frac{\partial p}{\partial z}\right)\right]$$

$$(3\text{-}202\mathrm{a})$$

当渗透率不随坐标变化时,上式可简化为

$$\varphi \alpha_f \frac{\partial p}{\partial t} + \frac{\partial \varphi}{\partial t} + \varphi \frac{\partial \varepsilon_v}{\partial t} = \frac{1}{\mu_f}\left[k_x \frac{\partial^2 p}{\partial x^2} + k_y \frac{\partial^2 p}{\partial y^2} + k_z \frac{\partial^2 p}{\partial z^2}\right] \quad (3\text{-}202\mathrm{b})$$

用指标符号简写为

$$\varphi \alpha_f \frac{\partial p}{\partial t} + \frac{\partial \varphi}{\partial t} + \varphi \frac{\partial \varepsilon_v}{\partial t} = \frac{k_i}{\mu_f} p_{,ii} \qquad (3\text{-}202\mathrm{c})$$

上式左端项为煤岩体内流体储存量的变化量,右端为流体流入量与流出量之差。此式即为等温条件下煤岩体孔隙流体的质量守恒方程。

(2)煤岩体骨架的质量守恒方程。根据与流体质量方程建立方法和步骤相同的过程,可得到对煤岩体骨架的质量守恒方程为

$$\frac{\partial[\rho_s(1-\varphi)]}{\partial t} + \nabla[\rho_s(1-\varphi)v_s] = 0 \qquad (3\text{-}203\mathrm{a})$$

将上式展开得

$$(1-\varphi)\frac{\partial \rho_s}{\partial t} - \rho_s \frac{\partial \varphi}{\partial t} + [\nabla \rho_s(1-\varphi)]\cdot v_s + \rho_s(1-\varphi)(\nabla \cdot v_s) = 0$$

$$(3\text{-}203\mathrm{b})$$

上式两边除 ρ_s,将式(3-202)代入,并略去高阶小量,有

$$\frac{(1-\varphi)}{\rho_s}\frac{\partial \rho_s}{\partial t} - \frac{\partial \varphi}{\partial t} + (1-\varphi)\frac{\partial \varepsilon_v}{\partial t} = 0 \qquad (3\text{-}204)$$

上式即为等温条件下煤岩体骨架的质量守恒方程。

(3) 煤岩体的质量守恒方程。根据混合物理论,当一个物质系统有多种组分组成时,其总体物质特性方程或参数可表示为由各组分分别建立的方程相叠加。因此,孔隙裂隙煤岩体的连续性方程可通过将等温条件下煤岩体孔隙流体的质量守恒方程与等温条件下煤岩体骨架的质量守恒方程相加得到,即式(3-202c)和式(3-204)相加得到

$$\frac{k_i}{\mu_f} p_{,ii} = \varphi \alpha_f \frac{\partial p}{\partial t} + \frac{(1-\varphi)}{\rho_s} \frac{\partial \rho_s}{\partial t} + \frac{\partial \varepsilon_v}{\partial t} \qquad (3-205)$$

由式(3-184)有

$$\frac{\partial \rho_s}{\partial t} = \alpha_s \rho_s \frac{\partial p}{\partial t} - \frac{K \rho_s}{K_s(1-\varphi)} \frac{\partial \varepsilon_v}{\partial t} \qquad (3-206)$$

将上式代入(3-205)化简得

$$\frac{k_i}{\mu_f} p_{,ii} = \left[\varphi \alpha_f + (1-\varphi)\alpha_s \right] \frac{\partial p}{\partial t} + \left(1 - \frac{K}{K_s} \right) \frac{\partial \varepsilon_v}{\partial t} \qquad (3-207a)$$

即

$$\frac{k_i}{\mu_f} p_{,ii} = \left[\frac{\varphi}{K_f} + \frac{(1-\varphi)}{K_s} \right] \frac{\partial p}{\partial t} + \left(1 - \frac{K}{K_s} \right) \frac{\partial \varepsilon_v}{\partial t} \qquad (3-207b)$$

或写为

$$\frac{k_i}{\mu_f} p_{,ii} = \alpha_m \frac{\partial p}{\partial t} + \alpha \frac{\partial \varepsilon_{ii}}{\partial t} \quad 或 \quad \frac{k_i}{\mu_f} p_{,ii} = \alpha_m \dot{p} + \alpha \dot{\varepsilon}_{ii} \qquad (3-207c)$$

当有内部或外部的流体源时,上式变为

$$\frac{k_i}{\mu_f} p_{,ii} = \alpha_m \dot{p} + \alpha \dot{\varepsilon}_{ii} + Q_f \qquad (3-207d)$$

式中

$$\alpha_m = \varphi \alpha_f + (1-\varphi)\alpha_s = \frac{\varphi}{K_f} + \frac{(1-\varphi)}{K_s} \alpha = 1 - \frac{K}{K_s} \qquad (3-208)$$

2. 空间离散

将连续性方程(3-207d)写成矩阵形式

$$\{M\}^{\mathrm{T}}[\partial][k][\partial]^{\mathrm{T}}\{M\}p = \alpha \{M\}^{\mathrm{T}}[\partial]\{\dot{f}\} + \alpha_m \dot{p} + Q_f \qquad (3-209)$$

对上式求解的边界条件有两类

(1) 水压(或流势)边界条件:某边界上水压或水头已知。对于排水边界,其上水压为零,则该边界条件为

$$p = 0 \qquad (3\text{-}210)$$

(2) 流速(或流量)边界条件:常见的不排水边界,其上法向流速 $v_n = 0$,则该边界条件为

$$lv_x + mv_y + nv_z = 0 \qquad (3\text{-}211\text{a})$$

代入 Darcy 定律公式可得到

$$-\frac{k_x}{\mu_f}l\frac{\partial p}{\partial x} - \frac{k_y}{\mu_f}m\frac{\partial p}{\partial y} - \frac{k_z}{\mu_f}n\frac{\partial p}{\partial z} = v_n \qquad (3\text{-}211\text{b})$$

式中,v_n 为边界流体源矢量。写成矩阵形式:

$$[\bar{L}]^{\mathrm{T}}\{v\} = v_n \qquad (3\text{-}211\text{c})$$

式中,$[\bar{L}]^{\mathrm{T}} = \{l \quad m \quad n\}$ 为方向余弦。

代入 Darcy 定律公式得

$$-[\bar{L}]^{\mathrm{T}}[k][\partial]^{\mathrm{T}}\{M\}p = v_n \qquad (3\text{-}211\text{d})$$

其中

$$[k] = \frac{1}{\mu_f}\begin{bmatrix} k_x & 0 & 0 \\ 0 & k_y & 0 \\ 0 & 0 & k_z \end{bmatrix} \qquad (各向同性渗透系数矩阵 k_x = k_y = k_z)$$

$$(3\text{-}211\text{e})$$

利用伽辽金(Galerkin)法,与平衡方程类似过程,可得到消除连续性方程在单元内部的残值方程为

$$\int_{\Omega}[\bar{N}]^{\mathrm{T}}(\{M\}^{\mathrm{T}}[\partial][k][\partial]^{\mathrm{T}}\{M\}\tilde{p} - \alpha\{M\}^{\mathrm{T}}[\partial]\{\dot{\tilde{f}}\} - \alpha_m\dot{\tilde{p}} - Q_f)\mathrm{d}\Omega = 0$$

$$(3\text{-}212)$$

由分部积分上式变为

$$\begin{aligned} &-\int_{\Omega}[\bar{B}]^{\mathrm{T}}[k][\partial]^{\mathrm{T}}\{M\}\tilde{p}\,\mathrm{d}\Omega + \int_{s}[\bar{N}]^{\mathrm{T}}[\bar{L}]^{\mathrm{T}}[k][\partial]^{\mathrm{T}}\{M\}\tilde{p}\,\mathrm{d}s \\ &-\int_{\Omega}[\bar{N}]^{\mathrm{T}}(\alpha\{M\}^{\mathrm{T}}[\partial][N]\{\dot{\delta}\}^e + \alpha_m[\bar{N}]\{\dot{p}\}^e + Q_f)\mathrm{d}\Omega = 0 \end{aligned} \qquad (3\text{-}213)$$

式中

$$[\bar{B}] = [\partial]^{\mathrm{T}}\{M\}[\bar{N}] \tag{3-214a}$$

即

$$[\bar{B}] = \left[\frac{\partial}{\partial x}\quad\frac{\partial}{\partial y}\quad\frac{\partial}{\partial z}\right]^{\mathrm{T}}[\bar{N}] \tag{3-214b}$$

由流速(或流量)边界条件,利用伽辽金(Galerkin)法,消除该单元边界残值的方程为

$$\int_s [\bar{N}]^{\mathrm{T}}(-[\bar{L}]^{\mathrm{T}}[k][\partial]^{\mathrm{T}}\{M\}\tilde{p} - v_n)\mathrm{d}s = 0$$

即

$$\int_s [\bar{N}]^{\mathrm{T}}([\bar{L}]^{\mathrm{T}}[k][\partial]^{\mathrm{T}}\{M\}\tilde{p})\mathrm{d}s = -\int_s [\bar{N}]^{\mathrm{T}}\boldsymbol{v}_n\mathrm{d}s \tag{3-215}$$

化简可以得到

$$-\int_\Omega [\bar{B}]^{\mathrm{T}}[k][\bar{B}]\mathrm{d}\Omega\,\{p\}^e - \int_s [\bar{N}]^{\mathrm{T}}\boldsymbol{v}_n\mathrm{d}s - \alpha\int_\Omega [\bar{N}]^{\mathrm{T}}\{M\}^{\mathrm{T}}[B]\mathrm{d}\Omega\,\{\dot{\delta}\}^e$$

$$-\alpha_m\int_\Omega [\bar{N}]^{\mathrm{T}}[\bar{N}]\mathrm{d}\Omega\,\{\dot{p}\}^e - \int_\Omega [\bar{N}]^{\mathrm{T}}Q_f\mathrm{d}\Omega = 0 \tag{3-216}$$

将上式简写为

$$[k_{up}]^{\mathrm{T}}\{\dot{\delta}\}^e + [k_p]\{\dot{p}\}^e + [k_{pp}]\{p\}^e = \{R_p\}^e \tag{3-217}$$

上式中

$$[k_p] = -\alpha_m\int_\Omega [\bar{N}]^{\mathrm{T}}[\bar{N}]\mathrm{d}\Omega$$

$$[k_{pp}] = -\int_\Omega [\bar{B}]^{\mathrm{T}}[k][\bar{B}]\mathrm{d}\Omega \tag{3-218}$$

$$\{R_p\}^e = \int_s [\bar{N}]^{\mathrm{T}}\boldsymbol{v}_n\mathrm{d}s + \int_\Omega [\bar{N}]^{\mathrm{T}}Q_f\mathrm{d}\Omega$$

3. 时间离散

由于连续性方程中含有对时间的导数项,故与平衡方程一样,设 t_n 到 t_{n+1} 时刻单元结点的位移、水压及其增量同前所叙述。采用时间积分的一般格式

$$\int_{t_n}^{t_{n+1}} \{p\}^e \mathrm{d}t \approx \Delta t_n [\theta \{p\}_{n+1}^e + (1-\theta) \{p\}_n^e] = \Delta t_n (\{p\}_n^e + \theta \{\Delta p\}^e)$$

$$(3\text{-}219)$$

对公式(3-207)两边从 t_n 到 t_{n+1} 积分,简化后得

$$[k_{up}]^{\mathrm{T}} \{\Delta\delta\}^e + ([k_p] + \theta\Delta t[k_{pp}]) \{\Delta p\}^e = \Delta t (\{R_p\}^e + \theta \{R_p\}^e - [k_{pp}] \{p\}_n^e)$$

$$(3\text{-}220)$$

式中, θ 为时间积分因子,其值域为 $0 \sim 1$。

对所有单元形成整体连续性方程为

$$[K_{up}]^{\mathrm{T}} \{\Delta U\} + [K_{pp}] \{\Delta P\} = \{\Delta R_p\} \qquad (3\text{-}221)$$

式中

$$[K_{pp}] = \sum ([k_p] + \theta\Delta t[k_{pp}]) \qquad (3\text{-}222)$$

$$\{\Delta R_p\} = \sum \Delta t (\{R_p\}^e + \theta \{\Delta R_p\}^e - [k_{pp}] \{p\}_n^e) \qquad (3\text{-}223)$$

对于不排水边界, $v_n = 0$,且无内部及外部的流体源,即 $Q_f = 0$,则 $\{R_p\}^e = 0$。

煤岩体在开挖卸载作用下,将使原有裂隙产生次生损伤,其作用除了降低煤岩体整体强度外,还将增大其渗透性,产生更大的渗透压力,同时随着煤岩体渗透压的增大,又将进一步导致煤岩体的开裂与扩展,加剧了煤岩体的损伤演化,出现渗透损伤。这种渗流与煤岩体损伤的作用是互相耦合的,这种耦合效应对于岩土工程,特别是充水煤岩边坡工程而言,是造成失稳的重要因素。从煤岩体结构出发,提出了基于煤岩体渗流-损伤耦合的数学模型,分别得出结果如下:

(1) 在对煤岩体裂隙几何特性分析的基础上,讨论了单一裂隙煤岩体和多裂隙煤岩体的水力学特性,为煤岩体充水损伤的力学分析奠定了基础;进一步地,剖析了煤岩体渗透系数与应力状态的关系,探讨了应力与渗流的耦合机理。

(2) 对压差式充水、自吸式充水和土的增湿损伤机理进行了分析,得到了演化弱层黄土的增湿损伤条件。

(3) 引入基于弹性模量的损伤度的概念,在 FEPG 现有计算模块的基础上,开发煤岩体渗流-损伤耦合计算程序(扩展 FEPG 模型),模拟岩石的损伤过程,应用损伤程序计算可为预测、预报系统的失稳现象提供理论依据。

(4) 根据煤岩体渗流特性,研究渗流-应力场共同作用下煤岩体的损伤变形,推导煤岩体的立体损伤演化方程,建立了渗流-应力场共同作用下煤岩体渗流-损伤耦合的本构模型。

(5) 在建立孔隙-煤岩体介质的流固耦合模型的基础上,提出基于压剪型裂隙

煤岩体和张开型裂隙煤岩体的渗流-损伤耦合的数学模型。

（6）用微分方程描述方法，建立了岩石全程应力应变过程中的非线性蠕变损伤模型，分析了岩石的蠕变损伤过程和对应阶段的稳定性，讨论了蠕变损伤过程中模型参数的变化规律及其对应的稳定性；在不同的应力水平下，对应不同的蠕变损伤过程。第Ⅰ阶段蠕变对应系统状态是稳定的；第Ⅱ阶段蠕变对应的系统状态是随遇平衡，第Ⅲ阶段蠕变对应系统状态是非稳定的，在外界扰动下会失稳。

（7）在小变形耦合作用情况下，结合弹塑性平衡方程得到流变分析的平衡微分方程：

$$[K_{uu}]\{\Delta U\} + [K_{up}]\{\Delta P\} = \{\Delta R_u\}$$

（8）在建立煤岩体流变-渗流耦合分析的连续性方程时，分别建立煤岩体由煤岩体骨架和流体两种组分的控制方程，然后考虑它们在煤岩体中所占据的体积将单相控制方程叠加。根据煤岩体骨架和流体的质量守恒定律，流体运动方程及物性状态方程建立起流变分析的连续性方程。连续性方程的有限元分析格式通过对连续性方程在空间和时间域的离散而获得：

$$[K_{up}]^{\mathrm{T}}\{\Delta U\} + [K_{pp}]\{\Delta P\} = \{\Delta R_p\}$$

第4章　煤岩体渗流-蠕变-损伤的数值研究

　　长时间大面积露天开采,致使在漫长的地质年代中形成的原始地层结构遭到严重破坏和调整,开挖的卸荷作用使得岩体结构弱化。由于垂直边坡方向围压的消失,即处于临空面的边坡体所受到的支撑消失,指向临空面的应力和位移增大。矿坑内大小断层、褶皱、弱层等地质构造也随着采矿工作的深入逐渐被揭露出来,在外界因素的作用下进一步得到弱化和活化。采矿活动同时也改变了地表水径流条件和地下水系,由于水的作用,使得原本就弱化了的边坡系统趋于不稳定。特别是特殊地质条件下的充水边坡,由于渗流-损伤耦合作用,在外界因素的扰动下极易发生滑坡等灾害性事故。在传统的研究中,往往根据现场边坡变形情况采取相应的局部处理措施,然而充水煤岩边坡渗流-损伤耦合作用所致的边坡变形失稳过程是极其复杂的问题,现场的局部处理措施往往不能从根本上解决问题,既不能有效控制灾害的发生,同时又造成巨大的浪费。

　　煤岩体是一种地质结构体,它具有非均质、非连续、非线性以及复杂的加载条件和边界条件,而对于煤岩又具有流变特性,蠕变-渗流耦合,相互作用相互影响,同时具有非线性特点,使得岩土工程问题通常无法用解析方法简单地求解和解耦;因此,有限元数值方法具有较广泛的适用性,它不仅能模拟煤岩体复杂力学与结构特性,也可很方便地分析各种边值问题和施工过程,并对工程进行预测和预报。因此,煤岩体流变力学行为的有限元数值模拟方法是解决煤岩体工程流变问题的有效工具之一。

　　本章在充水煤岩体边坡渗流-损伤耦合理论研究的基础上进行有限元程序设计,开发了渗流-损伤耦合模块,对充水煤岩边坡变形破坏过程进行模拟,探讨煤岩边坡渗流-损伤变形机制,对流固耦合产生损伤以及渗流场消散情况进行判定,并建立了渗流-损伤耦合有限元判据。根据建立的流变-渗流耦合分析的有限元平衡方程和连续方程,联立求得相应的直接耦合总体控制方程,据此给出煤岩体应力场与渗流场耦合作用下的流变有限元分析格式;进行渗流-蠕变有限元程序设计。从而实现充水煤岩边坡的渗流-蠕变-损伤耦合条件下边坡工程长期稳定性分析和评价。

4.1　有限元法基本方程

4.1.1　基本原理

有限元法是将煤岩体对象用一种由多个彼此相联系的单元体所组成的近似等价物理模型来代替。通过煤岩体结构及连续介质力学的基本原理及单元的物理特性建立起表征力和位移关系的方程组。解方程组求其基本未知物理量,并由此得各单元的应力、应变以及其他辅助物理量。本节以节点位移作为未知量,采用位移型有限单元法列基本方程。

(1) 对任意空间问题,单元节点位移列阵 $\{\delta\}^e$ 可表示为

$$\{\delta\}^e = \begin{bmatrix} u_1 & v_1 & w_1 & u_2 & v_2 & w_2 & \cdots & \cdots & \cdots & u_m & v_m & w_m \end{bmatrix}^T \quad (4\text{-}1)$$

式中:u_i、v_i、w_i 表示单元 e 第 i 节点沿 x、y、z 方向的三个位移分量;m 表示单元节点数。

(2) 单元内任意点的位移向量可表示为

$$\{u\} = \begin{Bmatrix} u(x,y) \\ v(x,y) \\ w(x,y) \end{Bmatrix} = [N]\{\delta\}^e \quad (4\text{-}2)$$

式中,$[N]$ 为插值函数矩阵;

(3) 根据几何关系,单元应变为

$$\{\varepsilon\} = [B](\delta)^e \quad (4\text{-}3)$$

式中,$[B]$ 称为单元应变矩阵即几何矩阵,可写为

$$[B] = \begin{bmatrix} B_1 & B_2 & \cdots & B_m \end{bmatrix} \quad (4\text{-}4)$$

(4) 由物理方程,可得单元应力为

$$\{\sigma\} = [D]\{\varepsilon\} = [D][B](\delta)^e \quad (4\text{-}5)$$

式中,$\{\sigma\}$ 为应力列阵,$[D]$ 为弹性矩阵。

(5) 设物理(煤岩体或结构物)发生虚位移,单元节点的虚位移为 $\{\delta^*\}$,相应的虚应变为 $\{\varepsilon^*\}$,则根据虚功原理有

$$\iiint_v \{\delta^*\}^T [N]^T \{f\} dV + \iint_A \{\delta^*\}^T [N]^T \{\bar{f}\} dA = \iiint_v \{\varepsilon^*\}^T \{\sigma\} dV \quad (4\text{-}6)$$

式中,V 是单元体积;A 是单元的面力作用面积;左边第一项积分是体力 $\{f\}$ 在虚

位移上所做的虚功,第二项积分是面力$\{\bar{f}\}$在虚位移上所做的虚功。

上式化简可得

$$\{\delta^*\}^{\mathrm{T}}\{F\}^e = \{\delta^*\}^{\mathrm{T}}\left(\iiint_v [B]^{\mathrm{T}}[D][B]\mathrm{d}V\right)(\delta)^e = \{\delta^*\}^{\mathrm{T}}[k]^e(\delta)^e \quad (4\text{-}7)$$

式中,$\{F\}^e$、$[k]^e$ 分别为单元的载荷列阵和单元刚度矩阵。

由于 $\{\delta^*\}$ 的任意性,所以可写成

$$\{F\}^e = [k]^e(\delta)^e \quad (4\text{-}8)$$

(6)设物理被剖分成 n 个单元,则物体的总应变能等于各单元应变能之和,总外力虚功应等于单元外力虚功之和。根据虚功方程

$$\sum_e (\{\delta^*\}^{\mathrm{T}}\{F\}^e) = \sum_e (\{\delta^*\}^{\mathrm{T}}\{k\}^e(\delta)^e) \quad (4\text{-}9)$$

上式可整理得总体刚度方程为

$$[K]\{U\} = \{R\} \quad (4\text{-}10)$$

式中,$\{U\} = [u_1 \quad v_1 \quad w_1 \quad u_2 \quad v_2 \quad w_2 \quad \cdots \quad \cdots \quad \cdots \quad u_m \quad v_m \quad w_m]^{\mathrm{T}}$,称为总体位移列阵,$m$ 为节点总数;$[K]$ 称为总体刚度矩阵,由各单元的单刚矩阵$[k]$组集而成;$\{R\}$ 称为总体载荷列阵,由各单元的单元载荷列阵组集而成。

对总体刚度方程,引入边界约束条件对总体刚度方程进行修正后,求解得到总体位移列阵,然后由几何方程和本构方程计算各单元的应变和应力分量。

4.1.2　渗流分析基本方程

针对 3.3 给出的充水煤岩体渗流分析数学模型,建立有限元法基本公式。

采用里兹法,一渗流定解问题对应于一泛函极值问题,求泛函极值时所得的极值曲线或极值曲面就是渗流问题的解曲线或解曲面。

1. 三角形单元基函数

任取一个三角形单元 e,单元三结点在 x,z 平面上按逆时针方向编号为 i、j、m,相应的坐标为(x_i,z_i)、(x_j,z_j)、(x_m,z_m),水头函数在三结点的值为 H_i、H_j、H_m,单元内部的值用线性插值近似求得。设 H 在以 i,j,m 为顶点的三角形内的线性插值函数

$$H(x,z) = \alpha_1 + \alpha_2 x + \alpha_3 z \quad (4\text{-}11)$$

式中,x,z 为该平面上任一点 P 的坐标;$H(x,z)$ 为该平面上任一点 P 的高度,也就是 P 点的水头;$\alpha_1,\alpha_2,\alpha_3$ 为待求系数。

$$H_i = \alpha_1 + \alpha_2 x_i + \alpha_3 z_i$$

则有：$H_j = \alpha_1 + \alpha_2 x_j + \alpha_3 z_j$

$$H_m = \alpha_1 + \alpha_2 x_m + \alpha_3 z_m$$

$$a_i = x_j z_m - x_m z_j \quad a_j = x_m z_i - x_i z_m \quad a_m = x_i z_j - x_j z_i$$

令：$b_i = z_j - z_m \qquad b_j = z_m - z_i \qquad b_m = z_i - z_j$

$$c_i = x_m - x_j \qquad c_j = x_i - x_m \qquad c_m = x_j - x_i$$

并用 Δ 表示三角形的面积，即

$$\Delta = \frac{1}{2}\begin{vmatrix} 1 & x_i & z_i \\ 1 & x_j & z_j \\ 1 & x_m & z_m \end{vmatrix} = \frac{1}{2}(a_i + a_j + a_m)$$

解上述方程组得

$$\alpha_1 = \frac{1}{2\Delta}\begin{vmatrix} H_i & x_i & z_i \\ H_j & x_j & z_j \\ H_m & x_m & z_m \end{vmatrix} = \frac{1}{2\Delta}(a_i H_i + a_j H_j + a_m H_m)$$

$$\alpha_2 = \frac{1}{2\Delta}\begin{vmatrix} 1 & H_i & z_i \\ 1 & H_j & z_j \\ 1 & H_m & z_m \end{vmatrix} = \frac{1}{2\Delta}(b_i H_i + b_j H_j + b_m H_m)$$

$$\alpha_3 = \frac{1}{2\Delta}\begin{vmatrix} 1 & x_i & H_i \\ 1 & x_j & H_j \\ 1 & x_m & H_m \end{vmatrix} = \frac{1}{2\Delta}(c_i H_i + c_j H_j + c_m H_m)$$

将上式代入式(4-11)得单元 e 上的水头表达式为：

$$\begin{aligned}
H(x,z) &= \frac{1}{2\Delta}\big[(a_i H_i + a_j H_j + a_m H_m) + (b_i H_i + b_j H_j + b_m H_m)x \\
&\quad + (c_i H_i + c_j H_j + c_m H_m)z\big] \\
&= \frac{1}{2\Delta}\big[(a_i + b_i x + c_i z)H_i + a_j + b_j x + c_j z)H_j + (a_m + b_m x + c_m z)H_m\big]
\end{aligned}$$

$$(4\text{-}12)$$

$$\begin{cases}
N_i(x,z) = \dfrac{1}{2\Delta}(a_i + b_ix + c_iz) = \dfrac{1}{2\Delta}\begin{vmatrix} 1 & x & z \\ 1 & x_j & z_j \\ 1 & x_m & z_m \end{vmatrix} \\[4mm]
N_j(x,z) = \dfrac{1}{2\Delta}(a_j + b_jx + c_jz) = \dfrac{1}{2\Delta}\begin{vmatrix} 1 & x & z \\ 1 & x_m & z_m \\ 1 & x_i & z_i \end{vmatrix} \\[4mm]
N_m(x,z) = \dfrac{1}{2\Delta}(a_m + b_mx + c_mz) = \dfrac{1}{2\Delta}\begin{vmatrix} 1 & x & z \\ 1 & x_i & z_i \\ 1 & x_j & z_j \end{vmatrix}
\end{cases} \tag{4-13}$$

式(4-12)就是以结点水头 H_i、H_j、H_m 为系数的三角形单元的插值函数表达式,即单元自变函数簇,N_i、N_j、N_m 就是三角形单元插值函数的基函数,也称形函数。

以三角形单元三结点水头值 H_i、H_j、H_m 为基础的线性插值函数用矩阵形式表示为

$$H(x,z) = \begin{bmatrix} N_i & N_j & N_m \end{bmatrix} \begin{Bmatrix} H_i \\ H_j \\ H_m \end{Bmatrix}$$

则:

$$\frac{\partial H}{\partial x} = H_i\frac{\partial N_i}{\partial x} + H_j\frac{\partial N_j}{\partial x} + H_m\frac{\partial N_m}{\partial x}$$

而

$$\frac{\partial N_i}{\partial x} = \frac{\partial}{\partial x}\left(\frac{a_i + b_ix + c_iz}{2\Delta}\right) = \frac{b_i}{2\Delta}, \frac{\partial N_j}{\partial x} = \frac{b_j}{2\Delta}, \frac{\partial N_m}{\partial x} = \frac{b_m}{2\Delta}$$

则

$$\frac{\partial H}{\partial x} = \frac{1}{2\Delta}(b_iH_i + b_jH_j + b_mH_m) \tag{4-14}$$

同理有

$$\frac{\partial H}{\partial z} = \frac{1}{2\Delta}(c_iH_i + c_jH_j + c_mH_m) \tag{4-15}$$

$$\frac{\partial H}{\partial t} = N_i\frac{\partial H_i}{\partial t} + N_j\frac{\partial H_j}{\partial t} + N_m\frac{\partial H_m}{\partial t}$$

2. 泛函极值方程

总体方程对应的泛函数为

$$I(H) = \iint_D \left\{ \frac{1}{2} \left[K_x \left(\frac{\partial H}{\partial x} \right)^2 + K_z \left(\frac{\partial H}{\partial z} \right)^2 \right] S_s H \frac{\partial H}{\partial t} \right\} \mathrm{d}x\mathrm{d}z + \int_{\Gamma_2} qH\mathrm{d}\Gamma$$

(4-16)

将渗流场划分成有限个三角形单元,并设 M 为单元个数;n 为结点总数;l 为序号$(l=1,2,\cdots,n)$。

根据泛函概念,设整个渗流场的自变函数簇为

$$H(x,z) = \sum_{e=1}^{n} H_e N_e(x,z)$$

总体泛函可以表示为单元泛函之和,即

$$I[H(x,z)] = \sum_{e=1}^{M} I^e[H(x,z)]$$

而单元的水头函数簇为

$$H(x,z) = H_i N_i + H_j N_j + H_m N_m$$

总体泛函求极值时可写成如下的泛函极值方程:

$$\frac{\partial I[H(x,z)]}{\partial H_l} = \sum_{e=1}^{M} \frac{\partial I^e[H(x,z)]}{\partial H_l} = 0$$

3. 建立单元方程

以 I^e 表示单元 e 上的泛函,即

$$I_e = \iint_e \left\{ \frac{1}{2} \left[K_x \left(\frac{\partial H}{\partial x} \right)^2 + K_z \left(\frac{\partial H}{\partial z} \right)^2 \right] + S_s H \frac{\partial H}{\partial t} \right\} \mathrm{d}x\mathrm{d}z + \int_{\Gamma_2} qH\mathrm{d}\Gamma = I_1^e + I_2^e + I_3^e$$

(4-17)

下面依次求上式中各项的导数及其极小值。首先第一项 I_1^e 对单元三个结点水头 H_i、H_j、H_m 求导数,有

$$\frac{\partial I_1^e}{\partial H_i} = \frac{\partial}{\partial H_i} \iint_e \frac{1}{2} \left[K_x \left(\frac{\partial H}{\partial x} \right)^2 + K_z \left(\frac{\partial H}{\partial z} \right)^2 \right] \mathrm{d}x\mathrm{d}z$$

$$= \frac{1}{2} \iint_e \left[K_x \frac{\partial}{\partial H_i} \left(\frac{\partial H}{\partial x} \right)^2 + K_z \frac{\partial}{\partial H_i} \left(\frac{\partial H}{\partial z} \right)^2 \right] \mathrm{d}x\mathrm{d}z$$

将式(4-13)、式(4-14)代入上式得

$$\frac{\partial I_1^e}{\partial H_i} = \frac{1}{2}\iint_e \Big[K_x \frac{\partial}{\partial H_i}\Big(\frac{b_i H_i + b_j H_j + b_m H_m}{2\Delta}\Big)^2 + K_z \frac{\partial}{\partial H_i}\Big(\frac{c_i H_i + c_j H_j + c_m H_m}{2\Delta}\Big)^2 \Big]\mathrm{d}x\mathrm{d}z$$

$$= \frac{1}{4\Delta^2}\big[K_x(b_i H_i + b_j H_j + b_m H_m)b_i + K_z(c_i H_i + c_j H_j + c_m H_m)c_i \big]\iint_e \mathrm{d}x\mathrm{d}z$$

$$= \frac{1}{4\Delta}\big[(k_x b_i b_i + k_z c_i c_i)H_i + (k_x b_i b_j + k_z c_i c_j)H_j + (k_x b_i b_m + k_z c_i c_m)H_m \big]$$

同理有

$$\frac{\partial I_1^e}{\partial H_j} = \frac{1}{4\Delta}\big[(k_x b_j b_i + k_z c_j c_i)H_i + (k_x b_j b_j + k_z c_j c_j)H_j + (k_x b_j b_m + k_z c_j c_m)H_m \big]$$

$$\frac{\partial I_1^e}{\partial H_m} = \frac{1}{4\Delta}\big[(k_x b_m b_i + k_z c_m c_i)H_i + (k_x b_m b_j + k_z c_m c_j)H_j + (k_x b_m b_m + k_z c_m c_m)H_m \big]$$

以矩阵表示则为

$$\left\{\begin{array}{c}\frac{\partial I_1^e}{\partial H_i}\\[4pt]\frac{\partial I_1^e}{\partial H_j}\\[4pt]\frac{\partial I_1^e}{\partial H_m}\end{array}\right\} = \left[\frac{K_x}{4\Delta}\begin{bmatrix}b_i b_i & b_i b_j & b_i b_m\\ b_j b_i & b_j b_j & b_j b_m\\ b_m b_i & b_m b_j & b_m b_m\end{bmatrix} + \frac{K_z}{4\Delta}\begin{bmatrix}c_i c_i & c_i c_j & c_i c_m\\ c_j c_i & c_j c_j & c_j c_m\\ c_m c_i & c_m c_j & c_m c_m\end{bmatrix}\right]\left\{\begin{array}{c}H_i\\ H_j\\ H_m\end{array}\right\} = [K^e]\{H\}^e$$

同样第二项 $I_2^e = \iint_e S_s H \frac{\partial H}{\partial t}\mathrm{d}x\mathrm{d}z$ 对单元三个结点求导数,有

$$\frac{\partial I_2^e}{\partial H_i} = S_s\iint_e \frac{\partial}{\partial H_i}(N_i H_i + N_j H_j + N_m H_m)\Big(N_i \frac{\partial H_i}{\partial t} + N_j \frac{\partial H_j}{\partial t} + N_m \frac{\partial H_m}{\partial t}\Big)\mathrm{d}x\mathrm{d}z$$

$$= S_s\iint_e \Big(N_i \frac{\partial H_i}{\partial t} + N_j \frac{\partial H_j}{\partial t} + N_m \frac{\partial H_m}{\partial t}\Big)N_i\mathrm{d}x\mathrm{d}z$$

$$= S_s\iint_e \Big(N_i^2 \frac{\partial H_i}{\partial t} + N_i N_j \frac{\partial H_j}{\partial t} + N_i N_m \frac{\partial H_m}{\partial t}\Big)\mathrm{d}x\mathrm{d}z$$

引用数学公式: $\iint N_i N_j \mathrm{d}x\mathrm{d}z = \begin{cases}\dfrac{\Delta}{6} & i = j\\[6pt]\dfrac{\Delta}{12} & i \neq j\end{cases}$

得

$$\frac{\partial I_2^e}{\partial H} = S_s\Big(\frac{\Delta}{6}\frac{\partial H_i}{\partial t} + \frac{\Delta}{12}\frac{\partial H_j}{\partial t} + \frac{\Delta}{12}\frac{\partial H_m}{\partial t}\Big)$$

同理可得

$$\frac{\partial I_2^e}{\partial H_j} = S_s\left(\frac{\Delta}{12}\frac{\partial H_i}{\partial t} + \frac{\Delta}{6}\frac{\partial H_j}{\partial t} + \frac{\Delta}{12}\frac{\partial H_m}{\partial t}\right)$$

$$\frac{\partial I_2^e}{\partial H_m} = S_s\left(\frac{\Delta}{12}\frac{\partial H_i}{\partial t} + \frac{\Delta}{12}\frac{\partial H_j}{\partial t} + \frac{\Delta}{6}\frac{\partial H_m}{\partial t}\right)$$

用矩阵表示则为

$$\begin{Bmatrix} \dfrac{\partial I_2^e}{\partial H_i} \\[2mm] \dfrac{\partial I_2^e}{\partial H_j} \\[2mm] \dfrac{\partial I_2^e}{\partial H_m} \end{Bmatrix} = \frac{\Delta}{12}\begin{bmatrix} 2 & 1 & 1 \\ 1 & 2 & 1 \\ 1 & 1 & 2 \end{bmatrix}\begin{Bmatrix} \dfrac{\partial H_i}{\partial t} \\[2mm] \dfrac{\partial H_j}{\partial t} \\[2mm] \dfrac{\partial H_m}{\partial t} \end{Bmatrix} = [S]^e\left\{\frac{\partial H}{\partial t}\right\}^e$$

对第三项积分有

$$I_3^e = \int_{\Gamma_2} qH\,\mathrm{d}\Gamma = \int_{\Gamma_2} \mu H\,\frac{\partial H}{\partial t}\cos\theta\,\mathrm{d}\Gamma = \int_{x_m}^{x_j} \mu H\,\frac{\partial H}{\partial t}\,\mathrm{d}x$$

$$= \frac{\mu}{6}(x_j - x_m)\left[\left(2\frac{\partial H_m}{\partial t} + \frac{\partial H_j}{\partial t}\right)H_m + \left(2\frac{\partial H_i}{\partial t} + \frac{\partial H_m}{\partial t}\right)H_j\right]$$

则

$$\frac{\partial I_3^e}{\partial H_j} = \frac{\mu(x_j - x_m)}{6}\left(2\frac{\partial H_j}{\partial t} + \frac{\partial H_m}{\partial t}\right),\ \frac{\partial I_3^e}{\partial H_m} = \frac{\mu(x_j - x_m)}{6}\left(2\frac{\partial H_m}{\partial t} + \frac{\partial H_j}{\partial t}\right)$$

用矩阵表示为

$$\begin{Bmatrix} \dfrac{\partial I_3^e}{\partial H_i} \\[2mm] \dfrac{\partial I_3^e}{\partial H_j} \\[2mm] \dfrac{\partial I_3^e}{\partial H_m} \end{Bmatrix} = \frac{\mu(x_j - x_m)}{6}\begin{bmatrix} 0 & 0 & 0 \\ 0 & 2 & 1 \\ 0 & 1 & 2 \end{bmatrix}\begin{Bmatrix} \dfrac{\partial H_i}{\partial t} \\[2mm] \dfrac{\partial H_j}{\partial t} \\[2mm] \dfrac{\partial H_m}{\partial t} \end{Bmatrix} = [P]^e\left\{\frac{\partial H}{\partial t}\right\}^e$$

这样,对任意单元 e 有

$$\left\{\frac{\partial I}{\partial H}\right\}^e = [K]^e\{H\}^e + [S]^e\left\{\frac{\partial H}{\partial t}\right\}^e + [P]^e\left\{\frac{\partial H}{\partial t}\right\}^e \tag{4-18}$$

对所有单元的泛函求得微分后叠加,并使其等于零(求极小值)就得到泛函对结点水头进行微分的方程组:

$$\frac{\partial I}{\partial H_l} = \sum_{e=1}^{M} \frac{\partial I^e}{\partial H_l} = 0 \quad l = 1,2,\cdots,n$$

总体方程写成矩阵形式为：

$$[K]\{H\} + [S]\left\{\frac{\partial H}{\partial t}\right\} + [P]\left\{\frac{\partial H}{\partial t}\right\} = \{\Phi\} \tag{4-19}$$

式中，$\{F\}$ 是已知的常数项，由已知水头结点得出。

对于时间项取隐式有限差分，则上式变为

$$\left([K] + \frac{1}{\Delta t}[S]\right)\{H\}_{t+\Delta t} + \frac{1}{\Delta t}[P]\{H\}_{t+\Delta t} - \frac{1}{\Delta t}[S]\{H\}_t - \frac{1}{\Delta t}[P]\{H\}_t = \{F\}$$

上式就是要求解的线性代数方程组。式中总系数矩阵和常数列向量中的元素都是对各单元求和，即

$$K_{ij} = \sum_{E=1}^{M} k_{ij}^e \quad S_{ij} = \sum_{E=1}^{M} S_{ij}^e \quad P_{ij} = \sum_{E=1}^{k} p_{ij}^e \quad F_i = \sum_{E=1}^{M} f_i^e$$

式中，K_{ij}、S_{ij}、P_{ij} 为总系数矩阵中第 i 行第 j 列元素；k_{ij}^e、S_{ij}^e、p_{ij}^e 为各单元相应的第 i 行第 j 列元素；M 为划分的三角形单元数；k 为流量补给边界面上的单元数。

4.1.3　黏弹塑性分析基本方程

弹性问题的有限元分析基本方程与黏弹性、黏弹塑性问题，在小变形条件下的最大区别在于本构方程的不同，其平衡微分方程、几何方程及边界条件均是相同的。因此，只要在线弹性问题的有限元分析基本方程中引入煤岩体黏弹塑性本构方程，就可以方便地建立流变问题的有限元基本方程。考虑到在实际岩土工程中，施工条件及加载方式复杂多样，无法采用全量有限元法进行求解。因此，模拟分析岩土工程各种问题的理想途径是采用增量有限元法，对应的各类问题的基本方程也均采用增量形式表示。

1. 本构模型

由弹性全量理论，在任意一足够小的 Δt_n 时段内应力增量可写为

$$\{\Delta\sigma\}_n = [D]\{\Delta\varepsilon^e\}_n \tag{4-20}$$

式中，$\{\Delta\sigma\}_n$ 为 Δt_n 时段内的应力增量；$\{\Delta\varepsilon^e\}_n$ 为 Δt_n 时段内弹性应变增量。

对于黏弹塑性煤岩体，由流变理论有

$$\{\Delta\varepsilon^e\}_n = \{\Delta\varepsilon\}_n - \{\Delta\varepsilon^{ve}\}_n - \{\Delta\varepsilon^{vp}\}_n \tag{4-21}$$

式中，$\{\Delta\varepsilon^{ve}\}_n$ 为煤岩体 Δt_n 时段内黏弹性应变增量；$\{\Delta\varepsilon^{vp}\}_n$ 为煤岩体 Δt_n 时段内

黏塑性应变增量；$\{\Delta\varepsilon\}_n$ 为 Δt_n 内全应变增量。

由式(4-20)和式(4-21)，可以得到煤岩体黏弹塑性增量本构关系为

$$\{\Delta\sigma\}_n = [D](\{\Delta\varepsilon\}_n - \{\Delta\varepsilon^{ve}\}_n - \{\Delta\varepsilon^{vp}\}_n) \tag{4-22}$$

2. 有限元方程

1) 基本方程

在任意时刻，根据虚功原理可导出分析系统的增量平衡方程为

$$\sum \int_{v} [B]_n^{\mathrm{T}} \{\Delta\sigma\}_n \mathrm{d}v - \{\Delta R\}_n = 0 \tag{4-23}$$

式中，$[B]_n$、$\{\Delta R\}_n$ 分别为 Δt_n 时段内的几何矩阵和外载荷增量列阵。

所以可得到煤岩体黏弹塑性有限元分析方程为

$$[K]\{\Delta U\}_n = \{\Delta R\}_n + \{\Delta f^{ve}\}_n + \{\Delta f^{vp}\}_n \tag{4-24}$$

式中，$[K]$ 为总体刚度矩阵；$\{\Delta U\}$ 为总体位移增量列阵；$\{\Delta f^{ve}\}_n$ 为黏弹性应变增量引起的附加力；$\{\Delta f^{vp}\}_n$ 为由黏塑性应变增量引起的附加力；计算格式为

$$\begin{aligned} [K] &= \sum \int_{v} [B]_n^{\mathrm{T}} [D] \{B\}_n \mathrm{d}v \\ \{\Delta f^{ve}\}_n &= \sum \int [B]_n^{\mathrm{T}} [D] \{\Delta\varepsilon^{ve}\}_n \mathrm{d}v \\ \{\Delta f^{vp}\}_n &= \sum \int [B]_n^{\mathrm{T}} [D] \{\Delta\varepsilon^{vp}\}_n \mathrm{d}v \end{aligned} \tag{4-25}$$

2) 黏性应变增量

黏弹性应变增量 $\{\Delta\varepsilon^{ve}\}_n$ 及黏塑性应变增量 $\{\Delta\varepsilon^{vp}\}_n$。采用时间积分的一般格式可以得到

$$\begin{aligned} \{\Delta\varepsilon^{ve}\}_n &= \Delta t_n [(1-\Theta)\{\dot{\varepsilon}^{ve}\}_{n-1} + \Theta\{\dot{\varepsilon}^{ve}\}_n] \\ \{\Delta\varepsilon^{vp}\}_n &= \Delta t_n [(1-\Theta)\{\dot{\varepsilon}^{vp}\}_{n-1} + \Theta\{\dot{\varepsilon}^{vp}\}_n] \end{aligned} \tag{4-26}$$

式中，Θ 为时间积分因子，当 $\Theta=0$ 时为全隐式法，$\Theta=1/2$ 时为隐式梯形法或半隐式法，后两种方法具有无条件稳定的特点。

有限元分析可采用一般积分法，计算中可根据需要选择 Θ 值，以获取不同时间积分法的解答；而 $\{\dot{\varepsilon}^{ve}\}_{n-1}$ 和 $\{\dot{\varepsilon}^{vp}\}_{n-1}$ 分别为 t_{n-1} 时刻的黏弹性应变率和黏塑性应变率，$\{\dot{\varepsilon}^{ve}\}_n$ 和 $\{\dot{\varepsilon}^{vp}\}_n$ 分别为 $t_n = t_{n-1} + \Delta t_n$ 时刻的黏弹性应变率和黏塑性应变率，它们均由分析时采用的流变模型确定。

例如：西原模型，对处于黏弹性状态的单元，黏弹性应变率为

$$\{\dot{\varepsilon}^{ve}\}_n = \frac{1}{\eta_1}[C_0]\{\sigma\} - \frac{E_2}{\eta_1}\{\varepsilon^{ve}\} \tag{4-27}$$

式中，E_2、η_1 分别为黏弹性模量和黏弹性系数；$\{\dot{\varepsilon}^{ve}\}_n$ 为 t_n 时刻的黏弹性应变；若在流变过程中不考虑泊松比的变化，则 $[C_0]$ 为单位弹性模量时的弹性逆矩阵（或称单位弹性模量时的柔度矩阵），对于平面应变问题

$$[C_0] = \begin{bmatrix} 1-\mu^2 & -\mu(1-\mu) & 0 \\ & 1-\mu^2 & 0 \\ \mathrm{sym} & & 2(1+\mu) \end{bmatrix} \tag{4-28}$$

对处于黏弹塑性状态的单元，黏塑性应变率为

$$\{\dot{\varepsilon}^{vp}\}_n = \frac{1}{\eta_2}\phi(F)\frac{\partial Q}{\partial\{\sigma\}} \tag{4-29}$$

式中，η_2 为黏塑性系数；Q 为塑性势函数；F 为塑性屈服函数；$\phi(F)$ 是关于 F 的任意函数。

其中

$$F = \beta\sigma_m^2 + \alpha\sigma_m + \bar{\sigma}_+^n - k \tag{4-30}$$

式中，$\bar{\sigma}_+^n = \dfrac{\sqrt{J_2}}{g(\theta_\sigma)}$，$\alpha,\beta$ 为屈服函数的系数，J_2 为第二应力偏量不变量，$g(\theta_\sigma)$ 为与洛德角有关的函数。对于不同的屈服函数，$\alpha,\beta,g(\theta_\sigma)$ 及 k 均有不同的数值或表达式。

若采用相关联流动法则，则有

$$\{\dot{\varepsilon}^{vp}\}_n = \frac{1}{\eta_2}\phi(F)\frac{\partial F}{\partial\{\sigma\}} \tag{4-31}$$

为了计算 $t+\Delta t$ 终了时的流变应变速率，可利用泰勒级数展开式

$$\dot{\varepsilon}_{n+1} = \dot{\varepsilon}_n + \frac{\partial\dot{\varepsilon}_n}{\partial t}\Delta t + \cdots \tag{4-32}$$

忽略二阶及其以上微量，可得

$$\{\dot{\varepsilon}^{ve}\}_{n+1} = \{\dot{\varepsilon}^{ve}\}_n + \frac{\partial\{\dot{\varepsilon}^{ve}\}_n}{\partial t}\Delta t$$

$$\{\dot{\varepsilon}^{vp}\}_{n+1} = \{\dot{\varepsilon}^{vp}\}_n + \frac{\partial\{\dot{\varepsilon}^{vp}\}_n}{\partial t}\Delta t \tag{4-33}$$

所以可得在 Δt_n 时间间隔内所产生的流变增量，其结果为

$$\{\dot{\varepsilon}^{ve}\}_n = \Delta t_n\left[\left(1-\Theta\frac{E_2\Delta t_n}{\eta_1}\right)\{\{\dot{\varepsilon}^{ve}\}_n\} + \Theta\frac{E_2\Delta t_n}{\eta_1}[C_0]\{\dot{\sigma}\}_n\right] \quad F<0 \tag{4-34}$$

$$\{\dot{\varepsilon}^{vp}\}_n = \Delta t_n\left[\{\dot{\varepsilon}^{vp}\}_n + \Theta[H]^n\{\dot{\sigma}\}_n\Delta t_n\right] \qquad\qquad F\geqslant 0$$

式中

$$\{\dot{\sigma}\}_n = \frac{1}{\Theta}\left[\frac{1}{\Delta t_n}\{\Delta\sigma\}_n - (1-\Theta)\{\Delta\dot{\sigma}\}_{n-1}\right] \tag{4-35}$$

而 $[H]^n = \dfrac{\partial\{\dot{\varepsilon}^{vp}\}_n}{\partial\{\sigma\}}$

$$[H]^n = \frac{1}{\eta_2}\frac{\partial\{\phi(F)\{a\}^{\mathrm{T}}\}_n}{\partial\{\sigma\}} = \frac{1}{\eta_2}\left[\phi(F)\frac{\partial\{a\}^{\mathrm{T}}}{\partial\{\sigma\}} + \frac{\partial\phi(F)}{\partial F}\{a\}\{a\}^{\mathrm{T}}\right] \tag{4-36}$$

式中，$\{a\} = \dfrac{\partial F}{\partial\{\sigma\}}$，即

$$\{a\} = \left[\frac{\partial F}{\partial\sigma_x}\ \ \frac{\partial F}{\partial\sigma_y}\ \ \frac{\partial F}{\partial\sigma_z}\ \ \frac{\partial F}{\partial\tau_{yz}}\ \ \frac{\partial F}{\partial\tau_{zx}}\ \ \frac{\partial F}{\partial\tau_{xy}}\right]^{\mathrm{T}} = C_1\{a_1\} + C_2\{a_2\} + C_3\{a_3\}$$
$$\tag{4-37}$$

其中

$$C_1 = \frac{\partial F}{\partial\sigma_m}\ \ C_2 = \frac{\partial F}{\partial\sqrt{J_2}}\ \ C_3 = \frac{\partial F}{\partial J_3}$$

对于常用的岩土塑性屈服条件,《岩土塑性力学原理》[88] 也给出了 C_1 C_2 C_3 的具体形式；而 σ_m、J_2 和 J_3 分别为平均应力、第二应力偏量不变量和第三应力偏量不变量。

$$\{a_1\} = \frac{\partial\sigma_m}{\partial\{\sigma\}} = \frac{1}{3}\begin{bmatrix}1 & 1 & 1 & 0 & 0 & 0\end{bmatrix}^{\mathrm{T}}$$

$$\{a_2\} = \frac{\partial\sqrt{J_2}}{\partial\{\sigma\}} = \frac{1}{2\sqrt{J_2}}\begin{bmatrix}S_x & S_y & S_z & 2\tau_{yz} & 2\tau_{zx} & 2\tau_{xy}\end{bmatrix}^{\mathrm{T}}$$

$$\{a_3\} = \frac{\partial J_3}{\partial\{\sigma\}} = \begin{Bmatrix}S_yS_z - \tau_{yz}^2 \\ S_zS_x - \tau_{zx}^2 \\ S_xS_y - \tau_{xy}^2 \\ 2(\tau_{xy}\tau_{zx} - S_x\tau_{yz}) \\ 2(\tau_{yz}\tau_{xy} - S_y\tau_{zx}) \\ 2(\tau_{zx}\tau_{yz} - S_z\tau_{xy})\end{Bmatrix} + \frac{1}{3}J_2\begin{Bmatrix}1 \\ 1 \\ 1 \\ 0 \\ 0 \\ 0\end{Bmatrix}$$

为了得到 $[H]^n$ 的具体形式,所以可得

$$\frac{\partial\{a\}^{\mathrm{T}}}{\partial\{\sigma\}} = \frac{\partial\{C_1\{a_1\}^{\mathrm{T}} + C_2\{a_2\}^{\mathrm{T}} + C_3\{a_3\}^{\mathrm{T}}\}}{\partial\{\sigma\}}$$
$$= \frac{\partial C_1}{\partial\{\sigma\}}\{a_1\}^{\mathrm{T}} + C_1\frac{\partial\{a_1\}^{\mathrm{T}}}{\partial\{\sigma\}} + \frac{\partial C_2}{\partial\{\sigma\}}\{a_2\}^{\mathrm{T}} + C_2\frac{\partial\{a_2\}^{\mathrm{T}}}{\partial\{\sigma\}} + \frac{\partial C_3}{\partial\{\sigma\}}\{a_3\}^{\mathrm{T}} + C_3\frac{\partial\{a_3\}^{\mathrm{T}}}{\partial\{\sigma\}}$$

$$= 2\beta\{a_1\}\{a_1\}^{\mathrm{T}} + C_4\{a_2\}\{a_2\}^{\mathrm{T}} + C_5\{a_3\}\{a_3\}^{\mathrm{T}} + C_2\frac{\partial\{a_2\}^{\mathrm{T}}}{\partial\{\sigma\}} + C_6\{a_2\}\{a_3\}^{\mathrm{T}}$$

$$+ C_7\{a_3\}\{a_3\}^{\mathrm{T}} + C_3\frac{\partial\{a_3\}^{\mathrm{T}}}{\partial\{\sigma\}} \tag{4-38}$$

式中：

$$\left. \begin{array}{ll} C_4 = \dfrac{\partial C_2}{\partial\theta_\sigma}\dfrac{\partial\theta_\sigma}{\partial\sqrt{J_2}} + \dfrac{\partial C_2}{\partial\sqrt{J_2}} & C_5 = \dfrac{\partial C_2}{\partial\theta_\sigma}\dfrac{\partial\theta_\sigma}{\partial J_3} \\[3mm] C_6 = \dfrac{\partial C_3}{\partial\theta_\sigma}\dfrac{\partial\theta_\sigma}{\partial\sqrt{J_2}} + \dfrac{\partial C_3}{\partial\sqrt{J_2}} & C_7 = \dfrac{\partial C_3}{\partial\theta_\sigma}\dfrac{\partial\theta_\sigma}{\partial J_3} \end{array} \right\}$$

其中，θ_σ 为洛得角：

$$\theta_\sigma = \frac{1}{3}\arcsin\left[-\frac{3\sqrt{3}J_3}{2\sqrt{J_2}}\right]$$

所以

$$[H]^n = \frac{1}{\eta_2}(b_0[M_0] + b_1[M_1] + b_2[M_2] + b_3[M_3] + b_4[M_4]) + b_5[M_5]$$

$$+ b_6[M_6] + b_7[M_7]^{\mathrm{T}} + b_8[M_7] + b_9[M_8]) \tag{4-39}$$

式中：

$$b_0 = 2\beta\Phi(F) + C_1^2\frac{\partial\Phi(F)}{\partial F}; b_1 = C_2\Phi(F)/2\sqrt{J_2}$$

$$b_2 = C_4\Phi(F) + C_2^2\frac{\partial\Phi(F)}{\partial F} - C_2\Phi(F)/\sqrt{J_2}; b_3 = C_7\Phi(F) + C_3^2\frac{\partial\Phi(F)}{\partial F}$$

$$b_4 = C_1C_2\frac{\partial\Phi(F)}{\partial F}; b_5 = C_1C_3\frac{\partial\Phi(F)}{\partial F}; b_6 = C_2C_3\frac{\partial\Phi(F)}{\partial F}$$

$$b_7 = C_5\Phi(F); b_8 = C_6\Phi(F); b_9 = C_3\Phi(F)$$

$$[M_0] = \{a_1\}\{a_1\}^{\mathrm{T}}; [M_1] = \frac{\partial(2\sqrt{J_2}\{a_2\}^{\mathrm{T}})}{\partial\{\sigma\}}; [M_2] = \{a_2\}\{a_2\}^{\mathrm{T}}$$

$$[M_3] = \{a_3\}\{a_3\}^{\mathrm{T}}; [M_4] = \{a_1\}\{a_2\}^{\mathrm{T}} + \{a_2\}\{a_1\}^{\mathrm{T}}; [M_5] = \{a_1\}\{a_3\}^{\mathrm{T}} + \{a_3\}\{a_1\}^{\mathrm{T}}$$

$$[M_6] = \{a_2\}\{a_3\}^{\mathrm{T}} + \{a_3\}\{a_2\}^{\mathrm{T}}; [M_7] = \{a_2\}\{a_3\}^{\mathrm{T}}; [M_8] = \frac{\partial\{a_3\}^{\mathrm{T}}}{\partial\{\sigma\}}$$

以上公式联合，就可计算出 $\{\Delta f^{ve}\}_n$ 和 $\{\Delta f^{vp}\}_n$。

3）时间步长

（1）时间步长的经验公式。隐式法和半隐式法为无条件稳定，但时间步长过大时，虽有稳定解，但解的误差随步长增加而增大。因此，在分析中，为保证计算精度，时间步长的选取采用如下计算公式

$$\Delta t'_{n+1} = k\Delta t_n \Delta t''_{n+1} = \tau \left[\frac{\bar{\varepsilon}_{n+1}}{\dot{\bar{\varepsilon}}_{n+1}} \right]_{n+1}^{1/2} \Delta t_{n+1} \leqslant \min\{\Delta t'_{n+1}, \Delta t''_{n+1}\} \quad (4\text{-}40)$$

式中，倍数因子 k 和时间因子 τ 的取值为：$k = 1.5$，$0.1 \leqslant \tau \leqslant 0.15$；$\bar{\varepsilon}_{n+1}$、$\dot{\bar{\varepsilon}}_{n+1}$ 分别为 t_{n+1} 时刻的有效应变及有效应变率。

（2）时间步长的解析公式。根据黏塑性流动法则的具体形式，对于显式时间积分法和 $\Phi(F) = F$ 的线性函数，柯默推导了相应的求解时间步长。

对于任意一处于黏塑性状态的单元，忽略其黏弹性应变，以全量形式表示

$$\{\sigma\}_n = [D](\{\varepsilon\}_n - \{\varepsilon^{vp}\}_n)$$
$$[k]\{\delta\}_n^e = \{R\}_n^e + \{f^{vp}\}_n^e \quad (4\text{-}41)$$

式中，$[k]$、$\{\delta\}_n^e$、$\{R\}_n^e$、$\{f^{vp}\}_n^e$ 分别为 t_n 时刻单元 e 的刚度矩阵、节点位移列阵、外荷载列阵和黏塑性等效节点力列阵。

上面两式对时间 t 求导得 $\{\dot{\sigma}\}_n = [D][B]_n\{\dot{\delta}\}_n^e - [D]\{\dot{\varepsilon}^{vp}\}_n$

$$[k]\{\dot{\delta}\}_n^e = \{\dot{R}\}_n^e + \{\dot{f}^{vp}\}_n^e \quad (4\text{-}42)$$

从上两式中消去 $\{\dot{\delta}\}_n^e$ 得

$$\{\dot{\sigma}\}_n = [D][B]_n[k]^{-1}(\{\dot{R}\}_n^e + \{\dot{f}^{vp}\}_n^e - [D]\{\dot{\varepsilon}^{vp}\}_n) \quad (4\text{-}43)$$

由于 $\{\dot{R}\}_n^e$ 是时间 t 的函数；$\{\dot{f}^{vp}\}_n^e$、$\{\dot{\varepsilon}^{vp}\}_n$ 是时间 t、应力 $\{\sigma\}$ 和应力速率 $\{\dot{\sigma}\}$ 的函数，则上式可简化为一阶非线性偏微分方程组，求解上式数值解的一般稳定条件，可对时间步长给出如下限制。

对于 Tresca 材料：

$$\Delta t_{\max} \leqslant \frac{(1+\mu)\eta_2 F_0}{E} \quad (4\text{-}44)$$

对于 Mises 材料：

$$\Delta t_{\max} \leqslant \frac{4(1+\mu)\eta_2 F_0}{3E} \quad (4\text{-}45)$$

对于 Mor-coulomb 材料：

$$\Delta t_{\max} \leqslant \frac{(1+\mu)(1-2\mu)\eta_2 F_0}{(1-2\mu+\sin^2\varphi)E} \tag{4-46}$$

对于 Druck-Prager 屈服准则：

$$\Delta t'_{\max} \leqslant \frac{4(1+\mu)\eta_2 F_0}{3EF} \sqrt{3J_2}$$

$$\Delta t''_{\max} \leqslant \frac{(1+\mu)(1-2\mu)(3-\sin\varphi)^2 \eta_2 F_0}{E\left[\frac{3}{4}(1-2\mu)(3-\sin\varphi)^2 + 6(1+\mu)\sin^2\varphi\right]} \tag{4-47}$$

$$\Delta t_{\max} \leqslant \min(\Delta t'_{\max}, \Delta t''_{\max})$$

式中，φ 为内摩擦角；E、μ、η_2 分别为岩石的弹性模量、泊松比和黏塑性系数。根据上式(4-47)确定本次数值模拟时间步长为 1 月/步。

4) 岩石稳定性分析的收敛准则

岩石在某时段后，若满足

$$\left| \sum_{\text{所有高斯点}} \bar{\dot{\varepsilon}}_n - \sum_{\text{所有高斯点}} \bar{\dot{\varepsilon}}_{n-1} \right| \leqslant epsa \tag{4-48}$$

则认为在第 n 个时步终了时已满足稳定条件。

此外在流变分析中，还可采用位移控制法，即在某时刻岩石最大位移达到或超过工程允许位移值时，认为岩石"失稳"，需在此时刻前完成处理。即判别条件为

$$u_{\max} \leqslant [u] \tag{4-49}$$

5) 计算分析模式

煤岩体流变有限元分析格式具有通用性，是一种统一形式。

(1) 对符合任意一种流变模型的煤岩体进行分析。不同岩土工程，其煤岩体具有相异的流变特性，不同结构的煤岩体，也有不同的流变特性，需通过模式识别来确定适宜的流变模型。当模型识别后，只需由本构关系获取 $\{\dot{\varepsilon}^{ve}\}_n$ 和 $\{\dot{\varepsilon}^{vp}\}_n$，代入相应的方程便可进行相应的有限元分析。

(2) 进行蠕变分析。若取 $\{\dot{\varepsilon}^{vp}\}_n = 0$，令 $\{\Delta f^{vp}\}_n = 0$，便可得到蠕变分析的计算公式，即

$$\{\Delta\sigma\}_n = [D](\{\Delta\varepsilon\}_n - \{\Delta\varepsilon^{ve}\}_n)$$

$$[K]\{\Delta U\}_n = \{\Delta R\}_n + \{\Delta f^{ve}\}_n \tag{4-50}$$

以上两种情况是建立的统一有限元模式在不同情况下的特例。

6) 蠕变破裂判断准则

(1) 应用最大拉应力理论，建立最大拉应力单元追踪法，以模拟流变变形过程

中裂纹的萌生、扩展和汇聚,即当煤岩体变形过程中出现最大拉应力值大于岩石或岩层层理抗拉应力时,认为该岩石单元或节理沿最大拉应力方向被拉坏,此方向原来所承受的应力被释放,转变为等效过量节点力,刚度趋近于零,其力学特性不可逆。单元在法向方向被拉坏的判断准则为

$$\sigma_1 \geqslant [\sigma_t] \tag{4-51}$$

其中,σ_1 为单元节点的第一主应力,$[\sigma_t]$ 为岩石的抗拉强度值。

(2) 主应力及主应力矢量方向。平面应力问题中的主应力为:

主拉应力 $\sigma_1 = \dfrac{1}{2}\left[(\sigma_{xx} + \sigma_{yy}) + \sqrt{(\sigma_{xx} - \sigma_{yy})^2 + 4\sigma_{xy}^2}\right]$

主压应力 $\sigma_2 = \dfrac{1}{2}\left[(\sigma_{xx} + \sigma_{yy}) - \sqrt{(\sigma_{xx} - \sigma_{yy})^2 + 4\sigma_{xy}^2}\right]$

与第一主应力矢量方向余弦为:$\left(\dfrac{\sigma_{xy}}{\sqrt{\sigma_{xy}^2 + (\sigma_1 - \sigma_{xx})^2}} \quad \dfrac{\sigma_1 - \sigma_{xx}}{\sqrt{\sigma_{xy}^2 + (\sigma_1 - \sigma_{xx})^2}}\right)$

与第二主应力矢量方向余弦为:$\left(\dfrac{\sigma_2 - \sigma_{yy}}{\sqrt{\sigma_{xy}^2 + (\sigma_2 - \sigma_{yy})^2}} \quad \dfrac{\sigma_{xy}}{\sqrt{\sigma_{xy}^2 + (\sigma_2 - \sigma_{yy})^2}}\right)$

(3) 问题描述。初始拉破坏出现后,煤岩体中等价产生了初始裂缝。设裂缝方向即主应力矢量方向为 j 方向,裂纹面积为 A,在后继的 Δt_i 内,若此面积扩展了 $\mathrm{d}A$,在 Δt_i 内,荷载做功为 $\mathrm{d}W$,系统弹性应变能的改变量为 $\mathrm{d}U$,裂纹扩展消耗能的改变量为 $\mathrm{d}U_P$,裂缝表面能的变化量为 $\mathrm{d}U_S$,流变变形消耗能的改变量为 $\mathrm{d}U_V$,不考虑热能的变化(系统为绝热系统),则对于准静态问题由能量守恒和转换定律,系统内能的改变量等于外力所做功的变化量,即

$$\mathrm{d}U + \mathrm{d}U_P + \mathrm{d}U_S + \mathrm{d}U_V = \mathrm{d}W \tag{4-52}$$

由于一般裂纹扩展和流变变形消耗的能量 $\mathrm{d}U_P$ 远大于裂纹表面能的增加 $\mathrm{d}U_S$,则分析时可忽略 $\mathrm{d}U_S$。对于离散化有限元模型系统,任意一单元均可建立类似上式形式的能量方程(其中无裂纹或无裂纹扩展单元,不计裂纹扩展消耗的能量 $\mathrm{d}U_P$),组集所有单元的能量方程并化简后得到有限元增量方程为

$$[K^s]_i \{\Delta U\}_i = \{\Delta R\}_i + \{\Delta f^t\}_{i-1} + \{\Delta f^v\}_i \tag{4-53}$$

式中,$[K^s]_i$ 为 Δt_i 步计算系统的总体刚度矩阵,且总体刚度矩阵随裂纹开裂过程不断改变;$\{\Delta U\}_i$ 为 Δt_i 步的总体位移增量列阵;$\{\Delta R\}_i$ 为 Δt_i 步的总体外荷载增量列阵;$\{\Delta f^t\}_{i-1}$ 为 Δt_{i-1} 步拉破坏单元的等效过量节点力列阵,即

$$\{\Delta f^t\}_{i-1} = \sum \int [B]^{\mathrm{T}} \{\Delta \sigma_j\}_{i-1} \mathrm{d}V \tag{4-54}$$

式中,$\sum$ 是对 Δt_{i-1} 时步内拉破坏单元求和;$[B]^{\mathrm{T}}$ 为单元几何矩阵的转置;

$\{\Delta\sigma_j\}_{i-1}$ 为拉破坏单元破裂面上的应力值。

$\{\Delta f^v\}_i$ 为 Δt_i 步流变变形所引起的黏性力增量,即

$$\{\Delta f^v\}_i = \sum \int [B]^{\mathrm{T}}[D]\{\Delta\varepsilon^v\}_i \mathrm{d}V \tag{4-55}$$

式中,$\{\Delta\varepsilon^v\}_i$ 为 Δt_i 内的流变应变增量,可依据所采用的流变模型建立其计算格式。

(4) 蠕变破裂点沿主拉应力方向出现开裂的实现步骤是:

① 根据开裂准则搜索开裂点;

② 搜索开裂点周围的全部单元,查找相关单元信息;

③ 根据主应力矢量方向搜索需要开裂的单元;

④ 求需要开裂单元与开裂方向在开裂边上的交点;

⑤ 增加与开裂点重合的节点;

⑥ 劈开单元。修正单元节点编号和增加新的单元,根据新增节点(包括开裂点上的重合节点),增加相应的单元,修正网格。在劈开单元的过程中,保持对于新增重合节点和原节点在单元编号中的一致性问题;

⑦ 修正开裂点周围其余单元的编号信息;

⑧ 优化开裂后的网格。对畸形单元进行优化处理;

⑨ 输出经过修改的有限元网格信息。包括节点坐标信息、单元编号信息、节点规格数信息、节点边值信息文件等。

4.2　渗流-损伤耦合分析有限元程序设计

4.2.1　程序设计思路

基于有限元分析的基本理论及分析模式,进行相应的程序设计。在程序设计中,对时间积分采用一般格式、半隐法和全隐法;对塑性模型提供线性和二次屈服函数等多种形式;在计算方法上,采用各种非线性增量求解技术。

在渗流-损伤耦合计算中,其核心部分是对于两个物理场的耦合处理,通过过渡参数,将位移、应力与水压进行耦合计算。过程中,每个加载步所经历的时间与整个煤岩破坏过程所经历的时间相比是非常小的。通过加载迭代计算的过程,模型的位移和应力数值都有所变化,导致水压的重新分布,同时也对模型的应力和位移产生反作用。此时通过判断各个物理量的变化水平,寻找煤岩破裂的单元,对流固耦合产生损伤以及渗流场消散情况进行判定。接下来通过对于网格的处理,生成新的边界,从而实现对非连续介质的模拟。

程序设计流程如图 4-1。

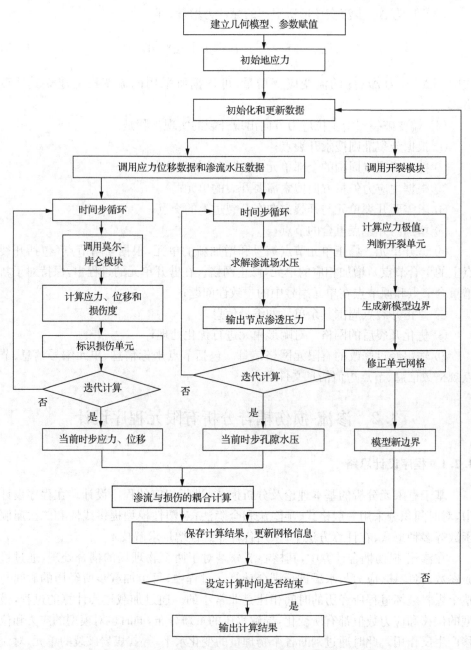

图 4-1　渗流-损伤耦合有限元分析流程图

4.2.2　有限元判据

在复杂应力状态下,物体内某一点开始发生破坏时,应力必须满足一定的条件。

F 为破坏函数,可表示如下:

$$F(\sigma_i) = (1-\alpha) \cdot \bar{\sigma} - \beta \times b \tag{4-56}$$

式中,$\alpha = \dfrac{p}{p'}$;p 为当前迭代步的水压值;p' 为原始地层的水压值;β 为放大系数;b 为控制阀值,其取值与岩性有关。

设 C 为与岩性相关的常量。

可采用 Mohr-Coulomb 或者 Drucker-Prager 准则作为函数对某点的破坏过程进行判断。

Mohr-Coulomb 准则:

$$F(\sigma_i) - C = (\sigma_1 - \sigma_3) + (\sigma_1 + \sigma_3)\sin\varphi - 2c \cdot \cos\varphi \tag{4-57}$$

其中,σ_1、σ_3 分别为第一主应力和第三主应力;c、φ 分别为材料的内聚力、摩擦角。

则渗流-损伤耦合有限元判据为:

当 $F < C$,则该点未破坏;

当 $F \geqslant C$,则该点发生破坏。

4.3　蠕变-渗流耦合分析有限元程序设计

4.3.1　总体控制方程

在 3.8.2 和 3.8.3 分别建立了蠕变-渗流耦合分析的有限元平衡方程和连续方程。可见,平衡方程和连续方程均具有耦合项,必须联立求解。因此,总体控制方程可表示为

$$\begin{bmatrix} K_{uu} & K_{up} \\ K_{up}^{\mathrm{T}} & K_{pp} \end{bmatrix} \begin{Bmatrix} \Delta U \\ \Delta P \end{Bmatrix} = \begin{Bmatrix} \Delta R_u \\ \Delta R_p \end{Bmatrix} \tag{4-58}$$

上式给出的煤岩体流变两场耦合有限元分析方程是一种渗流场与应力场全耦合流变分析的统一形式,适用于对符合任意一种流变模型的煤岩体进行流变-渗流耦合分析。同时,由于在建立方程过程中,未计及煤岩体流变(蠕变)变形引起的体积变形,因此当煤岩体应力状态或变形特性发生变化时,只需改变方程中的 ΔR_u 计算格式,而连续方程则保持不变,便可进行相应的流变-渗流耦合有限元分析。

（1）对符合任意一种流变模型的煤岩体进行耦合分析。对不同工程煤岩体，只需由流变模型的本构关系获取 $\{\Delta\varepsilon^{ve}\}$ 和 $\{\Delta\varepsilon^{vp}\}$，获取 $\{\Delta f^{ve}\}^e$ 和 $\{\Delta f^{vp}\}^e$，并求出 $\{\Delta R_u\}$，便可进行对应流变模型的耦合有限元分析。

（2）进行黏弹性蠕变耦合分析。取 $\{\Delta\varepsilon^{vp}\}=0$，即有 $\{\Delta f^{vp}\}^e=0$，并求出 $\{\Delta R_u\}$，便可得到黏弹性流变-渗流耦合分析的计算公式，即

$$\{\Delta R_u\} = \sum (\{\Delta f^{ve}\}^e + \{\Delta R_u\}^e) \tag{4-59}$$

（3）进行弹性耦合有限元分析。当 $\{\Delta\varepsilon^{ve}\}$ 和 $\{\Delta\varepsilon^{vp}\}$ 都等于零时，$\{\Delta f^{ve}\}^e$ 和 $\{\Delta f^{vp}\}^e$ 也均为零值。这时 $\{\Delta R_u\} = \sum (\{\Delta R_u\}^e)$。

（4）进行弹塑性耦合分析。在弹塑性流变-渗流耦合情况下，

$$\{\sigma\} = [D][B]\{\delta\}^e - [D]\{\varepsilon^p\} - a\{M\}[\bar{N}]\{p\}^e \tag{4-60}$$

推导方程，最后可得到

$$\{\Delta R_u\} = \sum (\{\Delta f^p\}^e + \{\Delta R_u\}^e) \tag{4-61}$$

其中，$\{\Delta f^p\}^e = \sum \int_\Omega [B]^{\mathrm{T}}[D]\{\Delta\varepsilon^p\}^e \mathrm{d}\Omega$；$\sum$ 是对塑性单元求和；$\{\Delta f^p\}^e$ 是由塑性应变增量引起的附加力；$\{\Delta\varepsilon^p\}^e$ 是单元的塑性应变增量，由塑性流动法则确定计算。

（5）进行以上任一种情况下的各向同性耦合有限元分析，此时只需令耦合渗透系数在所有方向上的值相等即可。

本节建立的煤岩体流变-渗流耦合有限元分析格式包括了弹性、弹塑性、黏弹塑性耦合分析模式；同时可根据工程岩体的实际流变形态，选择合理的不同流变模型进行流变-渗流耦合有限元分析，对岩体工程的长期稳定性分析与评价具有指导意义。

4.3.2　有限元程序设计

根据流变-渗流耦合有限元分析的基本理论，建立了流变-渗流耦合分析的有限元平衡方程和连续方程，平衡方程和连续方程均具有耦合项，必须联立求解可得流变-渗流耦合总体控制方程；再根据工程岩体的实际流变形态，进行流变模型识别，进行两场耦合分析。程序设计框图如图 4-2 所示。

通过本章对蠕变-渗流耦合有限元分析可得：

（1）基于线弹性问题的有限元分析基本方程，在小变形条件下，引入黏弹塑性问题的本构方程，再结合弹性、弹塑性问题的平衡微分方程、几何方程及边界条件，联合建立流变问题的有限元基本方程：$[K]\{\Delta U\}_n = \{\Delta R\}_n + \{\Delta f^{ve}\}_n + \{\Delta f^{vp}\}_n$

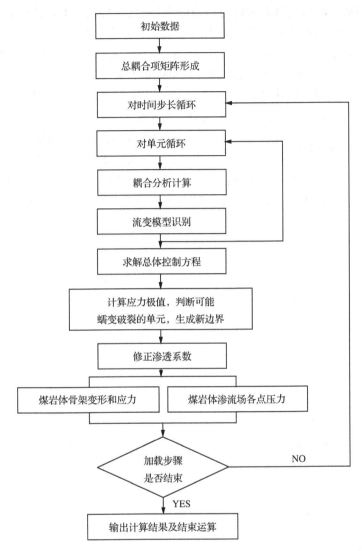

图 4-2　蠕变-渗流耦合有限元分析流程图

通过对方程中的 $\{\dot{\varepsilon}^{ve}\}_n$ 和 $\{\Delta f^{ve}\}_n$，$\{\dot{\varepsilon}^{vp}\}_n$ 和 $\{\Delta f^{vp}\}_n$，分别待定取值,可进行黏弹性和黏塑性流变分析。针对第 3 章给出的充水煤岩体渗流分析数学模型,建立渗流分析的有限元法计算基本方程。

（2）应用最大拉应力理论,建立最大拉应力单元追踪法,以模拟流变变形过程中裂纹的萌生、扩展和汇聚,即当煤岩体变形过程中出现最大拉应力值大于岩石或岩层层理抗拉应力时,认为该岩石单元或节理沿最大拉应力方向被拉坏,建立蠕变破裂判断准则:$\sigma_1 \geqslant [\sigma_t]$ 和能量方程:$[K^s]_i \{\Delta U\}_i = \{\Delta R\}_i + \{\Delta f^t\}_{i-1} + \{\Delta f^v\}_i$。

（3）根据我国目前露天采煤所遇到的实际问题，在充水煤岩体边坡渗流-损伤耦合理论研究的基础上进行有限元程序设计，开发了渗流-损伤耦合模块，对充水煤岩边坡变形破坏过程进行模拟，探讨煤岩边坡渗流-损伤变形机制，对流固耦合产生损伤以及渗流场消散情况进行判定，并建立了渗流-损伤耦合有限元判据。为露天矿山生产过程中的优化设计、灾害防治及灾害发生后的治理提供依据。

（4）根据第 3 章建立的流变-渗流耦合分析的有限元平衡方程和连续方程，联立求得相应的直接耦合总体控制方程：$\begin{bmatrix} K_{uu} & K_{up} \\ K_{up}^{\mathrm{T}} & K_{pp} \end{bmatrix} \begin{Bmatrix} \Delta U \\ \Delta P \end{Bmatrix} = \begin{Bmatrix} \Delta R_u \\ \Delta R_p \end{Bmatrix}$，据此给出煤岩体应力场与渗流场耦合作用下的流变有限元分析格式；进行了有限元程序设计，为不同岩土体的地下洞室和边坡工程等进行耦合流变条件下的长期稳定性分析和评价。

第5章 煤岩边坡渗流-蠕变-损伤的现场工程模拟

5.1 充水基底排土场边坡渗流-损伤耦合机理数值模拟

5.1.1 工程背景

哈尔乌素露天煤矿位于内蒙古鄂尔多斯市准格尔旗境内,与黑岱沟露天煤矿毗邻,同属准格尔煤田。黑岱沟排土场位于哈尔乌素露天矿首采区拉沟位置的西北侧,黑岱沟的中上游,将来与内排土场西端连接在一起,形成统一的排土空间。排土场占地面积 5.06km², 最终排土标高 1260m, 排土高度 100~120m, 台阶高度 15m, 松散系数 1.15, 边坡角 21°, 排土容量 283.0Mm³。2009 年 12 月西部区发生变形,自 2009 年 12 月 20 日起,至 2010 年 1 月 5 日止,各点位累计最大沉降量为 0.1m, 最大滑动量为 0.012m, 变形仍在继续[89]。

由于黑岱沟排土场的建设截断了黑岱沟河道,为了拦截黑岱沟上游汇水,阻止水直接流入排土场,露天矿在黑岱沟上游修建了水坝,主坝距哈尔乌素外排土场 240m, 设计库容 932.97 万 m³, 最大坝高 20.21m, 坝顶宽 6m。目前库区内蓄水最深处约 4.5m, 蓄水面积 8.3 万 m², 蓄水量约 30 万 m³, 由于库区水位高,积水已经通过水坝大量入渗至排土场基底,基底水的长期作用已经严重弱化,现场照片见图 5-1 和图 5-2。

图 5-1 工程场地照片

图 5-2　排土场基底土样(勘探成果)

5.1.2　充水损伤过程数值模拟

数值计算对象选在哈尔乌素露天矿黑岱沟排土场西部变形区,具体为 GK1 剖面~GK4 剖面,研究区域平面图及计算剖面位置见图 5-3。

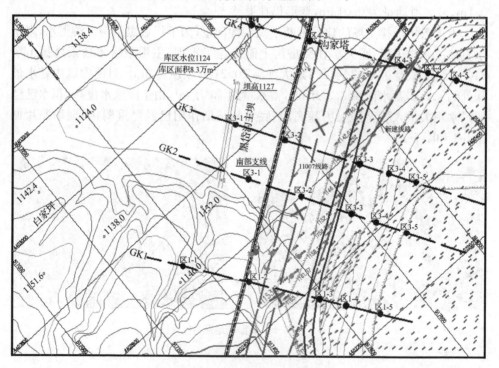

图 5-3　变形区平面及计算剖面位置

　　针对排土场 GK2 剖面进行计算,分别考虑上游积水入渗至排土场基底,基底在充水情况下水分子扩散、上升,边坡体浸润线抬升的过程,从而模拟排土场边坡的变形演化过程及趋势。计算模型见图 5-4。

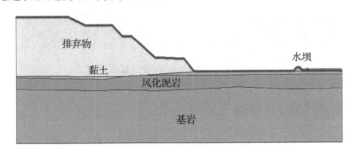

图 5-4　计算模型图

1. 积水入渗过程数值模拟

　　图 5-5～图 5-7 的计算结果表明:由于上游水坝内的水位高于排土场基底,在水压作用下,积水大量入渗至排土场基底,排土场基底在充水前含水量较小,接近干燥状态,当水入渗后,一方面在静水压力的作用下,水向下游运动,另一方面由于毛细水作用,水分子上升,浸润线也随之升高,在开始阶段上升速度最快,随着时间增长,上升速度越来越慢,即单位时间内水分上升速度和高度的变化是随着时间增长而减小,同时由于充水损伤作用,边坡稳定性将受到严重影响。

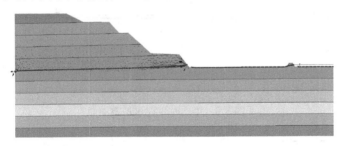

图 5-5　第 10 步充水矢量图

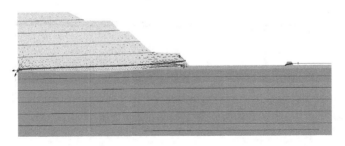

图 5-6　第 20 步充水矢量图

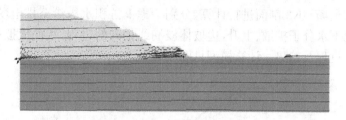

图 5-7　第 30 步充水矢量图

2. 基底充水损伤过程模拟

图 5-8～图 5-17 的计算结果揭示了排土场基底充水损伤的全过程。由于排土场基底黏土层(包含风化泥岩层)为边坡系统软弱层,在充水过程中及在水的长期作用下使得弱层变成含水层,由于排土场的高应力载荷作用及排土场的屏蔽作用,基底土层含水量越来越大,孔隙水压力得不到消散,导致基底有效应力减小,弱层严重弱化。原排土场基底为为逆倾边坡,倾角为 1°～3°,这种结构理论上有利于边坡的稳定,但随着水的继续入渗及弱化,弱层厚度逐渐变厚,足以抵消由逆倾所带来的稳定性优势,随着排土场的继续排弃及水的继续作用,基底强度损伤度不断增加,边坡的稳定性显著下降,并有发生失稳的趋势。

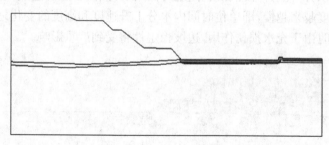

图 5-8　第 1 时步充水扩散图

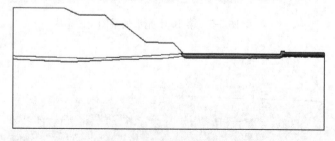

图 5-9　第 5 时步充水扩散图

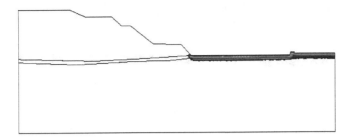

图 5-10　第 10 时步充水扩散图

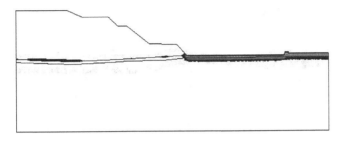

图 5-11　第 15 时步充水扩散图

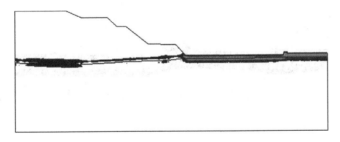

图 5-12　第 20 时步充水扩散图

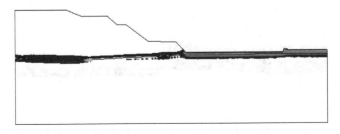

图 5-13　第 22 时步充水扩散图

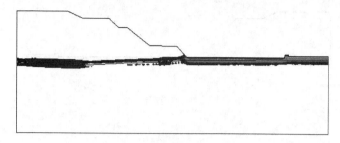

图 5-14　第 24 时步充水扩散图

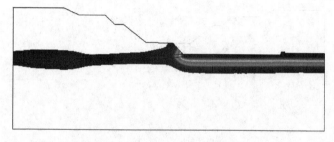

图 5-15　第 26 时步充水扩散图

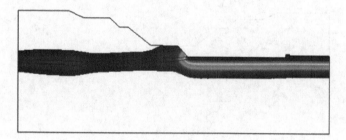

图 5-16　第 28 时步充水扩散图

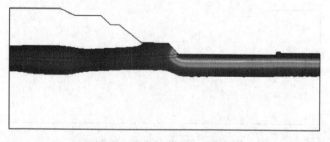

图 5-17　第 30 时步充水扩散图

5.1.3　充水损伤对排土场边坡稳定性的影响

排土场基底的充水损伤主要表现为强度损伤,在渗流-损伤耦合作用下,其基底岩土层强度明显降低,并由于地下水位抬升所形成的静水压力作用,排土场边坡稳定性受到较大影响。本节利用有限元折减法对变形区 GK1～GK4 剖面在不同水位下的稳定情况进行定量计算,考察充水损伤对边坡稳定性的影响程度。

1. GK1 水位上升对排土场边坡稳定性影响分析

不同水位时的 GK1 剖面稳定性计算结果见图 5-18～图 5-20。

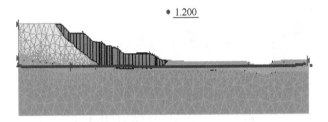

图 5-18　现状水位 1124m 稳定性计算图

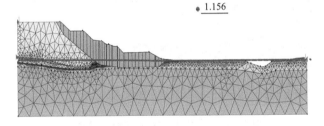

图 5-19　水位 1130m 稳定性计算图

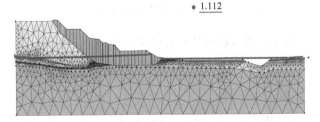

图 5-20　水位 1135m 稳定性计算图

2. GK2 水位上升对排土场边坡稳定性影响分析

不同水位时的 GK2 剖面稳定性计算结果见图 5-21～图 5-23。

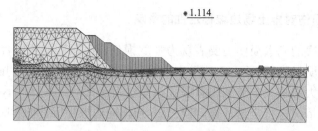

图 5-21　现状水位 1124m 稳定性计算图

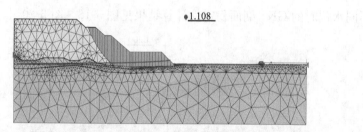

图 5-22　水位 1130m 稳定性计算图

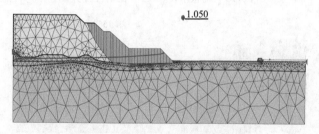

图 5-23　水位 1135m 稳定性计算图

3. GK3 水位上升对排土场边坡稳定性影响分析

不同水位时的 GK3 剖面稳定性计算结果见图 5-24～图 5-26。

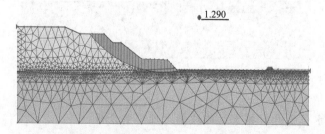

图 5-24　现状水位 1124m 稳定性计算图

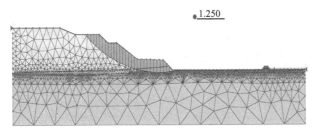

图 5-25　水位 1130m 稳定性计算图

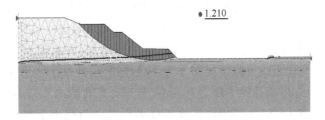

图 5-26　水位 1135m 稳定性计算图

4. GK4 水位上升对排土场边坡稳定性影响分析

不同水位时的 GK4 剖面稳定性计算结果见图 5-27～图 5-29。

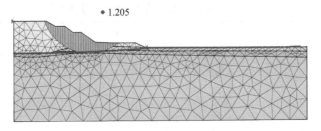

图 5-27　现状水位 1124m 稳定性计算图

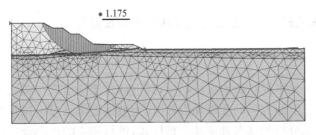

图 5-28　水位 1130m 稳定性计算图

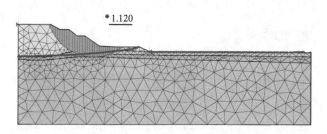

图 5-29　水位 1135m 稳定性计算图

应用 M-P 法对该排土场不同水位下边坡的稳定情况进行了计算,计算结果见表 5-1。结果表明:边坡的稳定性系数都小于规范要求的最小安全系数,随着水位上升安全系数依次减小。这是由于孔隙水压力的增加,导致作用在土体上的正压力减小,从而造成基底发生强度损伤。在外载作用下,地基土体所受的附加应力由土体中的有效正应力和孔隙水压力共同承担,只有在孔隙水压力不断消散时,土体的有效正应力才能增加,地基土体强度也逐渐提高。当在雨季时,沉降速度加快,或短时间高强度排弃,使土体应力加大,沉降亦加快。当沉降速度大于土体中水的排泄速度(即孔隙水压力的消散速度),引起有效内摩擦角下降和抗剪强度降低,当沉降速度大到孔隙水压力来不及消散时,土体抗剪强度显著下降,继续发展下去,有发生滑坡的可能,应尽快采取工程措施,减小水对排土场基底的进一步弱化。

表 5-1　水位上升对整体边坡稳定影响

剖面	安全系数		
	水位 1124m	水位 1130m	水位 1135m
GK1	1.200	1.156	1.112
GK2	1.114	1.108	1.050
GK3	1.290	1.250	1.210
GK4	1.205	1.175	1.120

5.1.4　充水基底排土场边坡拉张损伤破坏数值模拟

1. 计算方法

排土场基底充水损伤后形成软弱层,其上部排土场坐落在弱层上,当边坡系统发生沿弱层向临空面方向的变形和滑移时,边坡体上部将发生拉张损伤直至开裂,本节基于有限元分析的基本理论及分析模式,进行相应的程序设计,对边坡体变形失稳模式进行模拟计算。

该程序处理岩土问题的分析过程主要包括以下三个步骤:①创建有限元模型,

含创建几何模型、定义材料属性、单元网格划分等；②施加载荷并求解，含施加的载荷选项、设定约束条件、求解等步骤；③结果输出，含计算结果的图表、曲线等的显示、输出等。

煤岩破裂点沿主拉应力方向出现开裂的实现步骤是：

（1）根据开裂准则搜索开裂点；

（2）搜索开裂点周围的全部单元，查找相关单元信息；

（3）根据主应力矢量方向搜索需要开裂的单元；

（4）求需要开裂单元与开裂方向在开裂边上的交点；

（5）增加与开裂点重合的节点；

（6）劈开单元。修正单元节点编号和增加新的单元，根据新增节点（包括开裂点上的重合节点），增加相应的单元，修正网格。在劈开单元的过程中，保持对于新增重合节点和原节点在单元编号中的一致性问题；

（7）修正开裂点周围其余单元的编号信息；

（8）优化开裂后的网格。对畸形单元进行优化处理；

（9）输出经过修改的有限元网格信息。包括节点坐标信息、单元编号信息、节点规格数信息、节点边值信息文件等。

2. 计算模型选取

本节数值模拟选取 GK3 剖面进行。剖面模型见图 5-30。

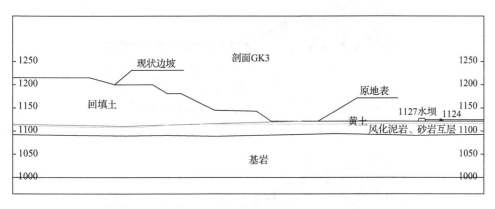

图 5-30　选取 GK3 剖面模型

3. 计算结果

GK3 剖面开裂扩展应力云图见图 5-31～图 5-42。

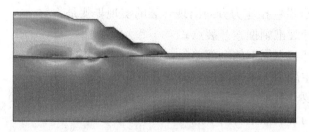

图 5-31　边坡第一步开裂整体应力图

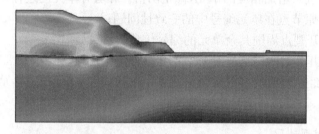

图 5-32　边坡第二步开裂整体应力图

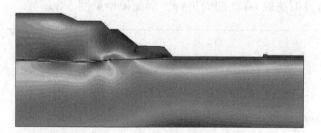

图 5-33　边坡第三步开裂整体应力图

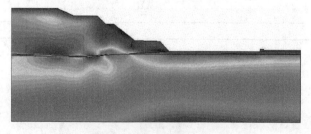

图 5-34　边坡第四步开裂整体应力图

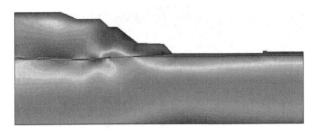

图 5-35　边坡第五步开裂整体应力图

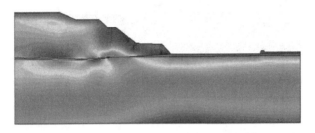

图 5-36　边坡第六步开裂整体应力图

图 5-37　边坡第七步开裂整体应力图

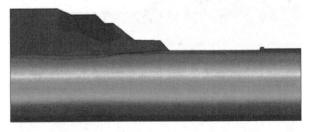

图 5-38　边坡第八步开裂整体应力图

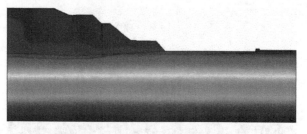

图 5-39　边坡第九步开裂整体应力图

图 5-40　边坡第十步开裂整体应力图

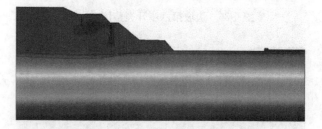

图 5-41　边坡第十一步开裂整体应力图

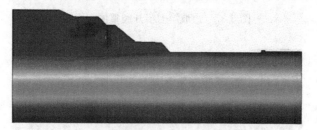

图 5-42　边坡第十二步开裂整体应力图

4. 结果分析

从计算结果可以看出,基底在渗流-损伤耦合作用下发生强度损伤,导致边坡发生沿弱面的位移,随着位移的增大,第一个台阶首先出现拉应力集中,随着损伤度的增加,逐渐出现拉张裂缝(图 5-33、图 5-34)。随着边坡下部弱层变形继续发展,裂缝数量增多并向纵深发展。由于坡体本身抗拉强度较低,在边坡体发生向下变形时,对坡体后缘有张拉作用,因此损伤区扩展到坡体后缘(图 5-37、图 5-38),随着时间的推移,损伤区向边坡深部扩展,拉张裂缝有贯入到弱层的趋势。从图 5-39～图 5-42 可以明显看出边坡后缘开裂的位置,同时也可以看出随着裂纹的出现,边坡系统应力释放的过程。如果不对基底水入渗问题及时治理,随着基底的进一步弱化,边坡系统强度损伤度随之增加,边坡的变形将会继续发展,甚至造成变形区边坡发生失稳。从计算结果可以判断出变形区边坡变形破坏模式:在上部岩体的重力作用及下部边坡变形的牵引下,边坡后缘发生拉张破坏,边坡体沿着基底充水弱层滑移,最终在坡脚处剪出,符合"圆弧"或"坐落-滑移式"变形破坏的特点。通过数值模拟计算可知,这个边坡系统稳定性控制的关键点在于基底充水弱层,因此,可采取控水、弱层土岩置换及压脚等措施进行治理。

5.2　充水煤岩边坡渗流-损伤耦合机理数值模拟

5.2.1　工程背景

东明露天煤矿位于大兴安岭西坡的海拉尔河北岸,生产规模为 180 万 t/年。露天矿走向长约 2.1km,倾向宽约 1.9km,面积 4km²。图 5-43 为东明露天矿区平面位置图:非工作帮位于露天矿首采区南侧,上方为东明露天煤矿外排土场,下方为矿坑采掘区;紧邻南端帮的西端帮上侧为外排土场,下侧为矿坑采掘区。

东明露天矿地质条件复杂,第四系松散层由砂土、黏土、砂砾石组成,基岩中的粉砂岩风化严重,泥岩强度较低,特别是充水量大时,其强度急剧下降,现场踏勘及勘察发现东明矿边坡体虽经过疏干,但其充水量仍然非常大。露天矿南帮存在断层破碎带,断层破碎带内岩体破碎严重,强度较低;随着露天矿生产的进行,矿坑不断延深,边坡临空面积增大,各岩层构造相继揭露,并且排土场排弃标高已经超过设计标高,露天矿边坡稳定及安全生产问题日益突出[90]。

东明矿边坡滑坡属于充水煤岩体边坡渗流-损伤耦合作用下失稳问题,所以对东明矿煤岩边坡的稳定性分析和渗流-损伤耦合数值模拟研究尤为必要。东明露天煤矿特殊的水文地质条件(充水,见图 5-44),复杂的地质构造(断层破碎带,见图 5-45～图 5-46),两者相互耦合作用,导致的煤岩边坡失稳问题是非常典型的,对其进行煤岩边坡渗流-损伤耦合数值模拟研究具有重要的应用价值。

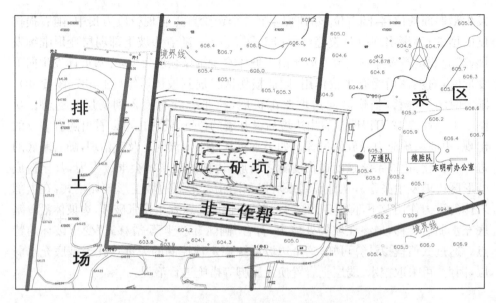

图 5-43　东明矿区平面位置图

图 5-44　矿坑积水

图 5-45　矿坑南帮

图 5-46 　 南帮断层

5.2.2 　 充水煤岩边坡开裂破坏机理数值模拟

1. 计算参数选取

煤岩体计算参数见表 5-2,露天矿开采矿坑涌水量预算统计表见表 5-3。

表 5-2 　 煤岩体力学指标表

岩石名称	E/MPa	μ	γ/(kN/m³)	C/10³Pa	φ/(°)	K/(m/s)
排弃物	540	0.3	1.42	6.75	23.7	$2\sim5\times10^{-4}$
第四系砂砾层	1180	0.33	1.78	6.75	34.5	$5\sim10\times10^{-4}$
泥岩软层	570	0.29	1.65	3.00	1.7	$5\sim10\times10^{-9}$
煤	540	0.3	1.28	67	25.4	$1\sim10\times10^{-6}$
破碎带	300	0.4	1.64	5.46	14.6	$5\sim10\times10^{-4}$

表 5-3 　 露天矿开采矿坑涌水量预算统计表

充水岩组	孔号	钻孔平均渗透系数/(m/d)	充水层平均渗透系数/(m/d)	水力坡度/%	充水层平均厚度/m	影响半径 R	引用半径 r_0	应用半径 $R_0=R+r_0$	矿坑涌水量/(m³/d)
第四系	X4	73.49	94.24	1	32.00	3514.57	1128.67	4643.24	280 050.43
	X5	114.99							
13-1 煤组	X11	1.74	1.44	2	19.40	205.08	1128.67	1333.74	1 490.38
	X12	1.14							
13-2 煤组	X11	1.74	1.44	2	2.63	10.24	1043.63	1053.87	159.65
	X12	1.14							
31 煤组	X11	1.74	1.44	2	9.89	74.65	1114.67	1189.11	677.40
	X12	1.14							
合计									28 2377.85

2. 有限元模型建立

在不影响计算结果的前提下,经过简化得到的典型计算剖面和几何模型,分别如图 5-47 和图 5-48 所示。模型尺寸为宽 828m,高 265m,图形显示的横向与纵向比例为 1∶1。基于 FEPG 软件平台,编制相应的破裂程序。应用有限单元法进行数值模拟之前,选取现场实际边坡剖面,建立实体模型。剖分网格时,充分考虑煤岩边坡形成过程中各种力学参数的变化。对于边界条件施加的处理上,采取适时适量增加载荷的方式,从而在煤岩体流变数值分析过程中,逐步改变研究体系结构。计算网格划分见图 5-49,划分 2294 个单元、1228 个结点。

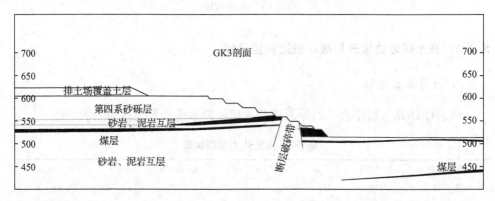

图 5-47　GK3 计算剖面图

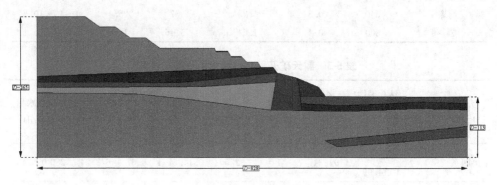

图 5-48　几何模型

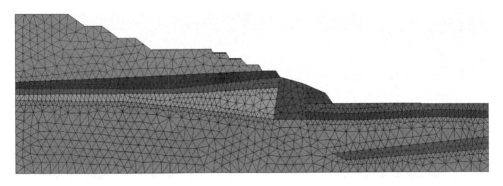

图 5-49　模型网格划分

3. 拉张损伤破坏计算

1）计算步骤

计算分两个阶段进行：

第一步：首先进行试计算，得出各个结点的应力数值，根据前处理所获数据及计算模型形成初始地应力场。

第二步：应用程序进行计算，判断应力值，寻找到应力的最大值，也就是整个模型中破坏点出现的位置。由于在试算时已经得到相应的应力的矢量方向，在此基础上进行裂纹的生成和扩展计算。

2）计算结果

本节依托东明露天矿现场实际，选取典型计算剖面对充水煤岩边坡的拉张损伤破坏规律进行数值模拟计算，计算结果见图 5-50～图 5-54。

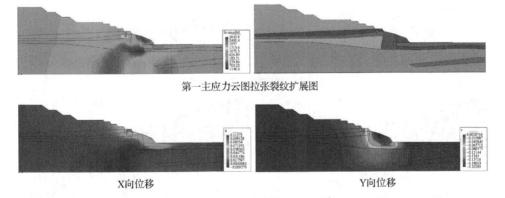

　第一主应力云图拉张裂纹扩展图

　　X向位移　　　　　　　　　　　　　　　Y向位移

图 5-50　第一步开裂计算云图

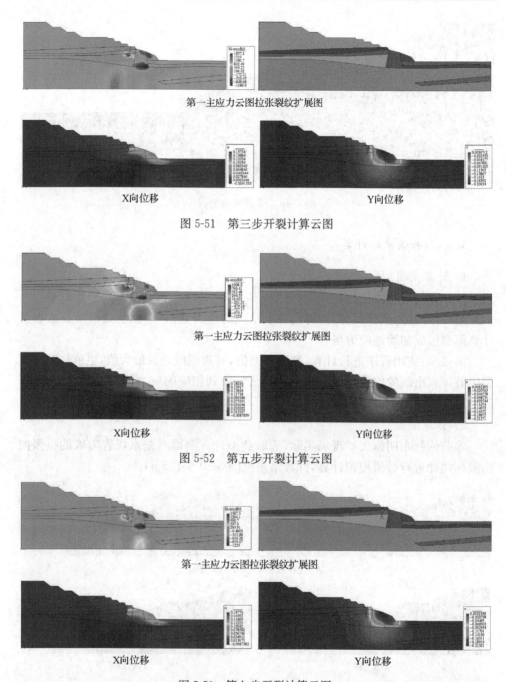

第一主应力云图拉张裂纹扩展图

X向位移　　　　　　　　　　　　　Y向位移

图 5-51　第三步开裂计算云图

第一主应力云图拉张裂纹扩展图

X向位移　　　　　　　　　　　　　Y向位移

图 5-52　第五步开裂计算云图

第一主应力云图拉张裂纹扩展图

X向位移　　　　　　　　　　　　　Y向位移

图 5-53　第七步开裂计算云图

由于降雨引起边坡系统渗流场发生变化,加之东明矿煤岩边坡特殊的地层构造,使得原本破碎的断层带在渗流场与应力场耦合作用下发生损伤,煤岩体损伤首

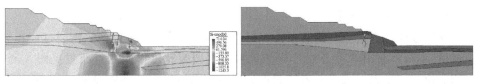

第一主应力云图　　　　　　　　　　拉张裂纹扩展图

X向位移　　　　　　　　　　　　　　Y向位移

图 5-54　第八步开裂计算云图

先发生在断层带上部台阶,随着损伤度增加出现下沉变形。从图 5-50 可以看出断层带上部台阶处岩体发生拉张损伤并出现裂纹,边坡体下沉并向临空面发生局部移动。发生这种变形的主要原因是边坡系统内断层破碎带的存在,其结构松散且力学指标低,在重力作用下极易发生变形。另外其特殊的结构也改变了原有渗流场,使得地表水及大气降水大量通过断层破碎带入渗至边坡体,渗流场的改变又加剧了断层破碎带的弱化。

随着边坡断层后缘拉张损伤的继续,损伤区向边坡体深部扩展,裂纹发展,应力释放,在渗流-损伤耦合作用下,边坡体继续下沉并向临空面发生移动。

边坡继续发生拉张破坏,裂纹随着损伤区的发展继续向边坡深部扩展,通过图 5-52 中第五步的变形图可以清楚地看到断层上部台阶拉张裂缝的扩展深度明显增加。从第一主应力云图和从 X 向位移云图还可以看出在坡脚处出现明显的压剪损伤区和向 X 正向的位移,损伤区发育位置在坑底煤层底板下面某一深度,原因是在坡脚的煤层底板下部赋存一层泥岩层,泥岩层为隔水层,其下部水为承压水,由于边坡的开裂导致渗水量增加,水压也随之增加,泥岩层发生充水强度损伤。

同第五步计算结果相比,随着边坡开裂过程的继续,上部拉张损伤区和下部压剪损伤区及裂纹继续向深部扩展,边坡体继续下沉并向临空面发生移动。

第八步计算结果为边坡失稳前的计算结果,边坡系统在前几步的基础上继续开裂,在断层破碎带上部台阶处的裂缝深度已经扩展至与坑底标高相当的位置,并出现分叉现象,表明次生裂纹已经出现,另外坡脚煤岩底板下的泥岩层组所发生的压剪损伤及损伤区加大,位移随之加大,并在地表出现底鼓现象,说明裂隙贯通,滑坡体已经形成。滑坡模式已经非常明显,是典型的“坐落-滑移式”破坏。即边坡后缘沿着已经贯通的裂隙,中部沿泥岩弱层滑移,前部从坡脚处剪出,由于煤层底板强度较泥岩层高,滑坡体前缘将寻找最弱的部位剪出,因此在坡体前缘的矿坑底部一定位置将会出现底鼓。

3) 监测点计算分析

在边坡体拉张裂隙两侧共布置 3 组监测点对,用来监测裂缝的扩展过程和裂隙宽度,本节针对第八步开裂计算结果来监测裂隙宽度。监测点布置见图 5-55,监测点位移数据表见表 5-4,各监测点分离后裂隙宽度变化曲线见图 5-56,各监测点位移曲线见图 5-57。

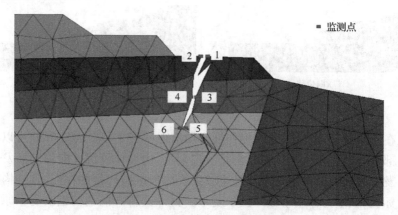

图 5-55　模型监测点局部放大图

表 5-4　监测点位移表

开裂步	监测点 1 位移/cm	监测点 2 位移/cm	监测点 3 位移/cm	监测点 4 位移/cm	监测点 5 位移/cm	监测点 6 位移/cm
0	0	0	0	0	0	0
1	0.9	0.2	0	0	0	0
2	5.5	0.28	0.15	0.08	0.05	0
3	27.8	1.3	0.95	0.21	0.09	0
4	44.5	3.2	5.5	0.8	0.2	0
5	54	4.8	9.8	1.3	0.8	0.18
6	70	14	33	7.7	2.5	0.9
8	178	105	16	16	6.9	1.2

从各监测点分离后位移变化曲线图可知,在主干裂隙上,监测点 1-2 在第一步时发生破裂,该节点分裂为两个节点,边坡体的开裂促使水更多地流入边坡体,反过来水的作用与边坡体重力载荷又促使裂隙继续扩展,延伸至监测点 3-4 和监测点 5-6,监测点 3-4 在第二步产生裂隙,监测点 5-6 在第五步产生裂隙,裂隙宽度随着时步的增加而开裂。计算结果也记录了边坡煤岩体损伤区的发展过程。到边坡失稳前最大裂隙张开相对位移为 73cm。从监测点表面竖向位移为 380cm。

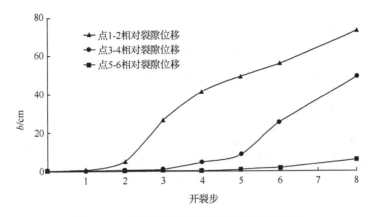

图 5-56　各监测点分离后裂隙宽度变化曲线

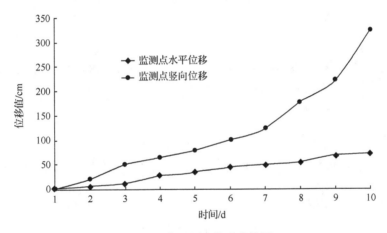

图 5-57　各监测点位移曲线图

5.2.3　充水煤岩边坡水压消散规律数值模拟

　　岩石在变形、破坏过程中,由于岩石本身的不均匀、不连续性,煤岩内部的孔隙和裂隙都会发生变形,水不能很协调地随煤岩体的变形自然、迅速地排出,加之水是不可压缩的,因此会产生很高的孔隙压力,使煤岩的孔隙度增加,减小煤岩滑移面上的正压力,降低摩擦力,致使煤岩发生充水强度损伤。因此使煤岩的承载能力降低,实际承载面积减小,实际载荷大大高于表观载荷,表现为在一定围压下,煤岩的强度随孔隙压力的增加而降低。本节在理论研究的基础上,对煤岩边坡在变形、破坏过程中的孔隙水压消散规律进行数值模拟研究。

1. 计算步骤

由以上开裂计算的位移结果,设定地层中的水压分布。通过孔隙水的渗流计算程序,得出地层中的水压随着开裂消散的过程。

2. 计算结果

仍依托东明露天矿现场,在上节计算的基础上,对边坡系统开裂过程中孔隙水压的消散规律进行数值模拟计算。计算结果见图 5-58。

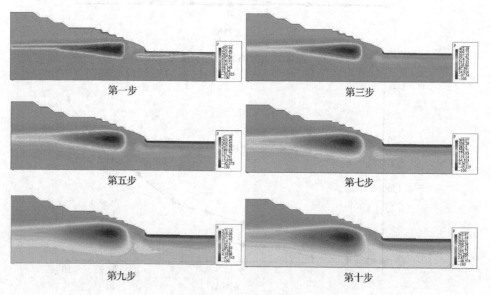

图 5-58　水压消散分步图

由于以上边坡煤岩体损伤-开裂的过程与入渗过程相对应,在初期煤岩体自身存在节理裂隙,定义此时煤岩体处于初始损伤阶段,在这个阶段中,水入渗的速率高于固有裂隙中的扩散速率。随着边坡煤岩体损伤区及损伤度的扩展,岩体发生拉张破坏,产生新的裂隙,入渗量逐渐加大。水压及水的渗流作用又加速了煤岩体的开裂程度,孔隙水压力得到消散。裂隙发展越快,裂隙越多,孔隙水压力消散的程度越大。从图 5-58 的云图中可以看出,随着边坡体裂隙扩展,孔隙水压力消散范围逐渐扩大,并逐渐逼近坡表,结果会使得坡表附近的岩体进一步损伤,支撑力减小,对整个边坡系统的稳定性构成严重影响。

选取边坡体内的 5 个点作为孔隙水压力监测点,监测点 1、监测点 2、监测点 3位于滑坡体后缘,监测点 4、监测点 5 位于滑坡体前缘,这几个点的监测数据对本次分析具有代表性。监测点位置见图 5-59。监测点孔隙水压见表 5-5。图 5-60 为各监测点的孔隙水压力随充水时间的变化曲线。可以看出各计算监控点在初期孔隙水压力最大,说明此时煤岩体损伤度和开裂较小,而随着损伤区及损伤度的增加,拉张裂缝扩展,孔隙水压力迅速下降,水充满新产生的裂隙中,然后平稳下降,最终趋于稳定。可以预测当边坡失稳时,裂隙完全贯通,孔隙水压力会急剧消散,直至消失。

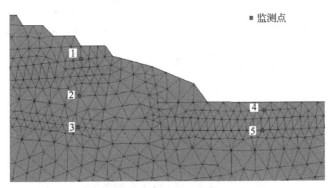

图 5-59　模型监测点局部放大图

表 5-5　监测点孔隙水压

开裂步	监测点 1 孔隙水压/kPa	监测点 2 孔隙水压/kPa	监测点 3 孔隙水压/kPa	监测点 4 孔隙水压/kPa	监测点 5 孔隙水压/kPa
1	316.984	495.641	242.929	287.706	199.833
2	171.48	481.949	247.488	304.037	206.264
3	108.5914	462.185	236.737	310.772	208.39
4	74.1888	441.414	219.701	312.053	204.151
5	50.849	421.382	201.803	311.466	199.848
6	34.6548	402.813	184.956	309.696	194.124
7	22.66729	385.895	169.72	307.334	188.563
8	13.5349	370.59	156.151	304.63	182.927
9	6.3348	356.769	144.117	301.743	177.555
10	0.5161	344.272	133.436	298.764	172.413

5.2.4　充水煤岩体边坡渗流-损伤耦合计算

边坡渗流-损伤的过程,主要是前期固有裂隙在大气降水作用下造成的中部边坡下沉和后期边坡开裂的联合作用,在这个过程中边坡系统应力场和渗流场耦合作用,相互促进,加剧了边坡的变形失稳过程。边坡渗流-损伤的过程,在本实例中,是边坡下部的泥岩层在地下承压水的浸润作用下发生损伤破坏,引起边坡有沿着弱层滑移的趋势;基岩破碎带节理裂隙发育,结构松散,导致地表水径流和地下

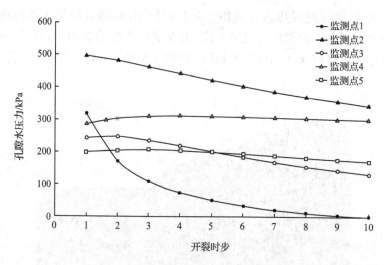

图 5-60　渗透压随开裂时步的变化曲线

水系的改变,增加了渗透性,也改变了边坡的渗流稳定平衡,引起煤岩体渗透压的增大,又将进一步导致煤岩体的开裂与扩展,加剧了煤岩体的损伤演化,出现渗透损伤;在水压消散的过程中,动水压力也再次作用在边坡的结构中,加剧了边坡变形、失稳的进程。也就是说在二者的耦合作用下导致边坡体部分结构损伤,直至边坡失稳。这种渗流与煤岩体损伤的作用是互相耦合的,这种耦合效应对于岩土工程,特别是强降雨下高煤岩边坡工程而言,是造成失稳的重要因素。

　　本节在前面理论分析和计算的基础上,继续开展研究,模拟在变形、破坏的过程中边坡体的损伤度及损伤单元的演化过程。在边坡体损伤过程中各计算时步损伤度和损伤单元的演化过程计算结果见图 5-61~图 5-66,监测点位置见图 5-67,不同时步耦合计算损伤单元数目变化曲线见图 5-68,各监测点耦合计算渗透压和损伤度与时步关系曲线见图 5-69。

　　图 5-61~图 5-66 是边坡体损伤过程中各计算时步损伤度和损伤单元的演化过程计算结果。

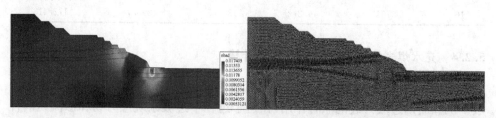

图 5-61　第一步损伤度及损伤单元

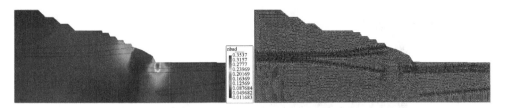

图 5-62　第六步损伤度及损伤单元

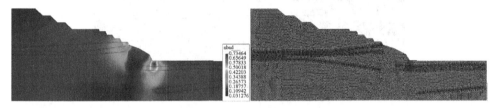

图 5-63　第七步损伤度及损伤单元

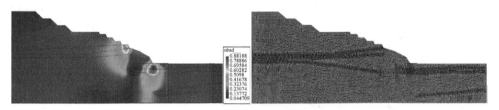

图 5-64　第八步损伤度及损伤单元

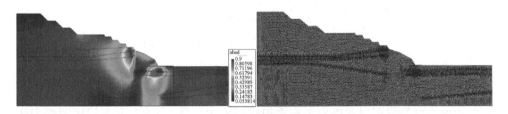

图 5-65　第九步损伤度及损伤单元

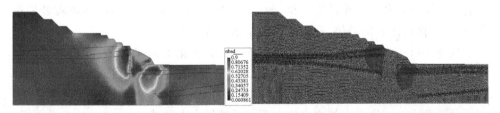

图 5-66　第十步损伤度及损伤单元

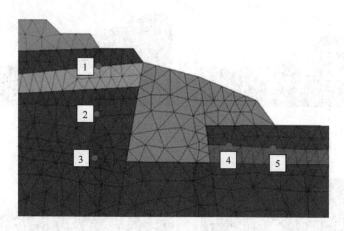

图 5-67　模型监测点局部放大图

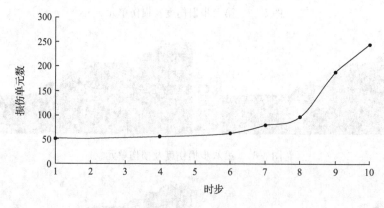

图 5-68　不同时步耦合计算损伤单元数目图

　　据图 5-61～图 5-66 可以看出:在第一时步时损伤单元首先出现在坡脚,同时断层上部台阶出现损伤区。原因是大气降水经由断层破碎带岩体入渗至边坡体,导致边坡底部泥岩弱层首先发生充水损伤而发生位移,牵动上部断层破碎带岩体所致。随着时步的增加在渗流-损伤耦合作用下,损伤区域、损伤度和损伤单元均扩展。从第九步和第十步计算结果(图 5-65、图 5-66)可以看出断层及坡脚处损伤严重,损伤区有闭合的趋势,滑坡体已经基本形成。

　　从图 5-68 的损伤单元增加曲线图可以看出,从第 8 时步开始,损伤单元急剧增加,表明边坡即将失稳。从图 5-69 中各监测点渗透压和损伤度与时步关系图可知:充水煤岩体边坡随着裂纹发生、衍生、扩展作用,渗透压沿主干裂隙迅速消散,并沿着裂隙方向传递。完整煤岩体由于渗透性较主干裂隙弱,最初水压上升缓慢,水压明显落后于主干裂隙的水压,出现渗流滞后现象。随时间增长,在水力梯度驱动下,主干裂隙内水流入煤岩的裂隙网络内,煤岩内水压上升速度较主干裂隙快,两者水压差逐步降低,最终达到稳定状态。

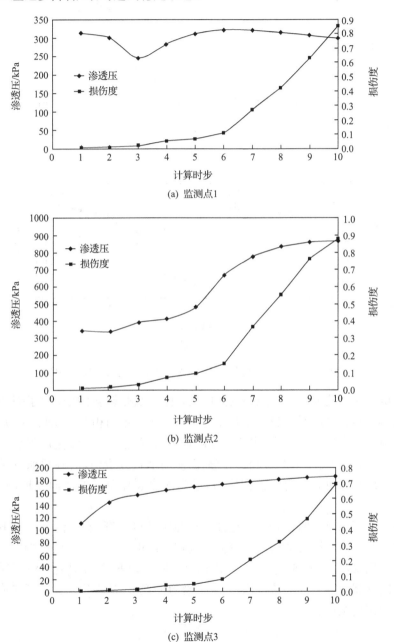

(a) 监测点1

(b) 监测点2

(c) 监测点3

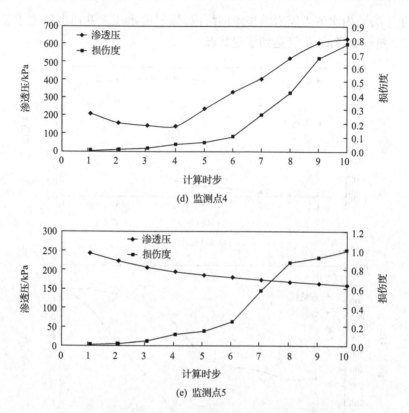

(d) 监测点4

(e) 监测点5

图 5-69　各监测点耦合计算渗透压和损伤度与时步关系图

　　煤层渗流会改变主干裂隙的法向应力,主干裂隙渗透水压减少了裂隙有效法向应力,裂隙张开度增加,裂隙张开度与渗透水压是密切相关的,随着渗流的发展,主干裂隙渗透水压逐步下降,水流沿裂隙面向外渗流。煤岩渗流过程也是主干裂隙发生变形,张开度增大的过程。在渗流-损伤耦合分析中,由各裂隙单元的渗透水压计算出裂隙单元的有效法向应力,进而求出裂隙单元的法向变形,即裂隙张开度。

　　耦合计算结果表明:随着渗流发展,裂隙张开度逐渐增加,渗透水压不仅改造了煤岩的断续裂隙网络结构而且对主干裂隙变形也会产生很大的影响。对煤岩渗流过程采用渗流-损伤耦合分析可以模拟出不同时刻下煤岩的损伤状态(这是渗透水压对断续裂隙网络的改造过程)和主干裂隙的变形,从理论上揭示了渗流软化煤岩边坡的作用机理。

5.3　层状煤岩边坡蠕变破裂数值模拟

5.3.1　工程背景

海州露天煤矿 1953 年 7 月正式投产,于 2005 年闭坑。现全矿占地 26.82km², 东西长 4.0km、南北宽 2.0km, 垂直开采深度－350m, 坑底海拔 －175m, 排土场 14.8km², 工业广场 3.84km²。南帮原设计总边坡角为 38°38′, 北帮总边坡角为 18°～20°。矿区岩层产状一般倾向 130°～150°, 倾角 17°～24°、局部 30°。图 5-70 为海州露天矿矿区地质地形图。

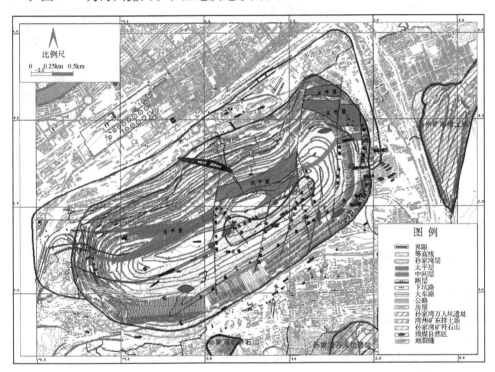

图 5-70　海州露天矿矿区地质地形图

据统计,海州露天矿国家矿山公园从 1953～2009 年之间共发生了 90 余次滑坡,平均每年发生 1.6 次滑坡,其中有 36 次因软弱夹层导致滑坡;降雨,地表水入侵诱发 29 次;夹层具有明显的流变特性,又在水的影响下,导致露天矿边坡滑动。

海州矿露天边坡滑坡属于含软弱夹层的层状边坡蠕变失稳问题,预测闭坑后的露天高边坡长期稳定性研究的资料却很少。岩石的蠕变是层状边坡变形的一个非常重要的因素,边坡的蠕变为一个没有明显滑移面的长期地质运动,这种蠕变是煤岩体的各种微小运动过程的结果。虽然每年只发生几十毫米的位移,但是在较长的时间内这种位移累加在一起,则就表现为可以量测出来的边坡运动,如图 5-71。如果运动超出了临界加速度值,则蠕变就转化为滑移和流动,程度不同的边坡运动总会导致岩石工程的损坏。鉴于此,本节对海州矿露天边坡含软弱夹层层状岩质边坡与水渗流耦合作用下的长期稳定性进行模拟研究,以增进对其失稳机理的认识,提高该类边坡的长期稳定性计算分析方法的可行性与可靠性。

2004年10月29日 拍摄　　　　　　　　　　　2005年5月28日 拍摄

图 5-71　海州矿北帮边坡变形破坏图

5.3.2　工程地质特征

煤岩体的工程地质特征可概括为四点:

(1) 煤岩体是复杂的地质体,经历了漫长的岩石建造和构造改造作用,而且随着地质环境的变化,其物理力学等工程性质也将发生变化,甚至恶化,它不仅可由多种岩石组成,而且其间还包含有层面、裂隙、断层、软弱夹层等物质分异面和不连续面,并赋存有分布复杂的地下水、地温等;

(2) 煤岩体的强度主要取决于煤岩体中层面、软弱夹层、断层和裂隙等结构面的数量、性质和强度,结构面导致了煤岩体的不连续性、不均匀性和各向异性;

(3) 煤岩体的变形主要是由于结构面的闭合、压缩、张裂和剪切位移引起,煤岩体的破坏形式主要取决于结构面的组合形式,即煤岩体结构;

(4) 煤岩体中存在有复杂的天然应力场。

层状煤岩体除具有上述 4 点煤岩体的共性外,其间分布的层面或片理面等为一组优势结构面,而且层状煤岩体通常呈现软、硬互层状的岩性组合特征,煤岩体中裂隙的发育程度在很大程度上受控于层面和软岩层,且与层面呈大角度相交,从而使层状煤岩体具有独特的"层状砌体式"结构特征。影响层状边坡稳定性的因素众多,如优势结构面的间距与倾角、边坡角、软弱夹层的力学性能、边坡所组成煤岩体的力学性能等。

层状煤岩体边坡,是指分布有一组占绝对优势结构面,即层面、片理面等,平行于优势结构面方向,煤岩体的组成基本相同,而垂直优势结构面方向,煤岩体的组成则呈现频繁的软硬交替。由于这种优势结构面多属原生结构面,所以,褶皱作用强烈。因褶皱作用而产生的层间剪切错动,则使优势结构面的物理力学性质进一步弱化,甚至成为对煤岩体稳定起控制作用的泥化夹层。所以层状煤岩体边坡中构造结构面的发育情况在很大程度上受控于优势结构面的发育与分布。

5.3.3　破坏致因分析

边坡变形按先后顺序可分为两类[91]:一类是减速变形,是由于边坡开挖导致煤岩体残余构造应力释放的时间效应而产生的,其特点是变形开始阶段速度快,随时间的延长逐渐减慢,最终趋于停止;另一类是增速变形,其力学根源是煤岩体的自重应力,变形特点类似岩石的蠕变过程,即存在衰减蠕变、稳定蠕变和加速蠕变三个阶段,其中加速蠕变是边坡破坏的起点。边坡由减速蠕变向增速蠕变转变,是其发生蠕变破坏必经的过程,而导致这种破坏的因素是多方面的。

层状岩坡煤岩体中除存在断层破碎带、节理等不连续面外,更重要的是还存在一种沉积岩层面,具有软硬相间的特征,从而使其在外界水、诱导作用下极容易发生多种形式的蠕变破坏。许多边坡蠕变破坏的典型实例中,都是由于边坡中软弱夹层物理力学性质的衰减引起的。软弱夹层,是指夹于相对坚硬岩层中的力学强度低的岩石薄层,属于软性结构面。产状与上下岩层基本一致,软弱夹层的物理指标包括干容重、天然含水率、饱和度、密度、液限与塑限、塑性指数、软化系数、固结系数等,力学指标包括摩擦角、凝聚力、变形模量、弹性模量、泊松比、剪切模量黏滞系数等。由于弱层往往是由黏土质矿物构成的页岩、泥岩等组成,遇水容易软化,物理力学性质恶化,并且具有在恒定的载荷作用下,表现出随着时间推移而产生变形的流变特性,它不但控制了边坡的变形、失稳,而且还制约着蠕动边坡滑坡灾害的发生。

由于泥化带也存在着由陈宗基教授在黏土中发现的第三屈服值 f_3(当剪应力大于 f_3 时,黏土的变形随时间的延续而越来越显著地发展,最后导致破坏;剪应力小于 f_3 时,黏土虽能出现流动,但不会导致破坏),可由图 5-72 说明。当剪应力为 0.08MPa,略小于泥化带的 f_3(0.085MPa)时,除发生在纵轴上的弹性变形和一小段弹性延缓变形外,流动的速度梯度很小,在流变曲线上表现为具有一定黏度的稳定流动,曲线基本成直线且大致平行于 X 轴(曲线 1)。当剪应力为 0.18MPa 即大于 f_3 时,是一个稳定的黏滞流动阶段(曲线中的 AB 段)。但是,由于剪应力较大,随着时间的推移(B 点之后),变形发展的速度越来越快而成为加速流动阶段,最后导致结构的剪断破坏。所以 f_3 可视为结构破坏极限的界限应力。可见软弱夹层在边坡蠕变破坏中起着重要的控制作用。

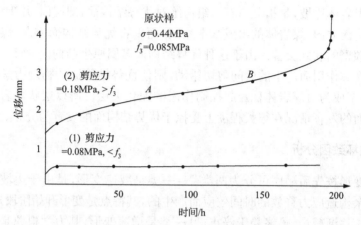

图 5-72　在不同剪应力下的流变曲线

5.3.4　蠕变破裂模拟

海州矿露天边坡滑坡属于含软弱夹层的层状边坡蠕变失稳问题,所以开展层状边坡稳定性分析和蠕变破裂数值模拟研究尤为必要。

1. 计算参数

根据现场勘察、试验及经验获取煤岩体力学参数见表 5-6。

表 5-6　煤岩体力学指标表

岩石名称	E/MPa	G/MPa	μ	γ/(kN/m³)	C/10⁵Pa	φ/(°)	K_n/(kN/m)	K_s/(kN/m³)
8#弱层	13.96	5	0.286	17.99	0.45	19.71	13.96	4.9
9#弱层	44.09	17.14	0.286	17.99	0.187	10.61	44.21	16.80
9#上岩	4.49	1.25	0.395	24.36	1.15	33.07	4.42	1.23
粉砂岩	91.92	35.74	0.286	24.36	1.15	33.07	90.39	35.02
8#上岩	95.50	37.13	0.286	24.36	1.15	33.07	94.59	36.39
5#6#7#	13.96	5.00	0.395	17.99	0.175	17.75	13.96	5.00
黄土	11.82	4.00	0.323	20	0.5	28.00	11.94	4.28
基岩	111.49	44.35	0.286	24.36	1.15	33.07	109.26	42.48

2. 数值模拟及稳定性计算

1）数值模拟

剖面 E20，在不影响计算结果的前提下，模型经过简化如图 5-73 所示。宽 1290m，高 345m，下边界标高为▽－150m，坑底标高为▽－90m。图形显示模型的横向与纵向比例为 1：1。

模型及网格划分见图 5-74，最大切应变云图见图 5-75。

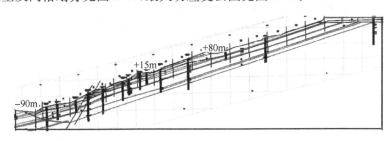

图 5-73　剖面 E20 计算模型

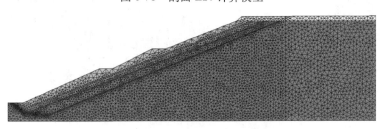

图 5-74　模型及网格划分图

图 5-75　最大切应变云图

2）稳定性计算

分两种方案进行稳定性评价。分别采用 FLAC-slope 模块和 Geo-Studio 软件，进行不考虑水影响和考虑水影响的稳定性计算。

方案一：不考虑水影响的 FLAC-slope 稳定性计算

从图 5-76 可知，临界滑移面安全系数为 1.90，导致边坡滑动的原因主要为 6#、7# 和 8# 弱层，其中 8# 弱层为主要滑移面，边坡总体相对稳定，由于滑移面与地面贯通,若水入渗到各弱层使得其随时间的推移整个边坡会沿弱层发生蠕动,导致整体滑坡,所以建议对 $6^\#$、$7^\#$ 和 $8^\#$ 弱层对应地面处采取相应的隔水处理措施。

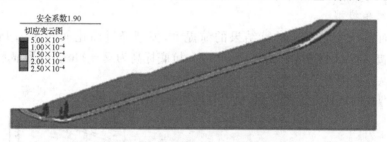

图 5-76　不考虑水影响时稳定性计算

从图 5-77 可知,考虑水影响时临界滑移面安全系数为 1.25,滑移面延伸到地面。

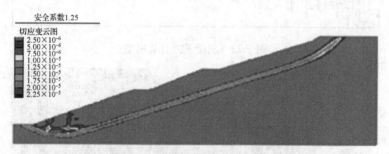

图 5-77　考虑水影响时边坡稳定性计算

方案二:不考虑水影响的 Geo-Studio 稳定性计算

应用 Geo-Studio 计算稳定性见图 5-78 和图 5-79。可得,不考虑水影响安全系数=1.857,考虑水时安全系数=1.526。

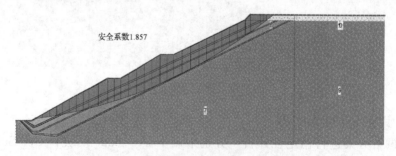

图 5-78　不考虑水影响时稳定性计算

经过应用不同的数值计算软件进行稳定性计算表明,水对边坡的稳定性至关重要,分别由 1.90 降到 1.25 和由安全系数=1.857 下降到安全系数=1.526。所以海州矿边坡的稳定与否,与排水系统和防水措施正常运转关系密切。

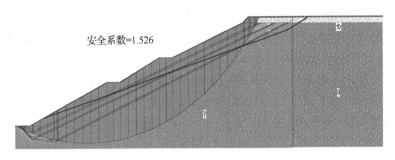

图 5-79　考虑水影响时稳定性计算

通过对应用 FLAC 和 GEO-STUDIO 软件进行海州矿层状边坡的稳定性分析,确定弱层 6♯、7♯、8♯为关键的临界滑移面,并在水的影响下,边坡发生滑动和失稳。

3. 蠕变破裂数值模拟

1) 方案一:受法向力作用下蠕变破裂过程模拟

含有缺陷的煤岩体受工程或外界扰动后,在复杂受力过程中沿缺陷尖端破裂与扩展,导致煤岩体断裂破坏,工程结构失稳或煤岩体工程稳定性受到影响。由岩石力学及岩石试验可知,岩石的各种强度指标值有很大的差异,抗拉强度远小于抗剪和抗压强度。

基于第三章蠕变破裂准则,应用 FEPG 软件的开裂模块,并编制相应的蠕变破裂程序,在进行有限元分析前,确定离散化网格时,充分考虑岩质边坡形成过程中的各种力学变化,使得在煤岩体流变数值分析过程中适时适量增量加载、逐步改变研究体系结构,计算模型尺寸如图 5-80,网格划分见图 5-81。划分 11 716 个单元、6 054 个结点。

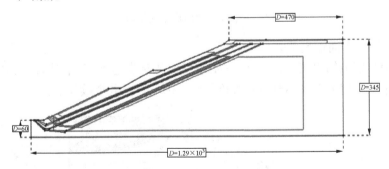

图 5-80　蠕变破裂与渗流耦合模型及尺寸

计算分两个阶段进行,首先要进行试计算,得出各个结点的应力数值,根据前处理所获数据及计算模型形成初始地应力场。未蠕变破裂前的模型初始应力状态见图 5-82。

第二步：应用程序进行计算，判断应力值，寻找到应力的最大值，也就是整个模型中破坏出现的位置。由于在试算时，已经得到相应的应力的矢量方向，在这个基础上，进行裂纹的生成和扩展计算。

软弱夹层的黏弹塑性分析采用西原模型，计算物理力学性能参数根据现场勘查、试验及经验获取，流变参数选取饱和含水率为 2.1% 所确定的参数，其值分别为弹性模量 $E=14.0\text{MPa}$，泊松比 $\mu=0.35$，容重 $\gamma=17.99\text{kN/m}^3$，黏聚力 $C=0.3\text{MPa}$，内摩擦角 $\phi=19.71°$，黏弹性模量 $E_1=102.0\text{MPa}$，黏弹性系数 $\eta_1=308\text{GPa·h}$，黏塑性系数 $\eta_2=16.8\text{GPa·h}$，抗拉强度 $\sigma_t=0.12\text{MPa}$。

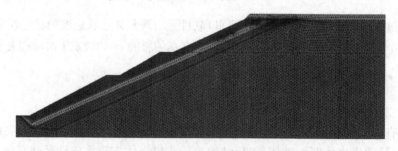

图 5-81　蠕变破裂模型网格划分

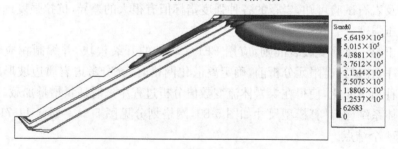

图 5-82　未蠕变破裂前模型初始应力状态

（1）第一弱面蠕变破裂，时步为第 15 个月：

由程序模拟结果图 5-83～图 5-84 知当加载时步达到 15 个月时，在第一弱层的顶部第一主应力首先达到抗拉强度，产生多条裂缝，并继续发展。

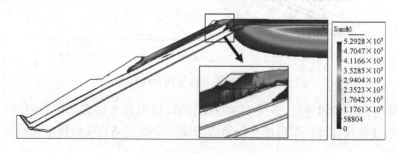

图 5-83　第一弱面蠕变破裂模型主应力图

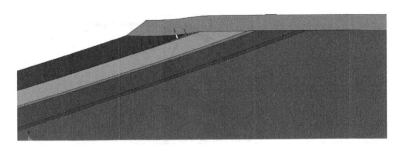

图 5-84　第一弱面蠕变破裂变形图

（2）第二弱面蠕变破裂，时步为第 30 个月：

由图 5-85～图 5-86 知当加载时步达到 30 个月时，在第一弱层的顶部裂缝继续发展和贯通，导致第二弱层顶部主应力达到了抗拉强度，同时产生多条拉裂缝，并有逐步增加的趋势。

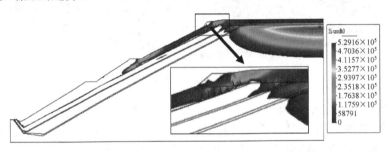

图 5-85　第二弱面蠕变破裂模型主应力图

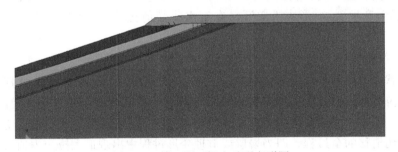

图 5-86　第二弱面蠕变破裂变形图

（3）第三弱面蠕变破裂，时步为第 45 个月：

由图 5-87～图 5-88 可知，当加载时步达到 45 个月时，在第一、二弱层的顶部裂缝继续发展和贯通，导致第三弱层顶部主应力达到了抗拉强度，同时产生多条拉裂缝，并有逐步增加的趋势。

根据受法向力作用下蠕变破裂过程模拟结果图可知，每一个弱层蠕变破裂都是在其顶部与表土接触的地方首先被抗拉强度致开裂。随着边坡坡体的下滑，在

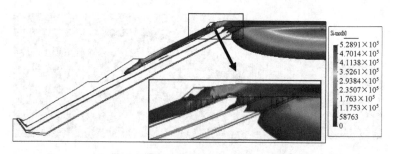

图 5-87　第三弱面蠕变破裂模型主应力云图

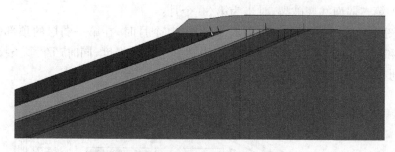

图 5-88　第三弱面蠕变破裂变形图

坡面出现拉应力区域,在坡角处由于下滑的挤压作用出现压应力区域的集中。沿着弱面发生的破坏应该是剪破坏,但在这里模拟的是受法向力作用下蠕变破坏,所以不能出现沿着弱面的滑动,只能在垂直方向上出现裂缝。但可以从岩土(石)抗压不抗拉的特性认为,当弱面的弹模较低时,在重力的作用下,弱面顶部首先发生拉破坏,产生裂纹,形成松散区。在有水或其他扰动时,会在该部位首先发生破坏。

2) 方案二:离层蠕变断裂过程模拟

层状煤岩体的长期变形过程中,岩层离层的过程可认为是在变形过程中岩层层面受拉破坏或受剪滑移并沿层面切向方向扩展和发育的复杂过程。因此,数值模拟可应用复合型最大拉应力理论或剪切破坏理论,模拟流变变形和流变离层拉裂或剪切滑移的全过程。即当岩层或节理变形过程中出现最大拉应力值大于岩石抗拉强度或节理壁面抗拉强度或节理面上的剪应力大于节理剪切强度时,认为岩石单元或节理单元沿该方向被拉坏或剪坏,此方向原来所承受的拉应力或剪应力被释放,转变为等效过量节点力,该方向刚度趋近于零。岩体蠕变破裂过程的数值模拟方程由式(4-51)表述。

基于 FEPG 软件编制离层蠕变破裂程序模块,本程序是在第一主应力矢量方向的垂直方向上生成裂纹,接下来的裂纹扩展也是在继续寻找第一主应力的最值,达到抗拉强度后蠕变开裂,不断循环。

（1）蠕变破裂第 1 个月。第一主应力云图见图 5-89，总位移云图见图 5-90。由模拟结果图 5-91 可知，当加载时步第一月时蠕变破裂出现在第一弱层顶部，显示产生水平裂纹一条，并有继续扩展和贯通趋势，这与受法向力作用下的蠕变破裂刚好相吻合，达到了相互验证。

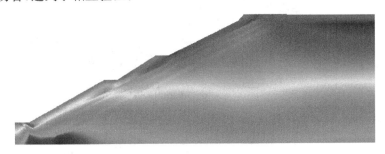

图 5-89 第一主应力云图

图 5-90 总位移云图

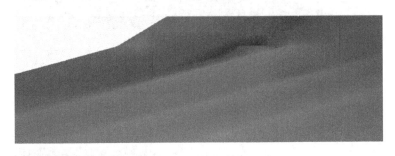

图 5-91 局部放大应力云图

（2）蠕变破裂第 4 个月。第二主应力云图见图 5-91，裂纹生成见图 5-92、图 5-93。由图 5-94 可知，当加载时步第 4 月时蠕变破裂在第一弱层顶部继续产生裂缝，并有继续扩展和贯通趋势，蠕变破裂向第二弱层发展，在中间弱层出现水平裂缝。

（3）蠕变破裂第 5、6、7 个月。由图 5-95 和 5-96 可知，蠕变破裂在第一和第二弱层继续发展，并在第三弱层层出现水平裂缝。

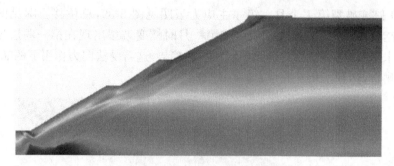

图 5-92　第一主应力云图

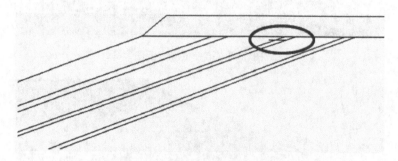

图 5-93　裂纹在第二弱层中生成

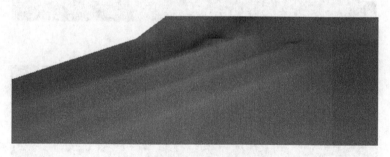

图 5-94　局部云图

图 5-95　第一主应力云图

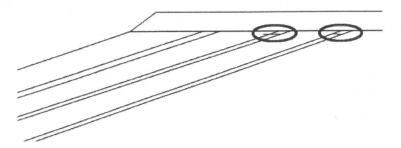

图 5-96　在第三弱层产生裂纹

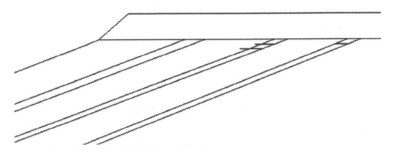

图 5-97　第六月裂纹在第二弱层发展

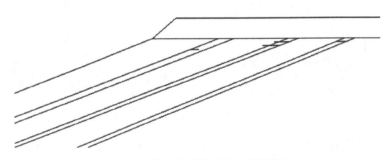

图 5-98　第七月裂纹在第一弱层产生

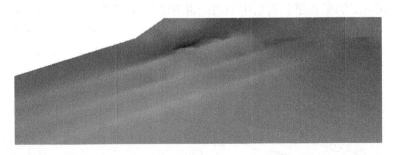

图 5-99　蠕变破裂第七月局部云图

由图 5-97～图 5-99 可知,当加载时步达到第七月时在第一弱层出现第二条水平裂纹,由于是边坡向下有滑动的趋势,所以第二条裂纹相对于第二、第三弱层要偏下。

(4) 蠕变破裂第 10 个月。由图 5-100～图 5-101 可知,当加载时步达到第十月时在第一弱层出现水平裂纹继续增加,在边坡靠下的地方也有裂缝产生,同时在第二弱层和第三弱层中的裂缝也继续发育。

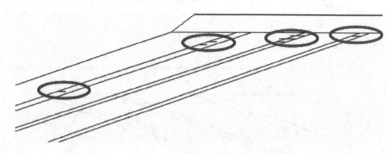

图 5-100　裂纹在弱层中发展

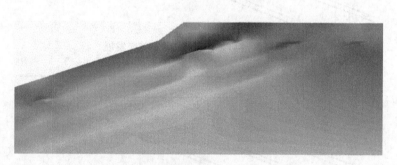

图 5-101　蠕变破裂第十月局部云图

(5) 蠕变破裂第 15 个月。由图 5-102～图 5-103 可知,当加载时步达到第十五月时在第一弱层出现水平裂纹继续增加发育,在边坡靠下的地方也有裂缝群产生,同时在第二弱层和第三弱层中的裂缝也继续发育,有裂缝群处有相互贯通。

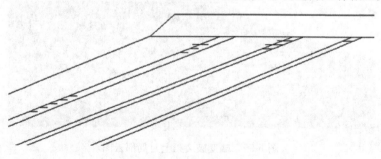

图 5-102　裂纹在弱层中发展

图 5-103　蠕变破裂第十五月局部云图

（6）蠕变破裂第 20 个月。第 20 月裂纹发展云图见图 5-104、图 5-105。

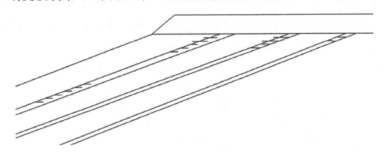

图 5-104　裂纹在弱层中发展

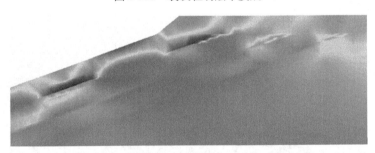

图 5-105　蠕变破裂第二十月局部云图

（7）蠕变破裂第 25 个月。第 25 月裂纹发展云图见图 5-106、图 5-107。

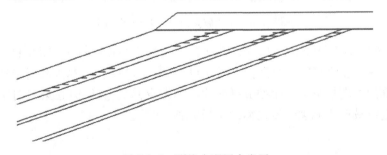

图 5-106　裂纹在弱层中发展

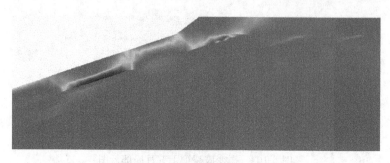

图 5-107　蠕变破裂第二十五月局部云图

（8）蠕变破裂第 30 个月。由图 5-108～图 5-109 可知,当加载时步达到第三十月时在第一弱层靠下方水平裂纹群继续增加发育,同时在第二弱层和第三弱层中下部裂缝产生,上部则裂缝群继续相互贯通。

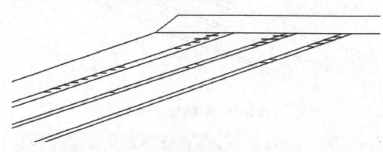

图 5-108　裂纹在弱层中发展

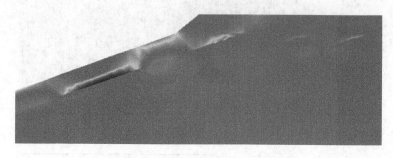

图 5-109　蠕变破裂第三十月局部云图

（9）蠕变破裂第 35 个月。第 35 月裂纹发展云图见图 5-110、图 5-111。

（10）蠕变破裂第 40 个月。由图 5-112～图 5-113 可知,当加载时步达到第四十月时在第一弱层形成两个裂缝群继续增加发育并贯通,同时在第二弱层和第三弱层裂缝继续产生和裂缝群也继续相互贯通。

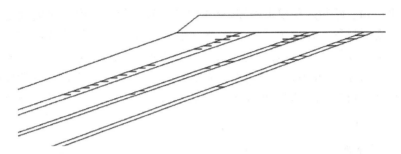

图 5-110　裂纹在弱层中发展

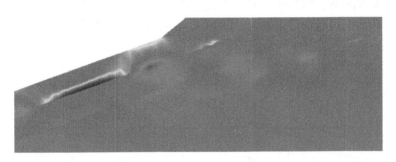

图 5-111　蠕变破裂第三十五月局部云图

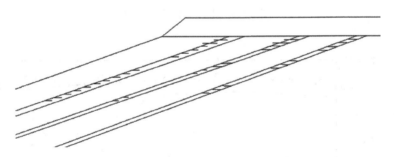

图 5-112　裂纹在在弱层中不断扩展

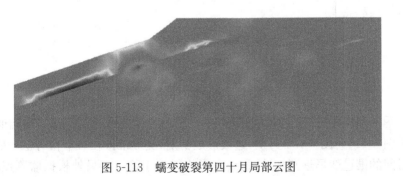

图 5-113　蠕变破裂第四十月局部云图

由离层蠕变断裂过程模拟可知,总体的蠕变破裂趋势导致层状边坡变形是一个逐渐下滑的过程。在最初,裂纹在三个弱层的顶部出现,接下来裂纹在弱层的浅部出现。随着破坏的发展,裂纹向弱层的深部延伸,形成裂缝群,而且,其分布规律有着带状间断分布,并不是连续分布。在破坏的最后阶段,三个弱层的滑坡趋势已经很明显,同时在弱层之间也出现了应力集中的区域,也会导致层状边坡煤岩体继续的破坏和下滑。

4. 结果分析

为全面及时掌握海州矿国家矿山公园边坡的稳定性状态,设立相应的监测点,以便分析和预报边坡的稳定性,为边坡支护和防治灾害发生提供依据。

图 5-114 为监测点布置示意图。

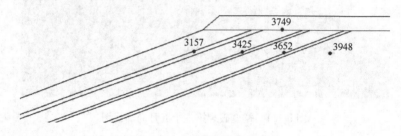

图 5-114　监测点位置示意图

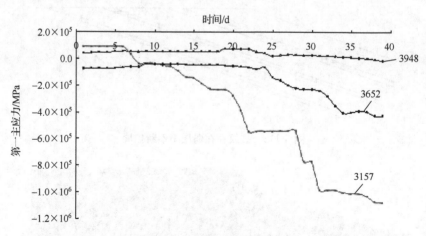

图 5-115　各点第一主应力数值

由图 5-115 可知,其主应力变化趋势与应力松弛曲线达到了很高的相似程度。

由图 5-116～图 5-121 可知,边坡形成初期,变形维持在一个相对稳定的状态,随着时间的推进变形逐渐加速,最终变形规律趋于稳定。另外根据监测点数据模拟显示,靠近边坡临空面的点 3157,位移先随着时间缓慢变化,而后逐渐加速变形,直到趋于稳定;X 方向最大位移差为 1.271m,Y 方向最大位移差为 2.397m;而监测点 3948,加载初期发生缓慢变形,一直趋于稳定,X 方向最大位移差为 0.070m,Y 方向最大位移差为 0.025m;边坡模拟与海州矿监测数据得到了很好的吻合,为边坡预测和防治灾害发生提供依据。

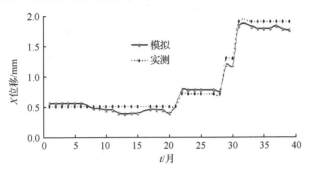

图 5-116　点 3157 X 方向位移

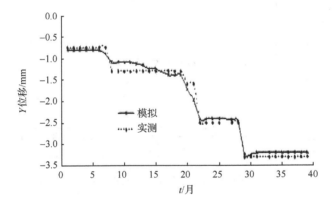

图 5-117　点 3157 Y 方向位移

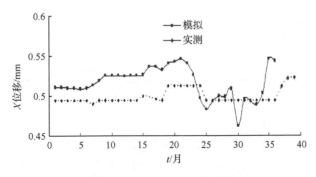

图 5-118　点 3652 X 方向位移

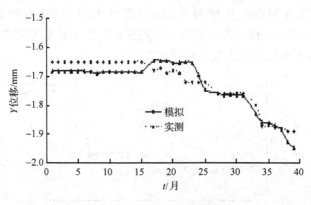

图 5-119　点 3652 Y 方向位移

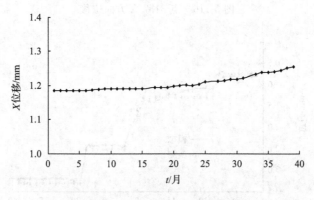

图 5-120　点 3948 X 方向位移

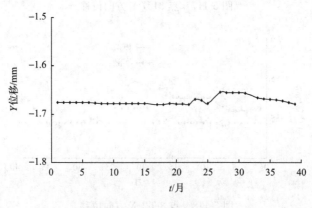

图 5-121　点 3948 Y 方向位移

5.4　层状边坡蠕变-渗流耦合作用数值模拟

蠕变和渗流共同作用使不连续构造往往会削弱煤岩体的强度,成为岩石边坡失稳的起因。同时,它们还是地下水的流动通道。裂隙中的地下水会以渗透压力和水头压力的方式作用在裂隙的两个表面上,这不仅会使沿裂隙面法向的有效应力减少,还会降低缝面的摩擦系数,从而降低裂隙的强度。当裂隙表面的水压力大于法向接触压力时,裂隙会张开,甚至扩展。大量的工程实践表明,地下水位的上升及裂隙的渗流是岩石边坡失稳的重要原因之一。所以对层状边坡蠕变和渗流耦合数值模拟研究尤为必要。

5.4.1　水文地质概况

海州露天矿地下水类型主要为第四系地层中的孔隙潜水和基岩中的基岩裂隙水。

1. 第四系冲积层松散孔隙潜水含水层

第四系冲积层分布于露天北帮至细河及东南帮古河床一带,含水层由粗砂、砾砂、卵石组成,厚度 2～8m,由南向北逐渐变厚,埋藏 5～12m,该含水层底板由风化的透水性很弱的砂岩及砂质页岩组成。北帮潜水流向与细河流向一致,潜水位标高 161～170m,水力坡度 2‰,渗透系数为 8.39～19.3m/d。东南帮地下水由古河床形成,东南帮潜水由东南流向西北,渗透系数为 26～39m/d。露天南帮因地势高距河床远,所以无冲积层赋存,故在南帮的第四纪地层内没有完整的含水层,仅在第四纪地层与岩基接触面间有少许的层间水渗出。潜水的补给水源主要为大气降水和细河水补给,水流方向与底板坡向一致,由东南流向西北。

2. 侏罗系基岩裂隙承压弱含水组

深部基岩的含水层主要由坚硬的砂岩、砂质页岩构成,隔水层由碳质页岩和结构致密的泥质页岩构成。基岩裂隙水主要贮存在这些坚硬的岩层裂隙中。由于煤岩体节理发育程度不同,因而含水层的分布也很不稳定,裂隙发育的岩层地下水则丰富,裂隙不发育的岩层地下水则贫乏。岩层风化程度高、破碎性大、岩石渗透能力强,则地下水易活动;岩石风化程度弱、岩石破碎性较差,含水性也低,渗透能力也低。本含水组分布不连续,抽水试验资料证实,渗透系数为 0.015～1.03m/d。

3. 断层破碎带裂隙含水层

断层破碎带及其附近节理裂隙发育,是基岩裂隙中主要含水层。含水层的赋水性受断层的规模、产状、性质控制。由于断层带及附近地下水发育对边坡稳定的影响不利,通过对断层带的试验得出渗透系数为 $1.3×10^{-3}$ m/d。

第四系含水层补给来源多为细河补给及大气降雨补给,由细河至露天矿坑方向径流,以北帮疏水巷道排泄为主,基岩含水组及断层含水层径流条件很弱,排泄以露天边坡蒸发及坑内深部疏水巷道为主,第四系含水层与下覆基岩含水层垂向有水力联系。

海州矿岩层渗透系数见表 5-7。

表 5-7　海州矿岩层渗透系数表

土类	$k/(\text{m/s})$	土类	$k/(\text{m/s})$	土类	$k/(\text{m/s})$
黏土	$<5×10^{-9}$	粉砂	$10^{-6}\sim10^{-5}$	粗砂	$2×10^{-4}\sim5×10^{-4}$
粉质黏土	$5×10^{-9}\sim10^{-8}$	细砂	$10^{-5}\sim5×10^{-5}$	砾石	$5×10^{-4}\sim10^{-3}$
粉土	$5×10^{-8}\sim10^{-6}$	中砂	$5×10^{-5}\sim2×10^{-4}$	卵石	$10^{-3}\sim5×10^{-3}$

5.4.2　蠕变-渗流耦合模拟

根据第 4 章建立的耦合流变分析公式,编制了相应的平面有限元程序,即蠕变-渗流耦合 FEPG 模块。计算模型如图所示;边界条件为,左右边界受水平向约束,不透水;底边受竖向约束,不透水。

参数选取,计算物理力学性能参数根据现场勘查、试验及经验获取,参数选取试验为饱和含水率 2.1% 得到的流变模型数据,其值分别为弹性模量 $E=14.0$ MPa,泊松比 $\mu=0.35$,容重 $\gamma=17.99$ kN/m^3,黏聚力 $C=0.3$ MPa,内摩擦角 $\phi=19.71°$,黏弹性模量 $E_1=102.0$ MPa,黏弹性系数 $\eta_1=308$ GPa·h,黏塑性系数 $\eta_2=16.8$ GPa·h,抗拉强度 $\sigma_t=0.12$ MPa。渗透系数取值 0.003 m/d,水的动黏度取值 $1.14×10^3$ Pa·s,压缩系数取值 0.062 MPa^{-1},比奥系数取值 1,水重度取值 0.01 MN/m^3。

水头线和流失矢量见图 5-122。

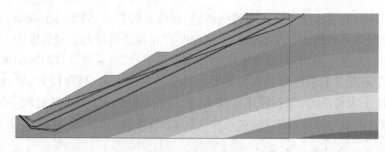

图 5-122　水头线和流速矢量

（1）蠕变破裂与渗流耦合的第 1 月，在第一弱层的底部出现水平方向的裂纹，水压力分布图见 5-123。

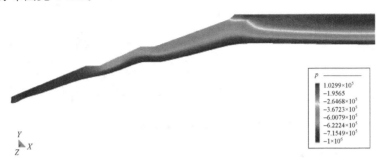

图 5-123　蠕变破裂-渗流耦合水压力云图

（2）蠕变破裂与渗流耦合的第 5 月。由图 5-124 可知，蠕变破裂与渗流耦合的第五月，随着蠕变破坏的继续，裂纹开始向中弱层发展，水压力有增加趋势。

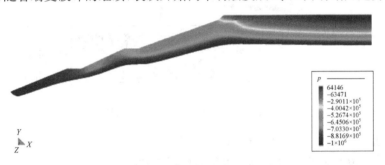

图 5-124　蠕变破裂-渗流耦合水压力云图

（3）蠕变破裂与渗流耦合的第 10 月。由图 5-125 可知，由于蠕变破裂的继续，裂纹继续扩展，裂纹已经深入到弱层的中部，弱层中的水压等值线明显降低。

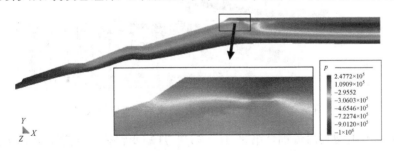

图 5-125　蠕变破裂-渗流耦合水压力云图

（4）蠕变破裂与渗流耦合第 15 月。由图 5-126 可知随着裂纹群在弱层中部的出现，水压随着变化，先第一弱层水压线下降后中间弱层依次下降。

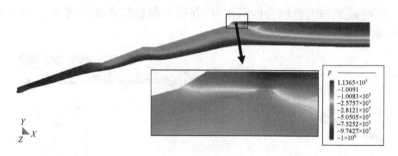

图 5-126 蠕变破裂-渗流耦合水压力云图

（5）蠕变破裂与渗流耦合第 20 月。

第 20 月蠕变破裂-渗流耦合水压力图见图 5-127。

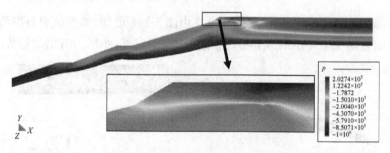

图 5-127 第 20 月蠕变破裂-渗流耦合水压力云图

（6）蠕变破裂与渗流耦合第 25 月。

第 25 月蠕变破裂与渗流耦合水压力见图 5-128。

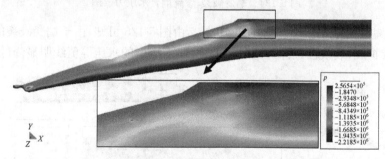

图 5-128 第 25 月蠕变破裂-渗流耦合水压力云图

　（7）蠕变破裂与渗流耦合第 35 月。第 35 月蠕变破裂-渗流耦合水压力云图见图 5-129。由蠕变-渗流耦合模拟结果可以看出，在边坡的中部，随着裂缝的扩展，出现了水压线的整体降低，而且在边坡的中上部，由于裂纹的存在，水压也有所降低，尤其是在层状边坡中部弱层。水压变化与蠕变破裂裂缝的萌生、发展和贯通紧密相关。

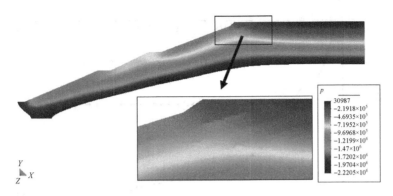

图 5-129　第 35 月蠕变破裂-渗流耦合水压力云图

5.4.3　结果分析

根据蠕变-渗流耦合力学模型,选取相应的监测点,对其水压变化趋势和单纯蠕变破裂和蠕变渗流耦合作用下进行定量分析。

由图 5-130、图 5-131 可知,在加载阶段和初始变形阶段($t\leqslant6$mon),单纯蠕变破裂分析和蠕变破裂与渗流耦合分析中的位移变化差别均不大,但在 $t>6$mon 以后,蠕变破裂与渗流耦合分析位移均大于单纯蠕变破裂分析的对应值。随着时间的持续,蠕变破裂分析的位移变化很小,从 $t=6$mon 以后,其量值增加约 0.24m;而蠕变破裂与渗流耦合分析位移变化较大,对应量值增加约为 0.580m,流变耦合分析在 $t>35$mon 后趋于稳定。

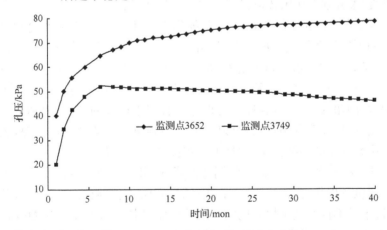

图 5-130　监测点水压随时间的变化曲线

由于区域内有初始水压,且监测点 3652 点大于监测点 3749 点,而在监测点处没有出现蠕变破裂,由图 5-121 知,都处于非饱和区。所以对比图 5-128 可以看

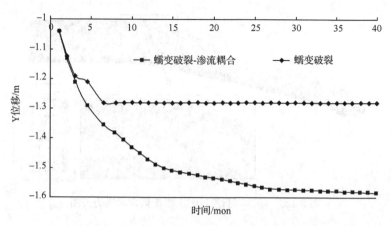

图 5-131　监测点 3749 点位移随时间的变化曲线

出,施加外荷载后,监测点 3749 点增量水压大于监测点 3652 点增量。但随着时间的变化,监测点 3749 点的增量水压迅速消散(减小),监测点 3652 点的水压则继续增大;但在 $t>22$mon 以后,监测点 3749 点蠕变-渗流耦合的水压开始缓慢消散,而在 $t>35$mon 后,监测点 3652 点的水压不再增加,并开始逐渐消散(降低),进而趋于稳定值。水压在不同层位的这种变化与岩土的固结过程有类似的现象。

　　基于自主开发的有限元计算程序,开展渗流-蠕变-损伤耦合作用下的煤岩边坡稳定性研究,包括:①充水基底排土场边坡渗流-损伤耦合机理数值模拟;②充水煤岩边坡渗流-损伤耦合机理数值模拟;③层状煤岩边坡蠕变破裂数值模拟;④层状边坡蠕变-渗流耦合作用数值模拟。主要结论如下:

　　(1) 对充水基底排土场进行了渗流-损伤耦合计算,得出在充水过程中并在水的长期作用下使得弱层演化成含水层,由于排土场的高应力载荷作用及排土场的屏蔽作用,基底土层含水量越来越大,孔隙水压力得不到消散,导致基底有效应力减小,弱层严重弱化。这个过程亦即排土场基底充水损伤的过程。原排土场基底为逆倾边坡,倾角为 $1°\sim3°$,这种结构理论上有利于边坡的稳定,但随着水的继续入渗及弱化,弱层厚度逐渐增大,足以抵消由逆倾所带来的稳定性优势,随着排土场的继续排弃及水的继续作用,边坡的稳定性受到极大影响。

　　(2) 对充水煤岩边坡渗流-损伤耦合计算,得出了不同时步损伤单元数目增加曲线和渗透压及损伤度与时步关系曲线;结果表明:随渗流发展,裂隙张开度逐渐增加,渗透水压不仅改造了煤岩的断续裂隙网络结构而且对主干裂隙变形也会产生很大的影响。对煤岩渗流过程采用渗流-损伤耦合分析可以模拟出不同时刻下煤岩的损伤状态(这是渗透水压对断续裂隙网络的改造过程)和主干裂隙的变形,从理论上揭示了渗流软化煤岩边坡的作用机理。

　　(3) 蠕变破裂数值模拟结果表明,每一个弱层蠕变破裂都是在其顶部与表土接触的地方首先被拉裂。第一种方案模拟的是受法向力作用下拉破坏,所以不能出现沿着弱面的滑动,只能在垂直方向上拉开。因岩土(石)具有抗压不抗拉的特性,当弱面的弹模较低时,在重力的作用下,弱面顶部首先发生拉破坏,产生裂纹,形成松散区。第二种方案,总体的蠕变破裂趋势导致层状边坡变形是一个逐渐下滑的过程。最初,裂纹在三个弱层的顶部出现,接下来裂纹在弱层的浅部出现。随着破坏的发展,裂纹向弱层的深部延伸。而且,其分布规律有着带状间断分布,并不是连续分布。在破坏的最后阶段,三个弱层的滑坡趋势已经很明显,同时在弱层之间也出现了应力集中的区域,也会导致层状边坡煤岩体继续的破坏。

　　(4)通过蠕变-渗流耦合模块,分析其监测点水压随时间的变化、位移的变化规律,为岩石工程的长期稳定性提供理论方法和实际预测依据。单纯蠕变破裂分析和蠕变破裂与渗流耦合分析中的位移变化差别均不大;根据监测点数据分析所得,水压在不同层位的随时间的变化趋势与岩土的固结过程有类似的现象。

第6章　煤岩边坡渗流-蠕变-损伤的智能分析方法

　　煤岩边坡是一个复杂的开放系统,在其演化过程中,不断地与周围环境进行物质和能量交换。由于既受变形力学机制、岩土体物理力学性质变化等内动力的制约,又受环境条件,如地应力、地下水渗流、人为开挖、支护等外动力的影响,且各种内外动力作用都是动态变化的,致使边坡的力学行为十分复杂,具有高度的不确定性与非线性。当采用现有以连续介质力学为基础的确定性研究方法进行求解时,岩石力学模型越来越复杂,要确定的参数越来越多,仍难以得到恰如人意的效果,这主要是因为能够真实反映这种复杂岩体特性的理论体系尚未建立。

　　目前,分析边坡变形破坏机理及评价其稳定性的方法主要为极限平衡和数值模拟法,可称之为精确分析方法。由于边坡系统各组成部分之间非线性关系的复杂性,精确分析方法的模型建立和参数确定相当困难,导致其分析精度饱受质疑。正像岩土工程师所说的"声誉高、信誉低",所谓声誉高是计算理论先进,得到小数点后五六位的精度很容易,且绘出的图表很漂亮;信誉低是说其提供的数字缺乏可信度,难以为工程设计和决策提供可靠依据。

　　思维方法的变革是岩土力学与工程研究取得突破的关键。如何引入相关学科的新知识、新理论,使之更好地指导工程实践,是必须考虑的问题。有效的处理方法是依据各种现场实测数据和相关信息,结合有关理论分析与专家经验,通过某些假设,建立起系统的模型,并通过检验进行反复修正,逐步形成具有足够科学依据的指导方法。20世纪80年代末,伴随着思维方法的变革而提出的"不确定性系统分析法",为大型岩土工程分析和设计提供了正确的方法。这种方法也可称为智能分析方法,它是在系统科学、计算机科学、非线性理论、人工智能技术、信息技术等得到快速发展的基础上建立起来的。人工神经网络、时间序列分析等都是其中的有效手段。

　　本章尝试应用人工神经网络方法和时间序列分析方法对东明矿露天边坡的勘察、监测及计算数据进行处理,探索非线性方法应用于煤岩边坡稳定分析中的可行性,为煤岩边坡研究提供了新思路。

6.1　基于人工神经网络的非线性分析

　　为了处理岩石力学中的不确定性,模糊数学、概率统计、灰色系统、神经网络、专家系统等理论陆续被引入到岩石力学中来。早在1981年,模糊数学即用来解决岩石分类问题;概率统计用于岩石工程可靠度分析;Chen 首先将时间序列分析用于预报岩体力学行为[92]。邓聚龙所提出的灰色控制系统已广泛应用于规划、预测、控制和决策等方面[93]。张清和宋家蓉最早将人工神经网络用于岩石力学行为预测和巷道分类指标聚类分析,近年来又应用于岩石工程系统和岩石工程参数重要性分析[94]。Zhang 等最早利用专家系统进行岩体分类[95];随后,针对解决不同技术问题研制了相应的专家系统,例如,隧道及地下结构岩溶灾害预报专家系统[96]和采矿巷道围岩设计专家系统[97]等。这些专家系统多是以产生式规则组成的知识库,以及对于处理不精确问题采用上述的模糊推理或概率统计方法。冯夏庭、林韵梅出版了有关这方面的专著[98]。鉴于人工智能在岩石力学中的发展,冯夏庭于 1994 年提出建立"智能岩石力学"的设想,2000 年完成了《智能岩石力学导论》专著[99],书中定义:智能岩石力学是智能科学、系统科学、非线性科学、不确定科学与岩石力学交叉融合发展起来的新兴边缘分支学科。

　　现在,智能岩石力学已渗透到岩石力学与工程的许多方面,取得了一系列重要进展:建立了适用于围岩分类、隧道(巷道)支护设计、边坡破坏模式识别与安全性估计、采场稳定性估计的专家系统;发现边坡、隧道、巷道的位移时间序列、岩石破裂过程的声发射事件序列和煤矿顶板来压序列的当前时刻信息可以用先前 n 个时刻的信息进行合理描述;提出了基于神经网络学习的本构模型识别初步方法和岩石力学参数辨识的两种智能方法(遗传算法和进化-神经网络方法)等。

6.1.1　基本原理

1. 神经网络基本概念

　　人工神经网络(artificial neural network,ANN),简称神经网络,是在人类对其大脑神经网络认识理解的基础上人工构造的能够实现某种功能的神经网络,它是理论化的人脑神经网络的数学模型。基于 Kohonen 的定义[100]:"人工神经网络就是由简单单元组成的广泛并行互连的网络,它的组织能够模拟生物神经系统的真实世界物体所做出的交互反映"。神经网络具有自组织、自学习、非线性动态处理等特征,具有联想推理和自适应识别能力。

　　神经网络由大量神经元互连而成,人工神经元作为神经网络中的基本处理单元,是一个近似模拟生物神经元的数学模型,通过与其相连的神经元接收信息。神经网络的信息处理由神经元之间相互作用来实现,知识与信息的存储表现为网络元件间互连分布式的物理联络。物理的学习和识别决定于各种神经元连接权系的动态演化过程。

　　目前,已有的神经网络达 30 多种,代表性的神经网络模型有感知器、BP 网络、GMDH 网络、RBF 网络、BAM 网络、Hopfield 网络、Boltzmann 机网络、ART 网络、CPN 网络等。人工神经网络模型由网络的拓扑结构、神经元特性函数和学习算法三个要素决定。

神经网络模型三因素的适当选取对于网络处理复杂问题和缩短训练网络时间具有直接影响：不同的网络结构使网络解决复杂问题和非线性问题的能力有所不同；不同的神经元特性函数能把可能的无限域变换到有限域范围内输出；不同的学习算法对网络权值的调整及学习时间具有重要影响。

神经网络的求解过程分两个阶段：学习阶段，利用建立的神经网络模型对输入样本进行学习（训练），建立各个影响因素间复杂的非线性映射，获得求解的知识领域（存入人工神经网络知识库），此阶段一般需要输入较多的工程实例，覆盖面要尽可能广，以保证知识的可靠性；预测求解阶段，将待预测问题的输入指标经数据预处理送入训练好的网络，网络自动将其与学得的知识进行匹配（神经网络推理），推理出合理的结果（输出）。

神经网络求解效果的好坏与许多因素有关，例如学习样本是否基于典型性、特征提取是否正确和网络结构设计是否合理等。网络学习结束之后，要求用非网络学习的样本集检验其推广能力，若效果不理想，需要重新学习，直到检验结果满足要求为止。

2. BP 型神经网络原理

BP（back propogation）神经网络是一种误差反向传播的分层前馈式网络。由输入层、输出层及隐含层组成。隐含层可有一个或多个，每层由若干个神经元组成。当信号输入时，首先传到隐节点，经过作用函数后，再把隐节点的输出信号传播到输出层节点，经过处理后给出输出结果。节点的作用函数通常选用 S 型函数。网络的特点是下一层神经元与上一层所有神经元连接，而同一层神经元之间没有任何耦合。网络学习过程包括正向传播和反向传播。在正向传播过程中，输入信息从输入层经隐层加权处理传向输出层，经作用函数运算后得出的输出值与期望值进行比较，若有误差，则误差反向传播，沿原先的连接通路返回，通过逐层修改各层神经元的权系数，减小误差，如此循环直到输出满足要求为止。图 6-1 为 BP 网络学习过程原理图。

BP 算法属于 δ 学习律，是一种有教师的学习算法。它的实质是以实际输出与给定教师输出的误差来修改其连接权和阈值，使二者尽可能地接近。如图 6-2 为 BP 算法流程简图。

本节分析应用的是 BP 型神经网络。

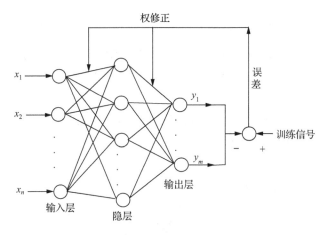

图 6-1 BP 网络学习过程原理图

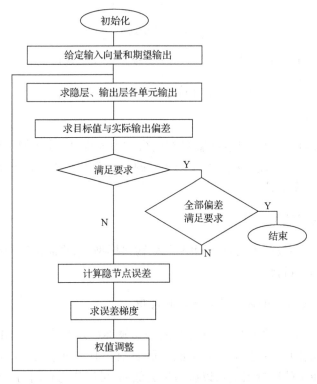

图 6-2 BP 学习算法流程图

3. 神经网络优化方法

隐含层数、隐层节点数和学习参数等神经网络结构要素,直接影响神经网络运算精度。经过调研,给出神经网络结构的优化方法,以供参考。

1) 隐含层数优化

研究表明,一个三层的 BP 网络可完成任意的 n 维到 m 维的映照。因此可采用一个隐层的三层 BP 网络模型。

2) 隐层节点数

确定隐层节点数的参考公式[101]:

$$k < \sum_{i=1}^{n} C\binom{n_1}{i} \tag{6-1}$$

$$n_1 = \sqrt{n+m} + C \tag{6-2}$$

$$n_1 \geqslant \log_2 n \tag{6-3}$$

式中,n_1 为隐层节点数;n 为输入节点数;m 为输出节点数;k 为样本数;C 为 $1 \sim 10$ 之间的常数;$C\binom{n_1}{i}(i < n_1)$ 为组合符号,若 $i > n_1$,$C\binom{n_1}{i} = 0$。

3) 学习参数

学习参数取值的合理性直接影响到网络学习速度、收敛性能和推广应用。为此,可绘出对应于不同动量项 α 和学习率 η 的系统总误差变化曲线,以获取最佳训练效果时的学习参数值。

6.1.2　神经网络的可用性研究

首先建立一种较简单的神经网络输入-输出模型,以验证神经网络方法用于煤岩边坡分析时的可行性。

1. 边坡稳定性影响因素确定及其预处理

诸多因素影响下的边坡,具有复杂的变形破坏机理和模式。不同类型边坡涉及的稳定性影响因素也是不同的,不能一概而论。但是对于某一区域或某一类型边坡而言,其涉及的影响因素可以认为是类似的,可以认为它们的不稳定性活灾害强度和发展趋势是可类比的[102]。本节神经网络样本均取自东明露天矿的现场实测和分析数据,具有较强的相似性和可比性。

按工程地质研究方法,影响因素可分为内因和外因两大因素,内因主要有边坡岩体的地层、材料特性、地质构造等,外因有边坡形态的改造、地下水、工程荷载和人为活动等。本节研究中的输入因素:内因取为工勘报告给出的容重、内聚力、内摩擦角、弹性模量和泊松比;外因取为含水率和边坡角。以有限元计算得到的边坡安全系数作为输出参数。

选取东明矿南帮 17 测线、24 测线、27 测线和 GK3 剖面的 7 个有限元计算实例作为学习样本(其中,17 测线、24 测线和 27 测线在不同位置分两种地质参数做安全系数分析,GK3 剖面做一个分析)。以东明矿西帮 GK1 剖面的 4 个计算实例作为预测样本,见表 6-1。

表 6-1　神经网络样本原始数据

	容重 /(g/cm³)	内聚力 /MPa	内摩擦角 /(°)	动弹模 /MPa	泊松比	含水率	边坡角 /(°)	安全系数
学习样本原始数据(南帮)	2.05	1.2	24.2	0.227×10^3	0.28	24.97	48	1.033
	2.12	0.6	26.1	1.52×10^3	0.29	18.4	32	1.056
	2.04	0.3	31.4	1.86×10^3	0.31	15.4	57	1.02
	2.15	2	27.1	2.49×10^3	0.42	17.1	39	1.113
	2.08	0.8	23.4	1.44×10^3	0.36	17.2	52	1.013
	2.02	0.2	24.4	4.4×10^3	0.32	20.6	44	1.016
	1.97	0.7	28.4	5.54×10^3	0.3	17	36	1.076
预测样本原始数据(西帮)	2.17	0.7	30.6	3.97×10^3	0.33	10.4	40	1.077
	1.99	0.4	29.7	2.88×10^3	0.28	22.3	38	1.098
	2.11	1.1	25.6	4.04×10^3	0.34	18.7	31	1.183
	1.86	0.6	26.4	2.56×10^3	0.3	18.9	42	1.093

将原始数据按式 $y = \dfrac{x_i - x_{\min}}{x_{\max} - x_{\min}}$ 进行归一化处理,使参数均转化为 $(0,1)$ 的数据。

2. BP 神经网络学习

对样本数据进行归一化处理,得到神经网络的学习输入参数,见表 6-2。
神经网络结构优化如下:
本模型中,$k = 7$,$n = 6$,$m = 2$。

据式(6-1),取 $n_1 = 4$,$\sum_{i=1}^{n} C \binom{n_1}{i} = 14 > k$,则要求 $n_1 > 4$;

据式(6-2),$n_1 = \sqrt{n+m} + C = 4 \sim 13$;
据式(6-3),$n_1 \geqslant \log_2 n = 3s$。

表 6-2　学习样本参数

输入						输出	
容重	含水率	内聚力	内摩擦角	动弹模	泊松比	边坡角	安全系数
0.613	0.990	0.556	0.100	0.010	0.012	0.654	0.516
0.839	0.549	0.222	0.340	0.243	0.071	0.038	0.528
0.581	0.343	0.056	0.990	0.307	0.214	0.990	0.510
0.935	0.460	0.990	0.460	0.426	0.990	0.308	0.556
0.710	0.467	0.333	0.010	0.228	0.471	0.808	0.506
0.516	0.700	0.010	0.125	0.785	0.286	0.500	0.508
0.355	0.453	0.278	0.625	0.990	0.143	0.192	0.538

可见，n_1 取值在 4～13 之间是适宜的，取不同隐层节点数进行网络训练，使系统总误差最小，可得 $n_1 = 8$ 时训练效果最理想。

样本训练误差 E 和循环次数 t 是程序运行时结束的两个结束标准，迭代中以程序结束标准为：$E = 0, t = 10000$。据网络结果优化确定：$\eta = 0.9, \alpha = 0.7$，隐含层数 $c = 1$，隐层节点数 $n = 8$。

对神经网络进行训练，训练总误差 $E = 6.445 \times 10^{-5}$。

3. BP 神经网络预测

据学习好的神经网络，进行 4 个样本的神经网络预测。

表 6-3 为预测样本输入参数。

表 6-3　预测样本输入参数

容重	含水率	内聚力	内摩擦角	动弹模	泊松比
0.990	0.010	0.278	0.900	0.704	0.357
0.419	0.817	0.111	0.782	0.499	0.010
0.806	0.570	0.500	0.275	0.718	0.429
0.010	0.583	0.222	0.375	0.439	0.143

将该表输入训练好的网络，得预测结果及误差见表 6-4 所示。

可见，边坡角与安全系数的预测总平均误差均在 20% 以内，可以满足要求，从理论上说明了 BP 神经网络的可用性，可以预测输出目标。

表 6-4　神经网络预测结果与各参数实测结果的对照

边坡角/(°)			安全系数		
实测值	预测值	δ	预测值	实测值	δ
0.346	0.326	0.0594	0.539	0.517	0.0426
0.269	0.298	0.1080	0.549	0.425	0.2918
0.032	0.046	0.4250	0.592	0.604	0.0199
0.423	0.400	0.0538	0.547	0.524	0.0439
		$\delta_{平均}=0.1615$			$\delta_{平均}=0.0995$

注:δ 表示预测值与实测值的相对误差,$\delta=\dfrac{|预测值-实测值|}{实测值}$。

6.1.3　神经网络预测滑坡位置

基于 BP 神经网络的可用性,现以东明矿南帮滑坡位置的相应参数作为学习样本,来预测西帮的危险位置。工勘结果表明,在这同一地点其岩土介质性质和各种参数相近,地应力场相似,故所预测出的数值更具有可信度。在可用性模型输入的基础上把已知的安全系数加入输入参数,其滑坡段可看成是一段圆弧,以滑坡起始点的横纵坐标,滑坡圆心的横纵坐标和圆心角作为输出参数来进行预测,将其进行归一化处理(坐标/1000,圆心角/180),使其分别落在(0~1)。

选取六个学习样本来进行研究,学习样本见表 6-5,误差计算见表 6-6。

用其他三个样本来进行预测,预测结果如表 6-7。

表中坐标数据乘 1000、圆心角数据乘 180 即得真值。从上表可以看出西帮三个可能滑坡的位置在其所在断面的起始点坐标、圆心坐标和圆心角大小。预测出危险位置即可针对其做出治理方案如:抗滑桩、抗滑挡土墙、锚固法及减重反压法等。

表 6-5　学习样本表

输入								输出				
容重	含水率	内聚力	内摩擦角	动弹模	泊松比	边坡角	安全系数	起点横坐标	起点纵坐标	圆心横坐标	圆心纵坐标	圆心角
0.613	0.990	0.556	0.100	0.010	0.010	0.654	0.517	0.528	0.604	0.650	0.633	0.367
0.839	0.549	0.222	0.338	0.243	0.071	0.039	0.528	0.715	0.553	0.824	0.570	0.594
0.581	0.343	0.056	0.990	0.307	0.214	0.990	0.510	0.512	0.608	0.606	0.618	0.411
0.936	0.460	0.990	0.463	0.426	0.990	0.308	0.557	0.680	0.556	0.775	0.576	0.506
0.710	0.467	0.333	0.010	0.228	0.572	0.808	0.507	0.515	0.608	0.650	0.633	0.306
0.516	0.700	0.010	0.125	0.785	0.286	0.500	0.508	0.704	0.558	0.820	0.564	0.367

表 6-6　误差计算表

真实值					计算值					误差				
起点横坐标	起点纵坐标	圆心横坐标	圆心纵坐标	圆心角	起点横坐标	起点纵坐标	圆心横坐标	圆心纵坐标	圆心角	起点横坐标	起点纵坐标	圆心横坐标	圆心纵坐标	圆心角
0.528	0.604	0.650	0.633	0.367	0.524	0.608	0.653	0.631	0.366	−0.0071	0.0073	0.0048	−0.0016	−0.0009
0.715	0.553	0.824	0.570	0.594	0.721	0.553	0.822	0.567	0.592	0.0086	0.0003	−0.0021	−0.0043	−0.0039
0.512	0.608	0.606	0.618	0.411	0.510	0.606	0.607	0.619	0.411	−0.00482	−0.0023	0.0018	0.0021	0.0013
0.680	0.556	0.775	0.576	0.506	0.676	0.559	0.778	0.576	0.505	−0.0062	0.0058	0.0049	0.0002	0.0007
0.515	0.608	0.650	0.633	0.306	0.521	0.607	0.648	0.631	0.303	0.0122	−0.0013	−0.0028	−0.0034	−0.0074
0.704	0.558	0.820	0.564	0.367	0.700	0.555	0.815	0.567	0.369	−0.0056	−0.0047	−0.0056	0.0053	0.0081

表 6-7　预测结果

预测样本输入								预测样本输出			
容重	含水率	内聚力	内摩擦角	动弹模	泊松比	边坡角	安全系数	起始点	圆心	圆心角	实际圆心角/(°)
0.990	0.010	0.278	0.900	0.705	0.357	0.346	0.540	0.724	0.546	0.812	0.551	0.330	59.400
0.419	0.817	0.111	0.787	0.499	0.269	0.549	0.708	0.524	0.809	0.563	0.429	77.200
0.807	0.570	0.500	0.275	0.718	0.429	0.010	0.592	0.783	0.528	0.872	0.539	0.366	65.800

6.1.4　西帮治理方案预测

勘探结果表明,围岩无明显流变现象。因此,忽略流变对滑坡的影响,选取物理参数容重 γ、内聚力 C、内摩擦角 φ、动弹模 E、泊松比 μ、含水率 w、边坡角 θ、辗压系数 λ、单节台高 H 九个因素作为输入参变量进行研究。

东明矿南帮滑坡处采用了内排压脚的治理方法,边坡治理参数为:段高 10m,辗压系数 0.94,单台阶面角 35°,总体边坡角 13.5°,治理后的南帮其安全系数在 1.20 以上,达到了稳定的状态。由于东明矿西帮安全系数不足 1.2,所以针对西帮潜在的滑坡可能,决定对西帮进行合理的治理。把确定的段高 10m 和碾压系数 0.94 以及目标安全系数值加入样本的输入中,以总体边坡角和单台阶坡面角作为输出,隐节点的选取方法同上,经过试验得到最佳为 10 个,其计算样本及结果如表 6-8 和表 6-9。

从表中的数据即可得到西帮三个工作面相应的治理方案,以单台阶角约 35°、总台阶坡角约 13°的方案,可以使其安全系数达到 1.20 以上。

表 6-8　学习样本及参数

输入										输出	
容重	含水率	内聚力	内摩擦角	动弹模	泊松比	边坡角	安全系数	辗压系数	段高	总坡角	单台阶角
0.613	0.990	0.556	0.100	0.010	0.010	0.654	0.602	0.940	0.200	0.150	0.389
0.839	0.549	0.222	0.338	0.243	0.071	0.038	0.604	0.940	0.200	0.150	0.389
0.581	0.343	0.056	0.990	0.307	0.214	0.990	0.609	0.940	0.200	0.150	0.389
0.935	0.460	0.990	0.463	0.426	0.990	0.308	0.602	0.940	0.200	0.150	0.389
0.710	0.467	0.333	0.010	0.228	0.571	0.808	0.605	0.940	0.200	0.150	0.389
0.516	0.701	0.010	0.125	0.785	0.286	0.500	0.606	0.940	0.200	0.150	0.389

表 6-9　预测结果及换算结果

预测样本输入										预测样本输出		换算后的预测值	
容重	含水率	内聚力	内摩擦角	动弹模	泊松比	边坡角/(°)	安全系数	碾压系数	单阶台高	总坡角/(°)	单节台阶角/(°)	总坡角/(°)	单节台阶角/(°)
0.990	0.010	0.278	0.900	0.705	0.357	0.346	0.610	0.940	0.200	0.155	0.399	13.925	35.886
0.419	0.817	0.111	0.788	0.499	0.010	0.269	0.610	0.940	0.200	0.147	0.380	13.207	34.239
0.806	0.570	0.500	0.275	0.718	0.429	0.010	0.610	0.940	0.200	0.142	0.383	12.784	34.470

6.1.5　治理方案的模糊法推正

1. 模糊法原理

模糊神经网络的构建是依靠统计学上的信息扩散原理实现的。信息扩散法是一种实现数据模糊的方法。

1）信息分配原理

我们对数据处理时,常常绘出数据隶属于不同区域频率的直方图。在此记知识样本为 $A = [a_1, a_2, \cdots, a_n]$,直方图划分区间的中点构成基础变量 $U = [u_1, u_2, \cdots, u_m]$,在以前的直方图中,则 a_i 属于某 u_i 所在的类是绝对的。这样一来,就会造成:一方面,直方图跳跃比较严重;另一方面,若对某些样点的分类稍有不同理解就会出现区别较大的直方图。这些都是由明确的区间边界造成的。如将其模糊化,这种不合理的现象就会消除。

记 a_i 不再仅简单地归入某一个 u_j 所在的类,而是依 a_i 与 u_i 的距离可以程度不同地归入两个不同的类。设 $u_j \leqslant a_i \leqslant u_{j+1}$,可定义 a_i 归入 u_i, u_{i+1} 所在模糊类的程度为

$$\begin{cases} \mu(u_j) = 1-(a_i-u_j)/(u_{j+1}-u_j) \\ \mu(u_{j+1}) = 1-(u_{i+1}-a_i)/(u_{j+1}-u_j) \end{cases} \quad^{[103]} \tag{6-4}$$

这样进行数据处理后显然要更合理一些。

一个样本点 a_i 由上式被程度不同地分成了两部分,所以俗称 a_i 的信息被分配了,而上式也就称为信息分配公式。如以 $q_j^{(i)}$ 记 a_i 分配给控制点 u_j 的信息总量,则称 $q_j = \sum_{i=1}^n q_j^{(i)}, j = 1, 2, \cdots, m$,为 A 赋予 u_j 的信息总量。令 $Q = \{q_1, q_2, \cdots, q_m\}$。称 Q 为信息分布矩阵,可用它去进行模式识别。

2) 信息扩散原理

由于信息分配法只能将一个样点分给相邻的 2 个控制点,当控制点之间距离 $\Delta = \| u_{j+1} - u_j \|$ 很小时,Q 必然有严重的跳跃,这是由于两点式原则事实上对应着的是基础论域只有两个离散点的模糊子集所致。因此,一个样点一般不限于只有程度不同地属于两类,而是可以同时程度不同地归属于很多类,即将一个样点分配到多个控制点。若如此无限分配下去,直到这些控制点连续,则可以纳入连续模糊集理论体系加以严格证明。有关学者证明了这是可行的,并以此为依据建立了下述的信息扩散原理。

设 $A = [a_1, a_2, \cdots, a_n]$ 是知识样本,X 是一连续基础论域。记 a_i 的观测值为 x_i,设 $d = \varphi(x - x_i)$。如 A 非完备,则存在函数 $\mu(d)$,使 x_i 点获得的量值为 1 的信息可按 $\mu(d)$ 的量值扩散到 x 点去,且扩散所得的信息分布 $Q(X) = \sum_{i=1}^n \mu(d)$ 能更好地反映 A 所在总体的规律。

在信息扩散原理的指导下,可以推导出一个较为实用的正态型信息扩散公式如下:

$$q(x, x_i) = 0.3989\exp[-(x-x_i)^2/2h^2]^{[104]} \tag{6-5}$$

式中,x 为信息吸收点,相当于信息分配中的信息控制点 u_j;h 为窗宽,控制扩散的范围,与 A 的容量 n 有关。

设 A 的最大最小观测值为 b、a,经过对一个高阶方程的求解,可得 h 取值公式如下:

$$h = \begin{cases} 1.6987(b-a)/n & 1 \leqslant n \leqslant 5 \\ 1.4456(b-a)/n & 6 \leqslant n \leqslant 7 \\ 1.4230(b-a)/n & 8 \leqslant n \leqslant 9 \\ 1.4208(b-a)/n & 10 \leqslant n \end{cases} \tag{6-6}$$

最后,为保证所有样点(信息吸收点)的地位均相同,需对由一个样点得到的信

息分布结果进行归一化处理,依信息总量和为 1 的原则,得归一化分布:

$$q(x,x_i) = q(x,x_i) \Big/ \sum_{1 \leqslant i \leqslant R} q(x,x_i) \tag{6-7}$$

式中, R 为样点总数。

将信息扩散方法与人工神经网络结合,既能使模糊近似推理精度提高和有较强的自适应能力,又避开了通常讨论模糊近似推理的算子问题,此时人工神经元的算法即为一个近似推理的超级算子。

2. 模糊神经网络反分析

模糊神经网络结合了模糊系统的逻辑推理能力及神经网络的自学习能力,适合应用于多变量、非线性,以及精确数学模型不易得到的问题。利用上述信息扩散原理,得模糊神经元网络学习样本如表 6-10。

表 6-10　模糊神经元网络学习样本

输入 X(容重,内聚力,内摩擦角,动弹模,泊松比,含水率,边坡角,辗压系数,单台阶高,安全系数)	输出 Y(单台阶坡面角,总坡角)
0.2,0.2,0.2,0.2,0.2,0.2,0.2,0.2,0.2,0.2,0.2,0.2,0.2,0.2,0.0, 1.0,0.0,0.0,0.0,0.0,0.0,0.7,0.3,0.0,0.0,0.0,0.0,0.2,0.2,0.2,0.2,0.0,0.0, 1.0,0.0,0.0,0.0,0.2,0.2,0.2,0.2,0.0,0.0,0.5,0.5,0.0,0.0,0.0,0.602	0,0,0.5,0.5,0,0.04, 0.16,0.32,0.32,0.16
0.2,0.2,0.2,0.2,0.2,0.2,0.2,0.2,0.2,0.2,0.2,0.2,0.2,0.2,0.0, 1.0,0.0,0.0,0.0,0.0,0.2,0.7,0.2,0.0,0.0,0.2,0.2,0.2,0.2,0.2,1.0,0.0, 0.0,0.0,0.0,0.2,0.2,0.2,0.2,0.0,0.0,0.5,0.5,0.0,0.0,0.0,0.604	0,0,0.5,0.5,0,0.04, 0.16,0.32,0.32,0.16
0.2,0.2,0.2,0.2,0.2,0.2,0.2,0.2,0.2,0.2,0.2,0.2,0.2,0.2,0.0, 0.0,0.0,0.1,0.0,0.0,0.1,0.6,0.3,0.0,0.0,0.2,0.2,0.2,0.2,0.0,0.0, 0.0,0.0,0.1,0.2,0.2,0.2,0.2,0.0,0.0,0.5,0.5,0.0,0.0,0.0,0.609	0,0,0.5,0.5,0,0.04, 0.16,0.32,0.32,0.16
0.2,0.2,0.2,0.2,0.2,0.1,0.5,0.1,0.1,0.1,0.2,0.2,0.2,0.2,0.0, 0.0,1.0,0.0,0.0,0.0,0.4,0.6,0.1,0.0,0.0,0.1,0.5,0.1,0.1,0.1,0.0,1.0, 0.0,1.0,0.2,0.2,0.2,0.2,0.0,0.0,0.5,0.5,0.0,0.0,0.0,0.602	0,0,0.5,0.5,0,0.04, 0.16,0.32,0.32,0.16
0.2,0.2,0.2,0.2,0.2,0.1,0.5,0.1,0.1,0.1,0.2,0.2,0.2,0.2,0.7, 0.3,0.0,0.0,0.0,0.0,0.2,0.7,0.2,0.0,0.0,0.1,0.5,0.1,0.1,0.1,0.0,0.0, 0.0,1.0,0.2,0.2,0.2,0.2,0.0,0.0,0.5,0.5,0.0,0.0,0.0,0.605	0,0,0.5,0.5,0,0.04, 0.16,0.32,0.32,0.16
0.2,0.2,0.2,0.2,0.2,0.4,0.2,0.2,0.2,0.2,0.2,0.2,0.2,0.2,0.0, 1.0,0.0,0.0,0.0,0.0,0.2,0.7,0.2,0.0,0.0,0.2,0.4,0.2,0.2,0.2,0.0,0.0, 1.0,0.0,0.0,0.2,0.2,0.2,0.2,0.2,0.0,0.5,0.5,0.0,0.0,0.0,0.606	0,0,0.5,0.5,0,0.04, 0.16,0.32,0.32,0.16

据式(6-1)~(6-3),隐层节点数在 9~18 之间。通过多次网络训练,最后得当节点为 13 时其收敛最快、精度最好,输入预测样本进行计算:依据学习样本的方法得到预测样本输入如表 6-11,输出如表 6-12。

表 6-11　预测样本输入

容重	内聚力	内摩擦角	动弹模	泊松比	含水率	边坡角	辗压系数	单台阶高	安全系数
0.2,0.2,0.2,0.2,0.2,0.2,0.2,0.2,0.2,0.2,0.0,0.0,0.0,1.0,0.0,0.1,0.2,0.2, 0.2,0.2,0.2,0.2,0.2,0.2,0.3,0.2,0.2,0.2,0.0,0.0,0.0,0.0,1.0,0.0,0.2, 0.2,0.2,0.2,0.2,0.0,0.5,0.5,0.0,0.0,0.0									0.61
0.2,0.2,0.2,0.2,0.2,0.2,0.2,0.2,0.2,0.2,0.0,0.0,1.0,0.0,0.0,0.2,0.2, 0.2,0.1,0.2,0.2,0.2,0.2,0.2,0.2,0.2,0.2,0.0,0.0,0.0,1.0,0.0,0.2, 0.2,0.2,0.2,0.2,0.0,0.5,0.5,0.0,0.0,0.0									0.61
0.2,0.2,0.2,0.2,0.2,0.2,0.2,0.2,0.2,0.2,0.0,0.0,0.0,0.1,0.2,0.2, 0.2,0.2,0.2,0.2,0.2,0.2,0.2,0.2,1.0,0.0,0.0,0.0,0.0,0.2, 0.2,0.2,0.2,0.2,0.0,0.5,0.5,0.0,0.0,0.0									0.61

表 6-12　预测样本输出

单台阶坡面角/(°)					总坡角/(°)				
0.003	0.004	0.518	0.492	0.004	0.039	0.173	0.301	0.323	0.171
0.003	0.004	0.520	0.493	0.004	0.039	0.170	0.297	0.326	0.167
0.002	0.002	0.494	0.496	0.003	0.033	0.157	0.299	0.301	0.161

由表 6-12 中数据可见,单台阶坡面角以近乎 1/2 的概率分布在 34°上,又以近乎 1/2 的概率分布在 36°上。而总坡脚离散在 12°与 15°之间,1/6 的概率分布在 12°上、1/3 的概率分布在 13°上、1/3 的概率分布在上 14°上及 1/6 的概率分布在 15°上。与模糊之前所得的预测值相近,从而进一步得证了治理西帮边坡方案的可行性,即控制单台阶坡面角在 35°左右,总坡角 13°左右即可很好地满足预期的治理目标。

本节建立了三种不同 BP 神经网络模型和一个模糊神经网络模型,是将人工神经网络方法应用于煤岩边坡分析的有益尝试,从中可得出以下结论:

(1)现场数据一般都有较大离散性,若用一般的回归分析必然要舍弃大量的漂移点,而人工神经网络具有高度的非线性函数映射功能,它忠实于样本交给它的知识,只对样本提供的知识负责,比其他方法有更高的精度。本章建立了煤岩边坡分析的神经网络求解模型。对样本的训练和预测结果证明了神经网络方法应用的科学性和可行性。

(2)经过信息扩散的模糊神经网络与一般神经网络相比,可以更好地处理矛盾样本,训练精度有很大的提高。利用模糊方法可以更好地模拟复杂的地理环境下的参数。

（3）三种神经网络模型分别实现了:依据物理力学参数进行安全系数的预测;应用物理力学参数和边坡参数进行滑面位置的预测;应用物理力学参数和边坡参数实现平盘单台阶和总坡角的预测。可对现场边坡工程提供重要信息,在一定程度上对边坡分析及其治理予以指导。

（4）分析时利用同一矿区地质因素相近的条件,神经网络的建模、学习和预测均针对该矿区已有工程案例,可对提出的模型和方法进行充分校核,验证神经网络方法的可用性和准确性。

（5）以可行性模型为基础进行滑坡位置预测及治理方案预测,具有较高的可信度,对工程设计和实际工程施工有很好的指导意义。

（6）需要指出的是,神经网络方法不考虑各个影响因素与结论的物理力学关系,也无法说明其中间的推理过程,故采用此方法时应与其他方法配合使用。

6.2　基于时间序列的非线性分析

近年来,时序分析方法作为研究非确定性问题的有力工具,已在边坡工程中得到了广泛应用,使得对边坡系统复杂性的认识更加深入,并取得了一定的成果。余宏明等[105]将时序分析方法用于滑坡位移的动态实时预测中,初步探讨了边坡变形动态预测的实现方法;李强[106]建立了 3 种时间序列模型,并进行了实例探讨,得到了较为理想的结果,但是模型建立过程过于复杂,分析过程也不甚明确。刘志平和何秀凤[107]将稳健估计方法引入时间序列建模,提出了基于稳健估计的自回归建模方法,但只有当监测序列含有少量异常值时,预报精度才有较明显的提高;史玉峰和孙保琪[108]给出了应用经典 ARMA(p,q)模型对变形数据进行分析处理和预报的方法步骤,并以实例说明,但未系统地提出差分自回归移动平均模型 ARIMA(p,d,q)理论。

笔者利用东明矿工程监测数据,把时序分析方法进一步与边坡工程实际相结合,引入时序分析软件 Eviews,对东明矿边坡监测点数据序列进行时序分析,把经典 ARMA 模型系统推广到 ARMIA 模型,并以工程实例验证之。结果表明,ARIMA 模型具有良好的拟合精度,短期预测效果理想,可以随时跟踪滑坡动态变化,为制定防患对策提供依据,具有现实工程意义。

6.2.1　现场监测数据及其回归分析

东明露天矿曾于南帮布设了 J$_2$、J$_3$、J$_5$ 监测点,于西帮布设了 J$_{18}$、J$_{23}$ 监测点。笔者在此选取最为完整的 J$_2$ 监测点采集的边坡高程数据。现场实测该断面监测数据 95 个,但由于现场条件所限,监测难以保持连续性。作者仅截取其中部分连续监测数据为例进行分析,该段数据反映的是第一阶段开采停止后,之后 26d 内的高程变化情况。如表 6-13。

表 6-13　　J₂ 监测点表面高程量测数据

编号	测量日期	三次测量平均后加修正值的实际值/mm	测点标高变化值/mm	编号	测量日期	三次测量平均后加修正值的实际值/mm	测点标高变化值/mm
1	10 月 12 日	805.36	0	14	10 月 25 日	795.12	10.24
2	10 月 13 日	805.31	0.05	15	10 月 26 日	792.12	13.24
3	10 月 14 日	805.11	0.25	16	10 月 27 日	795.34	10.02
4	10 月 15 日	804.67	0.69	17	10 月 28 日	800.11	5.25
5	10 月 16 日	804.01	1.35	18	10 月 29 日	795.23	10.13
6	10 月 17 日	803.02	2.34	19	10 月 30 日	793.32	12.04
7	10 月 18 日	804.50	0.86	20	11 月 1 日	782.11	23.25
8	10 月 19 日	803.20	2.16	21	11 月 2 日	780.99	24.37
9	10 月 20 日	802.10	3.26	22	11 月 3 日	779.89	25.47
10	10 月 21 日	800.33	5.03	23	11 月 4 日	779.99	25.37
11	10 月 22 日	800.01	5.35	24	11 月 5 日	778.72	26.64
12	10 月 23 日	796.67	8.69	25	11 月 6 日	778.77	26.59
13	10 月 24 日	794.98	10.38	26	11 月 7 日	778.89	26.47

　　由于偶然误差影响造成数据的离散性,据表 6-13 绘出的变形-时间曲线出现上下波动、不规则,难以进行分析,有必要对量测数据进行回归分析处理,找出被测物理量随时间变化的规律。

　　选用四种函数:双对数模型、指数模型、一阶线性模型、3 阶多项式模型,用 Eviews 软件建立工作文件,引入 J₂ 监测点数据,分别进行回归分析,分析结果见图 6-3～图 6-6:

　　对比拟合效果及残差曲线图,显然,双对数曲线的拟合效果最理想,残差基本在 ±0.4 范围内波动,精度较高,软件给出计算结果如下:

$$\lg(Y) = -3.80332722486 + 2.24286468702 \times \lg(X)$$

从回归图上可以得出以下结论:

(1) 滑坡前后的高程变化变形呈现一定规律,即该类边坡的变形符合双对数函数形式。

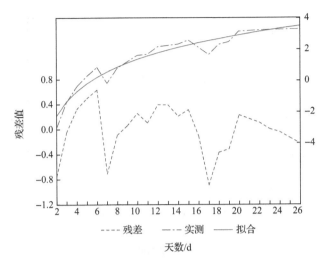

图 6-3　双对数模型拟合曲线及残差

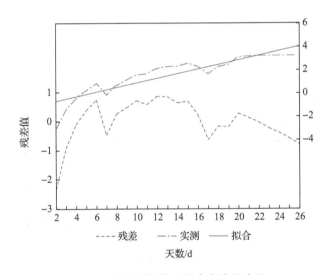

图 6-4　指数函数模型拟合曲线及残差

（2）通过分析边坡变形监测资料,可以初步总结出边坡系统的变形具有非线性的特点;边坡系统在各种内外动力动态作用下,变形演化过程(变形曲线)表现出在趋势性的基础上耦合着震荡性的变化特点。一般经历三个阶段:第一阶段为初始变形期,第二阶段为急剧变形期,第三阶段为重趋稳定期。

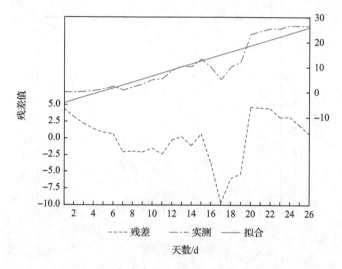

图 6-5　一阶线性模型拟合曲线及残差

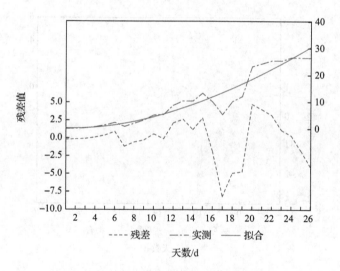

图 6-6　三阶多项式模型拟合曲线及残差

6.2.2　时间序列分析

1. 数据预处理

　　以上,我们建立多种模型,进行了常规的回归分析,现在,我们利用时序分析方法进行数据建模和分析,探求在时序分析方法下,能否获得更加理想的拟合效果。由于边坡变形过程中相对变形量一般具有明显的增长或减少趋势,因此边坡变形的监测数据序列可以看作是非平稳时间序列。

对于非平稳时序,无法直接建立 ARMA 模型,要通过一定的手段将其转化为平稳时序后再建模。注意到原序列呈指数趋势增长,对其取自然对数,然后一阶差分后,考察得到的数据,如表 6-14 所示。

表 6-14　一阶对数差分后的数据

序号	数值	序号	数值	序号	数值	序号	数值
1	1.609	7	0.412	13	0.257	19	0.047
2	1.015	8	0.434	14	−0.279	20	0.044
3	0.671	9	0.062	15	−0.646	21	−0.004
4	0.550	10	0.485	16	0.657	22	0.049
5	−1.001	11	0.178	17	0.173	23	−0.002
6	0.921	12	−0.014	18	0.658	24	−0.005

对差分处理过的数据序列进行平稳性检验,得到 ADF 检验结果如表 6-15 所示。

表 6-15　一阶对数差分处理后的 ADF 检验结果

增强 Dickey-Fuller 检验统计	检验关键值		
	1%水平	5%水平	10%水平
−5.213427	−4.416345	−3.622033	−3.248592
0.0018			

由表 6-15 可知,经过对数差分处理后,ADF 检验值小于 1%～10%显著性水平下的任何临界值,因此可以判定序列不是单位根过程,趋势基本消除,实现平稳化,可以进行 ARMA 建模。

2. 模型识别与定阶

1) 模型确定

使用差分方法可以实现序列平稳,如果 d 次逐期差分后序列平稳,则新序列称为齐次(homogeneous)序列,记为

$$Z_t = \nabla^d y_t \quad (t > d) \tag{6-8}$$

此时平稳序列 Z_t 可以建立 ARMA(p,q)模型。原序列 y_t 即为 ARIMA 模型,引入滞后算子 B,记为

$$\Phi(B)(1-B)^d y_t = \theta(B)u_t \text{ 或 } \Phi(B)\nabla^d y_t = \theta(B)u_t \tag{6-9}$$

　　本文序列实现了差分平稳,可以对新序列建立 ARMA(p,q)模型,即对原序列建立 ARIMA(p,d,q)模型。其中 AR 是自回归,p 为自回归项数;MA 为移动平均,q 为移动平均项数,d 为时间序列平稳化过程的差分次数。定阶的基本原则如表 6-16 所示。

表 6-16　ARMA 模型性质

自相关系数	偏相关系数	模型定阶	函数表达
拖尾	P 阶截尾	AR(p)模型	$X_t = c + \sum_{i=1}^{p} \varphi_i X_{t-i} + \varepsilon_t$
Q 阶截尾	拖尾	MA(q)模型	$X_t = \varepsilon_t + \sum_{i=1}^{q} \theta_i \varepsilon_{t-i}$
拖尾	拖尾	ARMA(P,Q)模型	$Y_t = \mu_t + \sum_{i=1}^{p} \varphi_i Y_{t-i} + \sum_{j=1}^{q} \theta_j \varepsilon_{t-j}$

　　其中,参数 c,μ_t 为常数;φ_i,θ_i 是自回归模型系数;ε_i 是均值为 0,方差为 σ^2 的白噪声序列。

　　根据以上理论,利用 Eviews 软件,初步定阶后,运行"穷举算法"建立模型,发现拟合精度变化规律,然后找到精度变化峰值点所对应的模型,再对该模型进行进一步优化和精估计,最终确定最优模型。

　　其中,定阶依据和评价准则见表 6-17 所示。

表 6-17　模型评价因素参量

参量名称	定义	相关变量	评价原则
样本决定系数 R^2	$R^2 = \sum_{i=1}^{n}(\hat{\gamma}_t - \bar{y})^2 \Big/ \sum_{i=1}^{n}(\gamma_t - \bar{y})^2$	$\hat{\gamma}_t$- 估计值 $\bar{y}$- 样本均值	$A - R^2$ 一般小于 R^2, R^2 在[0,1]之间,越接
修正的 $\bar{R}^2$	$\bar{R}^2 = 1 - \dfrac{n-1}{n-k}(1-R^2)$	n-样本个数,k-参数个数	近 1,拟合效果越好
对数似然值	$L = \dfrac{n}{2}\lg 2\pi - \dfrac{n}{2}\lg \hat{\sigma}^2 - \dfrac{n}{2}$	n-样本容量 $\hat{\sigma}^2 s$-未知参数 $\hat{\sigma}$ 的极大似然估计	L 取值越大,残差越小,模型精度也就越高
AIC 准则	$AIC = -\dfrac{2L}{n} + \dfrac{2k}{n}$	LS-对数似然值, n-观测值数目,	AIC 值越小越好
SC 准则	$SC = -\dfrac{2L}{n} + \dfrac{k\ln n}{n}$	k-被估计的参数个数	SC 值越小越好

　　建模完成后,各模型的判别信息输出结果如表 6-18 所示:

表 6-18　各模型输出信息汇总

(p,q)	修正的 R^2	对数似然值	AIC	SC
(1,1)	0.219894	−11.17776	1.145892	1.244631
(2,2)	0.136270	−9.401549	1.218323	1.416694
(3,3)	0.396413	−3.587216	0.913068	1.211503
(4,4)	0.641434	4.360966	0.463903	0.911983
(5,5)	−0.205098	−2.175598	1.281642	1.778715
(6,6)	−0.948686	−1.156530	1.461837	2.055418

当 Eviews 软件运行到 ARMA(7,7)时，系统提示出现奇异协方差，系数不唯一，而且移动平均过程不可逆，继续迭代已无意义，穷举运算结束。

观察表 6-16，可发现随着 ARMA 阶数的增加，修正样本决定系数 $A-R^2$ 和对数似然值 L-S 呈递增趋势，在 4 阶时达到峰值，然后变为负值（由表 6-18 易知，修正的决定系数有一个特点，即它可能为负值），此时使用修正后的决定系数将失去意义，作 adjusted $R^2=0$ 处理；AIC 和 SC 呈递减趋势，在(4,4)阶时达到负峰值，其后转为递增。可见，ARMA(4,4)具有初步的最优精度，是进一步精估计和优化的最佳蓝本。

2）模型精估计

根据以上分析结果，得到 ARMA(4,4)具有初步的最优拟合精度，现在以之为中心，向前后分别搜索建模，寻找是否有更优模型。

比较模型 ARMA(4,3)、ARMA(4,4)、ARMA(5,1)，输出信息如表 6-19 所示。

表 6-19　模型搜索结果

(p,q)	修正的 R^2	对数似然值	AIC	SC
(4,3)	0.387260	−2.667856	0.966786	1.315292
(4,4)	0.641434	4.360966	0.463903	0.911983
(5,1)	−0.164976	−5.347314	1.194454	1.492698

显然，根据拟合精度评价准则，向前后搜索得到的结果，均不及(4,4)阶模型，所以，可以确定对原序列建立的 ARIMA(4,1,4)模型为本文分析所建立的最终模型。得到其拟合方程为

$$Y_t=0.09987-0.78943Y_{t-1}-0.19496Y_{t-2}+0.19354Y_{t-3}+0.26965Y_{t-4}+\varepsilon_t+0.62819\varepsilon_{t-1}+0.01968\varepsilon_{t-2}-0.60159\varepsilon_{t-3}-0.97459\varepsilon_{t-4}$$

$$(6-10)$$

3）模型检验

上述已经建立了 ARIMA(4,1,4) 模型，据此模型得到了拟合曲线如图 6-7 所示；得到残差数列如表 6-20 所示。

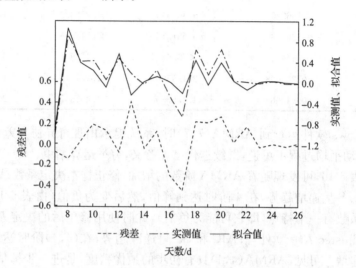

图 6-7　实际监测值与模型拟合值对比图

表 6-20　ARIMA(4,1,4) 模型残差数列

序号	残差	序号	残差	序号	残差
6	0.09766	13	0.40226	20	0.2599
7	−0.08621	14	−0.04968	21	0.0092
8	−0.15005	15	0.11879	22	0.1638
9	0.01298	16	−0.31221	23	−0.0350
10	0.18559	17	−0.45751	24	−0.0063
11	0.13290	18	0.21129	25	−0.0249
12	−0.08717	19	0.20253	26	−0.0052

显然，拟合值与实际观测值误差在均 ±0.45 范围内波动，且大部分集中在 ±0.2 范围内，比回归分析所建立的最优模型-双对数模型拟合效果更理想，结果满足精度要求，模型较准确。

对残差序列进行白噪声检验，得到残差自相关分布图如图 6-8 所示。

图中虚线是软件给出的显著性水平 $\alpha=0.05$ 时的置信带，显然，残差序列的 ACF 和 PACF 都落入随机区间，与零无显著差异，Q 统计量的 P 值均远远大于 0.05，因此可以认为残差序列为白噪声序列，即认为数据包含的所有有用信息提取完毕，所求出的各种参数包含了原数据的全部信息，所选模型是合适的。

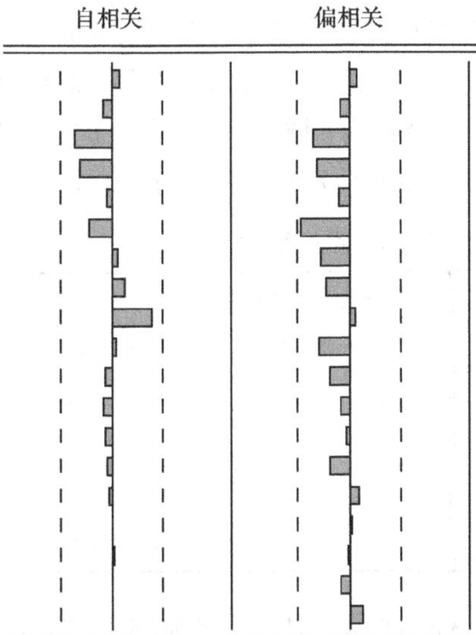

自相关	偏相关		AC	PAC	Q-Stat	Prob
		1	0.073	0.073	0.1224	
		2	−0.075	−0.081	0.2592	
		3	−0.318	−0.310	2.8778	
		4	−0.278	−0.272	5.0041	
		5	−0.041	−0.090	5.0531	
		6	−0.199	−0.413	6.3035	
		7	0.056	−0.247	6.4103	
		8	0.112	−0.202	6.8740	
		9	0.349	0.052	11.744	0.001
		10	0.033	−0.261	11.792	0.003
		11	−0.061	−0.162	11.976	0.007
		12	−0.077	−0.081	12.304	0.015
		13	−0.058	−0.031	12.518	0.028
		14	−0.039	−0.161	12.630	0.049
		15	−0.021	0.086	12.669	0.081
		16	0.010	0.027	12.681	0.123
		17	0.016	−0.003	12.721	0.176
		18	0.014	−0.075	12.765	0.237
		19	0.004	0.108	12.774	0.308

图 6-8　残差序列的平稳性和纯随机性检验结果输出图

3. 时间序列预测

依据式(6-10)，对位移变化进行预报，绘制 J_2 监测点边坡未来 10 天的高程预测结果如图 6-9 所示。

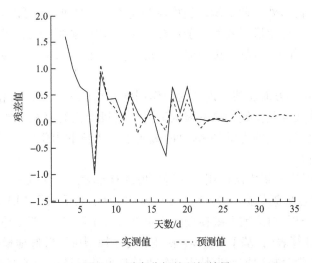

图 6-9　时序分析的预报结果

图中上侧曲线为实际监测值曲线，下侧为预报曲线。可以看出：J_2 检测点高程值经历了早期的缓和变形阶段,中期急剧变形阶段后,进入了重趋稳定阶段。说明东明矿南帮 J_2 点所在边坡,在内力作用与外力扰动下,经历了滑坡过程,高程剧烈波动,标高大幅降低,但 22d 之后,重新趋于稳定,并且根据预报结果显示,未来短时期(10d)内,边坡将持续稳定状态,不会再有剧烈滑坡发生。这也与监测值及实际工程情况相吻合,预报值与 J_2 点实际监测值对比情况见表 6-21。

表 6-21　实际值与预报值(回复后)对比

日期编号	监测值	预报值	误差率/%	日期编号	监测值	预报值	误差率/%
26	26.47	27.59068642	4.23	31	30.98	31.94006355	3.10
27	25.99	27.46548703	5.68	32	31.24	33.05866546	5.82
28	28.01	28.68507869	2.41	33	30.87	34.13653669	10.58
29	29.69	29.71554648	0.09	34	32.15	35.26498679	9.69
30	28.99	30.83809834	6.37	35	31.22	36.35892555	16.46

由表 6-21 可见,ARIMA 模型是一种精度较高的短期预测模型,随着时间的推移,预测误差呈增大趋势,因此在实际工程中,应不断更新数据,输入模型,以保证良好的拟合和预测效果。

经过以上建模和分析过程,我们也可粗略总结出边坡变形的一些行为特征:边坡系统的变形是各种内外动力共同作用的结果,非线性特征显著,变形演化过程大致呈指数曲线趋势,且趋势性的基础上又耦合着震荡性的特点。

趋势性变化反映了边坡变形的最终归宿:变形逐渐减小趋于稳定;或者逐渐增大而失稳,以获得另外一种平衡。趋势性变化不是线性变化,可以是变加速、变减速、近似等速等多种变形形式的复杂组合,反映了边坡系统所受内外动力的复杂性和动态变化性。如本工程中,边坡变形经历剧烈变化后,重新趋于稳定,达到了新的平衡。

震荡性变化一方面反映了内外动力作用的此消彼长和动态变化,另一方面也说明了气候、水文等其他偶然诱发因素造成的随机变化的存在。如暴雨会引起地下水位上升,改变边坡的力学平衡条件,减弱了岩土体的力学强度,从而使得边坡的变形突然加快。

本节是将时序分析方法应用于煤岩边坡的有益尝试。选取东明矿南帮最具代表性的 J_2 监测点采集数据为例,利用 Eviews 统计软件和 ARIMA 模型进行了东明矿时间序列分析,对边坡系统模型及稳定性进行了探讨,主要结论如下:

(1) 实例计算表明,基于 Eviews 软件的时序模型可以较好地模拟边坡系统的复杂变形,为科学分析边坡变形特点和较准确地预测变形进行了有益的探索。

(2) ARIMA 是对经典 ARMA 模型的有益推广,这种进化后的时序模型是一种精度较高的短期预测模型,更适合处理岩土工程领域大量复杂非平稳时间序列数据,有实际的工程意义和广泛的推广意义。

(3)边坡系统变形非线性特征显著,演化过程大致呈指数曲线趋势,同时耦合着震荡性的特点,但其最终归宿,是达到新的平衡或稳定状态。

(4)由于时序分析是动态预测,因此建议在实际监测过程中,应及时根据新的观测数据更新模型,以保持较高的短期预报精度。

数值分析方法将岩土体物性参数、本构模型、边界条件及量测信息等均作为确定性量来处理,还要求严格的数学模型和简化条件。而岩土体是一种非常复杂的天然地质体,其本身具有非均质、各向异性、非线性、随机性、不确定性等特征,各种模型、条件、参数乃至量测结果等均无法准确确定,各参数间的关系非常复杂,人们对其认识也存在一定模糊性。企图实现对煤岩边坡等复杂岩土工程问题的准确模拟是不现实的。

人工神经网络方法是一个高度复杂的非线性智能分析系统,具有很强的学习、存储和计算能力,特别是较强的容错特性,适用于从实例样本中提取特征,获取知识,可真实地实现位移和力学参数间的非线性映射,它可以不去考究系统内部不确定、未知的物理本质和结构状态。在本章,笔者尝试建立了三种神经网络分析模型,并与模糊手段相结合,针对东明矿区的复杂煤岩边坡工程问题进行了有益的训练和预测分析,收到了良好的效果。

时间序列分析中讨论模型所描述的是因变量自身变化的统计规律,并不涉及与其他自变量的关系。用这种模型进行预报,就是从因变量自身的过去直到现在的已有知识中提取它在未来时刻的取值信息。以系统的角度来看,时间序列分析把系统看成是一个不受外界知道其内因的生成过程,并且也不准备去探讨影响该系统运行的因素是什么。在本章,笔者结合现场测试与监控数据,把时序分析方法进一步与边坡工程实际相结合,通过时序分析软件 Eviews,把经典 ARMA 模型系统推广到 ARMIA 模型,并以工程实例验证之,随时跟踪滑坡动态变化,具有较大现实意义和推广价值。

参 考 文 献

[1] 缪协兴,刘卫群,陈占清. 采动岩体渗流理论[M]. 北京:科学出版社,2006.

[2] 贾善坡,陈卫忠,于洪丹,等. 泥岩渗流-应力耦合蠕变损伤模型研究(Ⅱ):数值仿真和参数反演[J]. 岩土力学,2011,32(10):3163-3170.

[3] 谢和平,陈忠辉. 岩石力学[M]. 北京:科学出版社,2004.

[4] 贾善坡,陈卫忠,于洪丹,等. 泥岩渗流-应力耦合蠕变损伤模型研究(Ⅰ):理论模型[J]. 岩土力学,2011,32(9):2596-2602.

[5] 山下秀,杉木文男,今井忠南,等. 岩石蠕变及疲劳破坏过程和破坏极限研究[J]. 辽宁工程技术大学学报(自然科学版),1999,18(5):452-455.

[6] 何峰. 岩石蠕变-渗流耦合作用规律研究[D]. 阜新:辽宁工程技术大学,2010.

[7] 吕爱钟. 试论我国岩石力学的研究状况及其进展[J]. 岩土力学,2004,25(增):1-9.

[8] 葛修润,任建喜,蒲毅彬,等. 岩土损伤力学宏细观试验研究[M]. 北京:科学出版社,2004.

[9] 黄克智,肖纪美. 材料的损伤断裂机理与宏观力学理论[M]. 北京:清华大学出版社,1999.

[10] 张强勇. 变参数蠕变损伤本构模型及其工程应用[J]. 岩石力学与工程学报,2009,28(4):732-739.

[11] 王建国. 复杂因素耦合作用下露天高大边坡变形演化规律研究[R]. 国家自然科学基金结题报告,2008-2010.

[12] 仵彦卿. 岩土水力学[M]. 北京:科学出版社,2009.

[13] 郑少河,姚海林,葛修润. 裂隙岩体渗流场与损伤场的耦合分析[J]. 岩石力学与工程学报,2004,23(9):1413-1418.

[14] 杨太华,曾德顺. 三峡船闸高边坡裂隙岩体的渗流损伤特征[J]. 中国地质灾害与防治学报,1997,8(2):13-18.

[15] 赵延林. 裂隙岩体渗流-损伤-断裂耦合理论及应用研究[D]. 长沙:中南大学,2009.

[16] 郑颖人,陈祖煜,王恭先,等. 边坡及滑坡工程治理[M]. 北京:人民交通出版社,2007.

[17] Terzaghi K. Mechanisms of landslides, Engineering Geology(Berdey) Volume[M]. Geological Society of America, 1950.

[18] Marcuson W F. Moderator's Report for Session on Earth Dams and Stability of Slopes Under Dynamic Loads[A]. Proceedings International Conference on Recent Advances in Geotechnical Earthquake Engineering and Soil Dynamics. St. Louis, Missouri, 1981.

[19] 陈祖煜. 土质边坡稳定分析—原理·方法·程序[M]. 北京:中国水利水电出版社,2003.

[20] 薛毅. 近代中国煤矿发展述论[J]. 河南理工大学学报,2008,9(2):224-229.

[21] 王振伟. 露井联合开采条件下边坡岩体变形破坏规律研究[R]. 煤炭科学研究总院青年创新基金结题报告,2006-2008.

[22] 王振伟. 白音华三号露天煤矿非工作帮滑坡治理[R]. 煤炭科学研究总院沈阳研究院,2009.

[23] Fairhurst C, Singh B. Roof Bolting in Horizontally Laminated Rock[J]. Engineering and Mining Journal, 1974,175(90):80-8.

[24] Kang H P, Baa H J, Pan Y J, et al. Mechanical Mechanism of Floor Heave and Applications of Stress Relief Methods[C]//Proc. of the 35th U. S. Symposium on Rock Mechanics, A. A Balkema, Rotterdam, 1995,889-893.

[25] Kang H P, Study of Destressing Methods in Roadway Corners, International Mining Technology Symposium, CCMRL, Beijing, China, 1995.

[26] 张金才. 裂隙煤岩体渗透特征的研究[J]. 煤炭学报,1997,22(5):482-485.

[27] 王来贵. 与环境相协调的煤炭资源开采关键科学问题[R]. 国家自然科学基金重点项目申请报告,2004.

[28] 毛昶熙. 渗流计算分析与控制(第二版)[M]. 北京:中国水利水电出版社,2009.

[29] 温德娟,滕寿仁,杨子荣. 白音华3号露天矿矿坑充水因素研究[J]. 煤炭技术,2006,25(7):97-98.

[30] 尼古拉申. 向闭坑露天采场充水的综合方法[J]. 国外金属矿山,1999,(5):26-28.

[31] 董义革,刘秀娥,许延春. 渗流有限元法模拟松散含水层对工作面充水影响[J]. 煤矿开采,2005,10(5):4-5.

[32] 张子平,李永录. 冯记沟煤矿水文地质条件和充水因素分析[J]. 中国煤炭地质,2008,20(1):29-30.

[33] 徐大宽. 坚硬裂隙岩层充水矿床水文地质分类及勘探方法[J]. 勘察科学技术,1989,(5):29-33.

[34] Louis C. Interaction Between Water Flow Phenomena and Mechanical Behavior of Soil Or Rock Masses [J]. Finite Element in Geomechanics,Gudehus(ed.),John Wiley and Sons,1977.

[35] Barton N, S. Bandis, K. Bakhtar. Strenghth, Deformation and Conductivity Coupling of Rock Joints [J]. International Journal of Rock Mechanics and Mining Sciences and Geomechanics, Abstracts,1985,22(3).

[36] 陈胜宏,王鸿儒,熊文林. 节理面渗流性质的探讨[J]. 武汉水利水电学院学报,1989,(1).

[37] 仵彦卿,张倬元. 岩体水力学导论[M]. 成都:西南交通大学出版社,1995.

[38] 孙钧. 地下工程设计理论与实践[M]. 上海:上海科学技术出版社,1996.

[39] 朱珍德,李志敬,朱明礼. 岩体结构面剪切流变试验及模型参数反演分析[J]. 岩土力学,2009,30(1):99-104.

[40] 唐春安. 岩石破裂过程数值实验[M]. 北京:科学出版社,2003.

[41] 徐涛,于世海,王述红,等. 岩石细观损伤演化与损伤局部化的数值研究[J]. 东北大学学报(自然科学版),2005,(2):160-163.

[42] 王振伟. 充水煤岩边坡渗流-损伤耦合规律研究[D].辽宁工程技术大学,2011.

[43] Wang Z W,Lv X F, Wang J G. Stability analysis of water-filled dump slope under the couple effect of seepage and damage[J].Disaster Advances,2012,15(4):816-821.

[44] 陈宗基,郭金峰,张利平,等. 某矿充填采矿过程数值模拟分析[J]. 金属矿山,2000(1):18-20.

[45] 陈祖安,伍向阳;三轴应力下岩石蠕变扩容的微裂纹扩展模型[J]. 地球物理学报,1994,37(A0 2):156-160.

[46] 孙钧,王宁,谢长江. 充填采矿法开采对地表河床影响的数值分析[J]. 金属矿山,2000(3):45-48.

[47] 王来贵,黄润秋,王泳嘉. 岩石力学系统运动稳定性及其应用[M]. 北京:地质出版社,1998,57-58.

[48] 杨彩弘,姚中亮,唐绍辉. 单轴拉伸条件下充填体的力学性能研究[J]. 地下空间与工程学报,2007,3(1):32-34.

[49] 陈占清,缪协兴,刘卫群. 采动围岩中参变渗流系统的稳定性分析[J]. 中南大学学报(自然科学版),2004,35(1):129-132.

[50] 何学秋,薛二龙,聂百胜,等. 含瓦斯煤岩流变特性研究[J]. 辽宁工程技术大学学报,2007,26(2):201-203.

[51] 吴立新,王金庄. 煤岩流变特性及其微观影响特征初探[J]. 岩石力学与工程学报,1996,15(4):328-332.

[52] 何峰,王来贵,赵娜,等. 煤岩蠕变破裂判定准则及应用[J]. 煤炭学报,2011,36(1):39-42.

[53] 谢和平. 岩石蠕变损伤非线性大变形分析及微观断裂的 FRACTAL 模型[D]. 徐州:中国矿业大学,1987.

[54] Aubertin M, Gill D E, Ladayi B. An internal variable model for the creep of rock sat[J]. Rock Mechanics and Rock Engineering,1991,24:81-97.

[55] 陈智纯,缪协兴,茅献彪. 岩石流变损伤方程与损伤参量测定[J]. 煤炭科学技术,1994,22(8):34-36.

[56] 凌建明. 岩体蠕变裂纹起裂与扩展的损伤力学分析方法[J]. 同济大学学报,1995,23(2):141-146.

[57] 郯公瑞,周维垣. 岩石混凝土类材料细观损伤流变断裂模型及其工程应用[J]. 水力学报,1997,11(10):33-38.

[58] 金丰年. 岩石的非线性蠕变[M]. 南京:河海大学出版社,1998.

[59] Lux K H, Hou Z. New developments in mechanical safety analysis of repositories in rock salt[J]. Radioactive Waste Disposal Technologies and Concepts. Berlin: Springer Verlag,2000,281-286.

[60] 肖洪天,强天弛,周维垣. 三峡船闸高边坡损伤流变研究及实测分析[J]. 岩石力学与工程学报,1999,18(5):497-502.

[61] 任建805. 单轴压缩岩石蠕变损伤扩展细观机理 CT 实时试验[J]. 水利学报,2002,10(1):10-15.

[62] 杨春和,陈峰. 盐岩蠕变损伤关系研究[J]. 岩石力学与工程学报,2002,21(11):1602-1604.

[63] 徐卫亚,周家文,杨圣奇,等. 绿片岩蠕变损伤本构关系研究[J]. 岩石力学与工程学报,2006,25(增1):3093-3098.

[64] 陈卫忠,王者超,伍国军. 盐岩非线性蠕变损伤本构模型及其工程应用[J]. 岩石力学与工程学报,2007,26(3):0467-0472.

[65] 李连崇,徐涛,唐春安,等. 单轴压缩下岩石蠕变失稳破坏过程数值模拟[J]. 岩土力学,2007,28(9):1978-1983.

[66] 朱昌星,阮怀宁,朱珍德,等. 岩石非线性蠕变损伤模型的研究[J]. 岩土工程学报,2008,30(10):1510-1513.

[67] 庞桂珍,宋飞. 一种岩石的损伤流变模型[J]. 西安科技大学学报,2008,28(3):0429-0433.

[68] 任中俊,彭向和,万玲,等. 三轴加载下盐岩蠕变损伤特性的研究[J]. 应用力学学报,2008,25(2):0212-0217.

[69] 佘成学. 岩石非线性黏弹塑性蠕变模型研究[J]. 岩石力学与工程学报,2009,28(10):2006-2011.

[70] 袁靖周. 岩石蠕变全过程损伤模拟方法研究[D]. 长沙:湖南大学,2012.

[71] Bray B H G., Brown E T. 地下采矿岩石力学[M]. 佘诗刚,朱万成,赵文,等译. 北京:科学出版社,2011.

[72] 蔡美峰,何满潮,刘东燕. 岩石力学与工程[M]. 北京:科学出版社,2002.

[73] 孙钧. 岩土材料流变及其工程应用[M]. 北京:中国建筑工业出版社,1999.

[74] 王建国. 黄土基底排土场破坏机理与稳定控制技术研究[R]. 煤炭科学研究总院沈阳研究院,2009-2010.

[75] 朱合华,叶斌. 饱水状态下隧道围岩蠕变力学性质的试验研究[J]. 岩石力学与工程学报,2002,21(12):1791-1796.

[76] 盛金昌,速宝玉,王媛,等. 裂隙岩体渗流-弹塑性应力耦合分析[J]. 岩石力学与工程学报,1999,19(3):304-309.

[77] 谢和平. 分形与岩石力学导论[M]. 北京:科学出版社,1996.

[78] 周创兵. 岩体表征单元体与岩体力学参数[A]. 第一届中国水利水电岩土力学与工程学术讨论论文集

[C],2006.

[79] 赵阳升. 矿山煤岩流体力学[M]. 北京:煤炭工业出版社,1996.

[80] 曾一山. 流体力学[M]. 合肥:合肥工业大学出版社,2008.

[81] 郭雪莽. 煤岩体的变形、稳定和渗流及其相互作用研究[D]. 大连:大连理工大学,1990.

[82] 姚海林,郑少河,李文斌,等. 降雨入渗对非饱和膨胀土边坡稳定性影响的参数研究[J]. 岩石力学与工
程学报,2002,21(7):1034-1039.

[83] 王来贵,何峰,刘向峰. 岩石试件非线性蠕变模型及其稳定性分析[J]. 岩石力学与工程学报,2004,
23(10):1640-1642.

[84] 何峰,王来贵. 岩石试件非线性蠕变模型及其参数确定[J]. 辽宁工程技术大学学报,2005,24(2),
181-183.

[85] 张尧. 渗流耦合作用下围岩的时效特性[D]. 上海:同济大学,2009.

[86] 罗帅. 渗流对深部软岩蠕变影响的研究[D]. 青岛:青岛科技大学,2009.

[87] 章梦涛,潘一山,梁冰,等. 煤岩流体力学[M]. 北京:科学出版社,1995.

[88] 郑颖人,沈珠江,龚晓南. 岩土塑性力学原理[M]. 北京:中国建筑工业出版社,2003.

[89] 王振伟. 哈尔乌素矿黑岱沟排土场西部变形区边坡稳定性评价与防治技术研究[R]. 煤炭科学研究总
院沈阳研究院,2010.

[90] 王振伟. 东明露天煤矿到界边坡稳定性研究[R]. 煤炭科学研究总院沈阳研究院,2009.

[91] 芮勇勤,徐小荷,马新民,等. 露天煤矿边坡中软弱夹层的蠕动变形特性分析[J]. 东北大学学报,1999,
20(6):612-614.

[92] Chen Z Y. Time series analysis applied to displacement prediction in NATM[A]. Proc. Int. Symp. On
modern mining technology[C]. Taian:[s. n]. 1988, 315-320.

[93] 邓聚龙. 灰色控制系统[M]. 武汉:华中理工大学出版社,1993.

[94] 张清,宋家蓉. 利用神经元网络预测岩石或岩石工程的力学性态[J]. 岩石力学与工程学报,1992,11
(1):35-43.

[95] Zhang Q. An expert system for classification of rock masses[A]. Proc. U. S. Symp. rock mechanics
[C]. 1988,283-288.

[96] 张清,田盛丰,莫元彬. 隧道及地下工程岩溶危害预报的专家系统[J]. 铁道工程学报,1996,11(2):230-
242.

[97] 冯夏庭,林韵梅. 采矿巷道围岩支护设计专家系统[J]. 岩石力学与工程学报,1992,11(3):243-253.

[98] 冯夏庭,林韵梅. 岩石力学与工程专家系统[M]. 沈阳:辽宁科技出版社,1993.

[99] 冯夏庭. 智能岩石力学导论[M]. 北京:科学出版社,2000.

[100] Kohonen T. Self-organization and associative memory [M]. New York: third Edition Spring-
Verlag,1989.

[101] 郝哲,王振伟,陈殿强,等. 深凹露天矿高边坡变形的组合预测模型[J]. 煤矿安全,2012,43(11):
74-77.

[102] Mukherje A, Deshpand J M. Appliation of artificial neural networks instructural design expert system
[J]. computers and structures,1995,54(3):367-375.

[103] Adeli H, Yeh c. Perceptron learning in engineering design[J]. Microcomputers in Civil Engineering,
1989, 4(4):247-256.

[104] 李宇男,郝哲. 基于矿区工程实例对同一矿区不同工作帮边坡稳定分析[J]. 沈阳大学学报,2012,
24(2):75-80.

［105］余宏明,胡艳欣,滕伟福. 滑坡位移动态实时跟踪预测［J］. 地质科技情报,2001,20(2):83-86.

［106］李强. BP 神经网络在工程岩体质量分级中的应用研究［J］. 西北地震学报,2002,24(3):220-224.

［107］刘志平,何秀凤. 稳健时序分析方法及其在边坡监测中的应用［J］. 测绘科学,2007,32(2):78-81.

［108］史玉峰,孙保琪. 时间序列分析及其在变形数据分析中的应用［J］. 金属矿山,2004(8):13-15.